高等教育新形态一体化精品教材

机电控制与PLC 应用技术

吴瑞明　主　编

傅　阳　杨弟平　袁　斌　副主编

U0198805

电子工业出版社·

Publishing House of Electronics Industry

北京·BEIJING

内 容 简 介

本书从实际工程应用和教学出发，主要介绍了电气自动化基础、常用电机原理及特性、FX 系列 PLC 硬件与基本逻辑指令、PLC 程序设计方法、触摸屏应用及组态、FX 系列 PLC 特殊功能模块、机电控制系统设计及应用等。本书力求突出机电结合、理论联系实际的特点，基于"互联网+"思路，开发了丰富的教学资源，内容反映各种知识在实际中的应用。本书体系新颖，内容全面、实用，每章后附有思考题，便于自学。

本书可作为机械制造及其自动化专业或近机电类专业本科教材，也可供从事机电一体化工作的工程技术人员参考。本书配有教学课件、习题解答、微课、中文编程软件、仿真软件、中文用户手册、例程等教学资源，读者可登录华信教育资源网（www.hxedu.com.cn）免费注册后下载使用。

图书在版编目（CIP）数据

机电控制与 PLC 应用技术 / 吴瑞明主编. —北京：电子工业出版社，2023.3
ISBN 978-7-121-45140-9

Ⅰ. ①机… Ⅱ. ①吴… Ⅲ. ①机电一体化—控制系统②PLC 技术 Ⅳ. ①TH-39②TM571.6

中国国家版本馆 CIP 数据核字（2023）第 037933 号

责任编辑：王昭松
印　　刷：三河市鑫金马印装有限公司
装　　订：三河市鑫金马印装有限公司
出版发行：电子工业出版社
　　　　　北京市海淀区万寿路 173 信箱　邮编　100036
开　　本：787×1 092　1/16　印张：17.5　字数：448 千字
版　　次：2023 年 3 月第 1 版
印　　次：2023 年 3 月第 1 次印刷
定　　价：58.00 元

凡所购买电子工业出版社图书有缺损问题，请向购买书店调换。若书店售缺，请与本社发行部联系，联系及邮购电话：（010）88254888，88258888。
质量投诉请发邮件至 zlts@phei.com.cn，盗版侵权举报请发邮件至 dbqq@phei.com.cn。
本书咨询联系方式：（010）88254015；wangzs@phei.com.cn；QQ83169290。

前　言

本书是针对工程应用型教学改革和就业的需要，以机器换人自动化改造为目的，对现有机电传动与控制课程和可编程控制技术课程进行有机整合编写而成的。主要内容有电气自动化基础、常用电机原理及特性、FX 系列 PLC 硬件与基本逻辑指令、PLC 程序设计方法、触摸屏应用及组态、FX 系列 PLC 特殊功能模块、机电控制系统设计及应用。本书内容以必需、够用为度，将机电控制与 PLC 应用相结合，再结合"互联网+"技术，配套丰富的学习资源，全书通俗易懂，便于教学。

本书充分反映了电子技术、控制技术等领域的发展方向，主要思路是根据机械工程等非电类专业应用型教学需要，处理好原理与应用、元件与系统、定性与定量、继承与创新、掌握与了解等几个方面的辩证关系。编写组成员长期从事 PLC 及触摸屏的教学和科研工作，合作企业为三菱电机自动化（中国）有限公司及其特级授权代理商杭州和华电气工程有限公司。

本书解决了非电类专业学生电气控制基础知识欠缺的问题，介绍了电气自动化基础知识，机电传动中电机的控制原理，三菱 FX 系列（包括 FX$_{2N}$、FX$_{3U}$ 和最新的 FX$_{5U}$）PLC 的工作原理、硬件结构、指令系统、编程软件和仿真软件的使用方法，PLC 的人机界面编程和特殊模块的使用，最后以教学和科研项目实例介绍了机电控制系统的开发思路。

本书由浙江科技学院吴瑞明副教授任主编，浙江科技学院傅阳博士、三菱电机自动化（中国）有限公司杨弟平主任、浙江科技学院袁斌副教授任副主编。参加本书编写的人员还有浙江科技学院庞茂副教授、高俊副教授、张亚副教授、张志义工程师，以及杭州电子科技大学孟庆华教授、长沙理工大学胡宏伟教授、杭州和华电气工程有限公司副总工程师朱润江。研究生李旭东、冯浩然完成部分资料收集和校对工作，本科生沈冰斌为本书提供 PLC 比赛视频。本书受 2020 年度浙江省高等教育研究课题"互联网+环境下电气控制与 PLC 应用技术教材建设"资助。

本书将提供教学课件、习题解答、微课、中文编程软件、仿真软件、中文用户手册及例程等教学资源，读者可登录华信教育资源网（www.hxedu.com.cn）免费注册后下载使用。限于作者的时间和水平，本书还存在很多疏漏和不足之处，恳请广大读者提出宝贵意见，以利于本书在今后做进一步的完善。

编　者

目　录

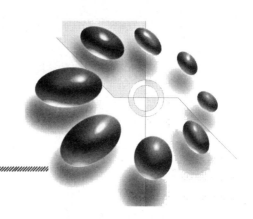

第1章

电气自动化基础

教学目的及要求

1. 了解电气控制基础知识；

2. 了解常用电压电气元件，包括低压刀开关、低压断路器、熔断器等；

3. 了解交流接触器的识别与检测方法，能区分交流接触器和直流接触器，了解继电器的识别与检测方法；

4. 了解可编程控制器主要厂家，了解可编程控制器的 CPU 模块、开关量 I/O 模块、特殊 I/O 模块、模拟量 I/O 模块等扩展模块的组成及作用，掌握 PLC 扫描工作方式的工作原理；

5. 难点：IEC61131-3 标准。

1.1　电气基础知识

1. 电力系统

（1）电力系统定义。

由发电厂内的发电机、电力网内的变压器和输电线路，以及用户的各种用电设备，按照一定的规律连接而组成的统一整体，称为电力系统。

（2）电力系统的组成。

电力系统是由发电厂的发电机、电力网及电能用户（用电设备）组成的。

（3）电力系统电压等级。

系统额定电压是电力系统各级电压网络的标称电压值。常用的额定电压值有 220V、380V、3kV、6kV、10kV、35kV、63kV、110kV、220kV、330kV、500kV、750 kV 等。

（4）一次设备和二次设备。

电力系统的电气设备分为一次设备和二次设备。一次设备（也称主设备）是构成电力系统的主体，它是直接生产、输送和分配电能的设备，包括发电机、电力变压器、断路器、隔离开关、电力母线、电力电缆和输电线路等。二次设备是对一次设备进行控制、调节、保护和监测的设备，包括控制器具、继电保护和自动装置、测量仪表、信号器具等。二次设备通过电压互感器和电流互感器与一次设备取得电的联系。

（5）一次回路和二次回路。

由一次设备相互连接构成发电、输电、配电或进行其他生产的电气回路，称为一次回路或一次接线。由二次设备相互连接，构成对一次设备进行监测、控制、调节和保护的电气回路称为二次回路。简单地说，电路的一次回路就是给用电负荷（电动机或配电箱等）供电的电源回路，二次回路则是指与一次回路相配合的测量、控制和保护回路。

2. 电气控制系统的发展

（1）控制系统的基本组成。

控制系统由信号输入装置、电子控制单元和输出装置 3 大部分组成。

（2）控制系统的性能和可靠性。

在很大程度上，电器的性能和可靠性取决于对环境的适应程度。除了温度、湿度、振动、灰尘、水、油污和电压波动等环境因素，电磁环境也是一个不可忽视的问题。

继电器—接触器控制系统，其结构简单，但所完成任务具有单一性。而计算机控制系统则具有通用性强、程序可变、编程容易、可靠性高、使用维护方便等优点，正逐步取代以继电器、接触器为主的顺序控制系统。

电气控制系统的发展趋势是自动化、智能化、网络化，并逐步向工程专用控制器发展，如图 1.1 所示。

图 1.1　电气控制系统的发展趋势

电气线路就是将电气设备用导线按一定规律连接而成的电路的总和。维修时，首先从总体上了解其电控技术的构成，正确识读和分析电路图，找出电路的特点，作为判断故障和配线、查线的依据。

电路的几个基本概念。

- 电路：电流的通路，是为了某种需要由某些电工设备或元件按一定方式组合起来的，包括电源、负载和中间环节。
- 回路：电路中任一闭合路径称为回路。实际过程中主要分析解决由电源出发回到电源而形成的回路。
- 电源：电路中提供电能的设备。
- 负载：电路中取用电能的设备。
- 中间环节：起传输和分配电能的作用。

3. 电线与线束

常用的电线有低压导线、高压导线、防干扰屏蔽线等。

为了使电气线路安装方便、牢固和整齐美观，在布置和连接导线时，将走向相同的导线用聚氯乙烯塑料带包扎成束，称作线束。有的还套上胶管或波纹管，为方便维修，线束两端通常用接插件连接。接插件由插头与插座两部分组成，有片式和针式之分。一般用 L1、L2、L3 和 U、V、W 分别表示交流电的第一相电、第二相电、第三相电，即俗称黄绿红三线。常用电力符号中英文对照见表 1.1。代表导线颜色的字母标记见表 1.2。低压导线允许负载的电流值见表 1.3。

表 1.1　常用电力符号中英文对照

符号	N	PE	AC	DC	A	V	RU	BX	S	NC	NO
说明	零线	地线（黄绿相间）	交流电	直流电	电流	电压	熔丝	插座	开关	常闭	常开

表 1.2　代表导线颜色的字母标记

棕	红	橙	黄	绿	蓝	紫	灰	白	黑	粉
N/Br	R	H/O	Y	G	U/Bl	V	S/Gr	W	B	F

表 1.3　低压导线允许负载的电流值

导线截面（mm^2）	1.0	1.5	2.5	3.0	4.0	6.0	10	13
允许截流（A）	11	14	20	22	25	35	50	60

4. 安全用电

安全电压是指不使人直接致死或致残的电压，一般环境条件下允许持续接触的"安全特低电压"是 36V。行业规定安全电压为不高于 36V，持续接触安全电压为 24V，安全电流为 10mA。电击对人体的危害程度，主要取决于通过人体电流的大小和通电时间长短。人体接触电压和流过电流的关系见表 1.4。

表 1.4　人体接触电压和流过电流的关系

接触电压（V）	12.5	31.3	62.5	125	220	250	380	500	1000
人体电阻（Ω）	16500	11000	6240	3530	2222	2000	1417	1130	640
流过电流（mA）	0.8	2.84	10	35.2	99	125	268	443	

电流强度越大，致命危险越大；持续时间越长，死亡的可能性越大。能使人感觉到的最小电流值称为感知电流，交流为 1mA，直流为 5mA；人触电后能自己摆脱的最大电流称为摆脱电流，交流为 10mA，直流为 50mA；在较短的时间内危及生命的电流称为致命电流，如 100mA 的电流通过人体 1s，足以使人致命，因此致命电流为 100mA。如表 1.5 所示，在有防止触电保护装置的情况下，人体允许通过的电流一般可按 30mA 考虑。

表 1.5 工频电流对人体的影响

电流（mA）	通过时间	生理反应
0～0.5	连续通电	没有感觉
0.5～5	连续通电	有痛感，可摆脱
5～30	数分钟内	痉挛，不能摆脱，呼吸困难，血压上升
30～50	数秒至数分钟	心跳不规则，昏迷，强烈痉挛，心室颤动
50～数百	短于心率	强烈冲击，但无心室颤动
	长于心率	昏迷，心室颤动，有痕迹
超过数百	短于心率	心室颤动，昏迷，有痕迹
	长于心率	心脏停止跳动，昏迷，可能致命

　　一旦发生电气系统失火，灭火前先切断电源，切断电源后的电气火灾，多数可按照一般性火灾来扑救。充油电气设备着火时，应立即切断电源，然后扑救，地面油火不得用水喷射，防止油火漂浮水面而蔓延扩大。

5. 电气工程图

　　常用的电气工程图有 3 种：电路图（电气系统图、电气原理图）、接线图和电气元件布置图。

　　电气控制系统是由许多电气元件按一定要求连接而成的。为了表达生产机械电气控制系统的组成及工作原理，便于电气元件的安装、调试和维护，在图上用不同的图形符号来表示各种电气元件，并用文字符号来进一步说明各个电气元件。

　　电路图常采用在图的下方沿横坐标方向划分的方式，并用数字标明图区。同时在图的上方沿横坐标方向划区，分别标明该区电路的功能。

　　（1）电气原理图。

　　表达电路的工作原理和连接关系，不讲究电气设备的形状、位置和导线走向的实际情况。各器件均由标准符号（图形符号、文字符号）表示，如●表示导线的连接、○表示端子、∅ 表示可拆卸的端子，如图 1.2 所示。

　　手动顺序控制的电气原理图及动作过程如图 1.3 所示，当合上空气开关 QF 时，照明灯 EL 亮。

　　① 图形符号。图形符号通常用于图样或其他文件，用以表示一个设备或概念的图形、标记或字符。图形符号通常由符号要素、一般符号和限定符号组成。

　　② 文字符号。文字符号用于电气技术领域中技术文件的编制，也可以标注在电气设备、装置和元器件上或近旁，以表示电气设备、装置和元器件的名称、功能、状态和特性。

　　● 基本文字符号：基本文字符号有单字母符号与双字母符号两种。如"C"表示电容器，"R"表示电阻器，"FU"表示熔断器，"KR""FR"表示热继电器。电气元件基本文字符号见表 1.6。

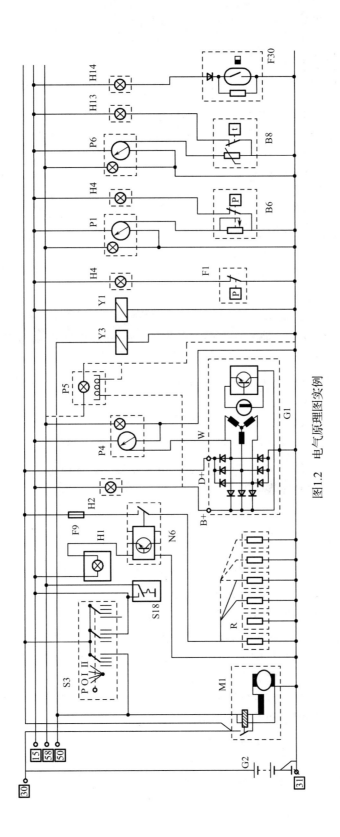

图1.2　电气原理图实例

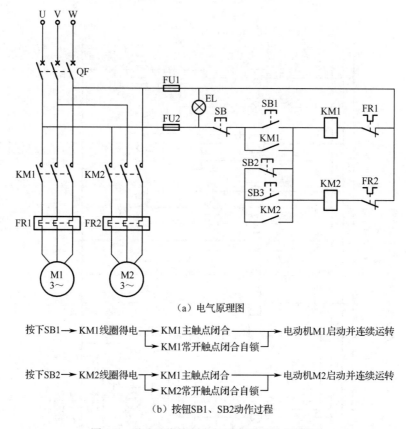

（a）电气原理图

按下SB1 → KM1线圈得电 → KM1主触点闭合 → 电动机M1启动并连续运转
　　　　　　　　　　　 → KM1常开触点闭合自锁

按下SB2 → KM2线圈得电 → KM1主触点闭合 → 电动机M2启动并连续运转
　　　　　　　　　　　 → KM2常开触点闭合自锁

（b）按钮SB1、SB2动作过程

图 1.3　手动顺序控制电气原理图及动作过程

- 辅助文字符号：辅助文字符号用来表示电气设备、装置和元器件，以及电路的功能、状态和特征。具体见表 1.7。
③ 接线端子标记。
- 三相交流电路引入线采用 L1、L2、L3、N、PE 标记，直流系统的电源正、负线分别用 L+、L−标记。
- 分级三相交流电源主电路采用三相文字代号 U、V、W 的前面加上阿拉伯数字 1、2、3 等来标记，如 1U、1V、1W、2U、2V、2W 等。
- 各电动机分支电路各节点标记采用三相文字代号后面加数字来表示，数字中的个位数表示电动机代号，十位数表示该支路各节点的代号，从上到下按数值大小顺序标记。如 U11 表示 M1 电动机的第一相的第一个节点代号，U21 表示 M1 电动机的第一相的第二个节点代号，以此类推。
- 三相电动机定子绕组首端分别用 U1、V1、W1 标记，绕组尾端分别用 U2、V2、W2 标记，电动机绕组中间抽头分别用 U3、V3、W3 标记。
- 控制电路采用阿拉伯数字编号。标注方法按"等电位"原则进行，在垂直绘制的电路中，标号顺序一般按自上而下、从左至右的规律编号。凡是被线圈、触点等元件所间隔的接线端点，都应标以不同的线号。

表 1.6　电气元件基本文字符号

符号	描述	符号	描述	符号	描述	符号	描述
A	组件/部件						
B	电量/非电量转换						
C	电容器						
E	其他	EL	照明灯				
D	二进制元件，如与门						
F	保护器	FU	熔断器			FR	热继电器
G	发电机、电源	GA	异步发电机	GS	同步发电机		
H	信号器件	HA	报警器	HL	指示灯		
K	继电器、接触器	KA	通用继电器	KM	接触器	KR	热继电器
L	电感器						
M	电动机	MS	同步电动机				
N	模拟元件						
P	测量、试验	PA	电流表	PV	电压表	PJ	电度表
Q	开关器件	QF	断路器	QS	隔离开关		
R	电阻器						
S	控制、记忆、信号电路开关器件选择	SA	控制开关	SP	行程开关	SQ	限位开关
T	变压器、互感器	TA	电流互感器	TV	电压互感器		
U	调制器、变换器						
V	电子管、晶体管						
W	传输通道，波导，天线						
X	端子、插头、插座	XB	连接片	XP	插头	XS	插座
Y	电器操作机械器件	YA	电磁铁	YB	电磁制动器		
Z	滤波器、限幅器、均衡器、终端设备						

表 1.7　电气元件辅助文字符号

符　号	描　述	符　号	描　述	符　号	描　述
A	电流	ADJ	可调		
ASY	异步	SYN	同步		
AUT	自动	MAN	手动		
CW	顺时针	CCW	逆时针		
E	接地	PE	保护接地	PU	不接地保护
FW	向前	BW	向后		
H	高	L	低		
IN	输入	OUT	输出		
ON	闭合	OFF	断开		
RET	复位	RUN	运行	SET	置位
ST	启动	STP	停止		

（2）电气系统图。

用符号或带注释的框概略地表示系统的基本组成、相互关系及其主要特征的一种电气图。它从总体上来描述系统或分系统，是其他电气图的基础，如图1.4所示。

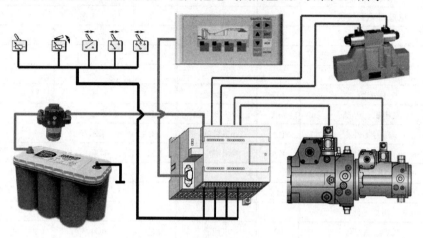

图 1.4　电气系统图实例

（3）接线图。

主要用于安装接线、线路检查、线路维修和故障处理。它表示设备电控系统各单元和各元器件间的接线关系，并标注出所需数据，如接线端子号、连接导线参数等。在实际应用中通常与电路图和位置图一起使用，如图1.5所示。

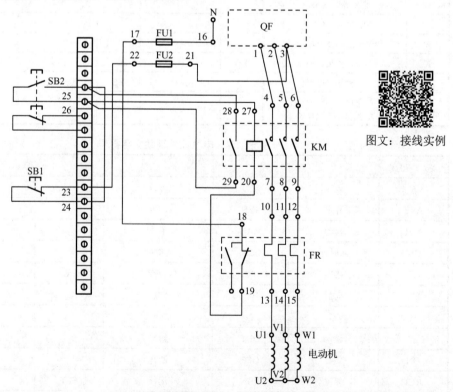

图文：接线实例

图 1.5　接线图实例

（4）电气元件布置图。

主要表明机械设备上所有电气设备和电气元件的实际位置，是电气控制设备制造、安装和维修必不可少的技术文件，如图 1.6 所示。

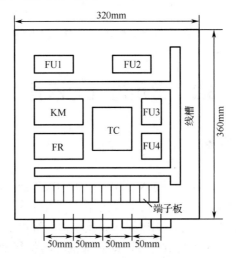

图 1.6　电气元件布置图实例

（5）读识电路图的方法与步骤。

① 分析主电路。

② 分析控制电路。

③ 分析辅助电路。

④ 分析联锁与保护环节。

⑤ 分析特殊控制环节。

⑥ 总体检查。

6. 电气系统的维护和保养

① 定期对发电机、马达、电动机、蓄电池等进行清扫与检查，紧固所有松动的接线端子。

② 保持各操作台和各电控箱内的清洁，不可将有污油及尘土的物品放在上面。

③ 及时紧固松动的螺钉、接插件及各线束。

④ 注意随时关严电控箱门，不能让油污、尘土、水进入箱内，保持箱体清洁与干燥。

7. 电气系统使用中的注意事项

① 禁止用水冲洗发电机、马达、电动机、电控箱等及操纵台内所有的电气元件。

② 非电气操作人员不得对电控箱内的电气元件（除保险丝）进行维修与调整。

③ 更换保险丝时应注意要使用同样型号的保险丝，不能随意调换，换上后仍烧坏则表明此回路有问题，请先排除故障后再更换保险丝。

④ 当发生冒烟、嗅到焦味、控制失灵等异常故障时，应立即切断电源，如发生火灾则应马上使用灭火器灭火。

⑤ 禁止对各线束进行强力拉伸、踩踏、挤压或敲击，在检修机器时，拆卸各线束时应作标记，并将接插件用塑料胶带封好，不得将接插件置于油污或泥土中；检修完毕，应将电线束和接插件装回原来位置，并检查接插件是否连接正确（接插件两边各相连接的电线号码必须一致）和插入到位。

⑥ 对机器进行检修，特别是需要进行电焊时，一定要切断主电源（断开蓄电池负极）。

1.2 常用电气元器件

1.2.1 低压电器介绍

低压电器指在交流 1200V、直流 1500V 及以下电路中起通断控制、保护和调节作用的电气设备，以及利用电能来控制、保护和调节非电过程和非电装置的用电设备。低压电器包括配电电器（如断路器、熔断器等）与控制电器（如接触器、继电器、主令电器等）。从结构上看，低压电器一般都具有两个基本组成部分，即感受部分与执行部分。

国产常用低压电器的型号组成形式如图 1.7 所示。

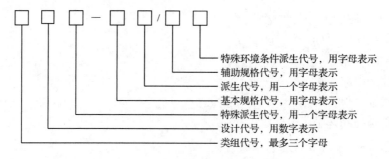

图 1.7 低压电器的型号组成形式

1.2.2 低压电器的分类

1. 按用途分

● 低压配电电器：用于供、配电系统中进行电能输送和分配的电器，如刀开关、低压断路器、熔断器等。
● 低压控制电器：用于各种控制电路和控制系统的电器，如接触器、控制继电器、主令电器、电阻器、电磁铁等。
● 低压主令电器：用于发送控制指令的电器，如按钮、主令开关、行程开关、主令控制器、转换开关等。
● 低压保护电器：用于对电路及用电设备进行保护的电器，如熔断器、热继电器、电压继电器、电流继电器等。
● 低压执行电器：用于完成某种动作或传送功能的电器，如电磁铁、电磁离合器等。

- 可通信电器：可与计算机网络连接的电器，如智能化断路器、智能化接触器及电动机控制器等。

2．其他分类方法

低压电器按动作方式不同可分为自动切换电器和非自动切换电器。低压电器按有无触点可分为有触点电器和无触点电器两大类。按其接触形式不同可分为点接触、线接触和面接触 3 种。

按控制的电路不同分为主触点和辅助触点。主触点用于接通或断开主电路，允许通过较大的电流。辅助触点用于接通或断开控制电路，只允许通过较小的电流。

按原始状态不同分为常开触点和常闭触点。当线圈不带电时，动、静触点是分开的，称为常开触点；当线圈不带电时，动、静触点是闭合的，称为常闭触点。

3．电接触及灭弧的方法

触点是电磁式电器的执行部分。通过触点动作可分合被控制的电路，在闭合状态下，动、静触点完全接触，并有工作电流通过，称为电接触。电接触电弧产生高温并有强光，可将触点烧损，并使电路的切断时间延长，严重时可引起事故或火灾。电接触电弧分直流电弧和交流电弧，交流电弧有自然过零点，故其电弧较易熄灭。

（1）机械灭弧。

通过极限装置将电弧迅速拉长，多用于开关电路中。

（2）磁吹灭弧。

在一个与触点串联的磁吹线圈产生的磁力作用下，电弧被拉长且被吹入由固体介质构成的灭弧罩内，电弧被冷却熄灭。

（3）窄缝灭弧。

在电弧形成的磁场力、电场力的作用下，将电弧拉长进入灭弧罩的窄缝中，使其分成数段并迅速熄灭，如图 1.8 所示。该方式主要用于交流接触器中。

（4）栅片灭弧。

当触点分开时，产生的电弧在电场力的作用下被推入一组金属栅片而被分成数段，彼此绝缘的金属片相当于电极，因而就有许多阴阳极压降，对交流电弧来说，在电弧过零时使电弧无法维持而熄灭，如图 1.9 所示。交流电器常采用栅片灭弧方式。

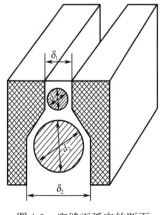

图 1.8　窄缝灭弧室的断面

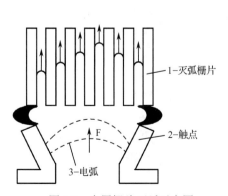

图 1.9　金属栅片灭弧示意图

1.2.3 常用低压电器

1. 刀开关

刀开关只用于手动控制容量较小、启动不频繁的电动机，可分为瓷底开启式负荷开关和封闭式负荷开关。刀开关及其电气符号如图 1.10 所示。

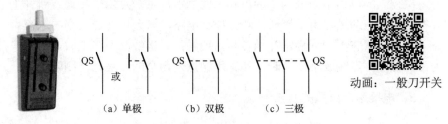

动画：一般刀开关

（a）单极　　（b）双极　　（c）三极

图 1.10　刀开关及其电气符号

2. 控制按钮

控制按钮是一种结构简单、应用广泛的主令电器，用于远距离操纵接触器、继电器等电磁装置或用于信号和电气联锁线路中。一般由按钮、复位弹簧、常闭触点、常开触点和外壳组成，如图 1.11 所示。其电气符号如图 1.12 所示。

控制按钮按结构形式不同分为掀钮式、紧急式、钥匙式和旋钮式。

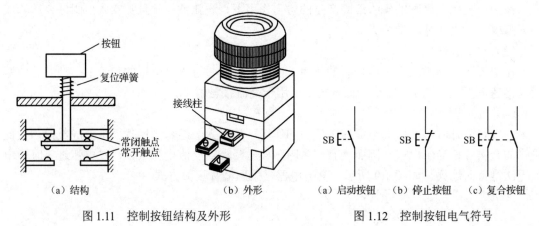

（a）结构　　　　　　　　（b）外形　　　　　　（a）启动按钮　（b）停止按钮　（c）复合按钮

图 1.11　控制按钮结构及外形　　　　　图 1.12　控制按钮电气符号

3. 指示灯

指示灯如图 1.13 所示。根据工作状态指示和工作情况的要求，选择指示灯的颜色。指示灯的颜色含义与典型用途如下。

- 红——危险或报警。
- 黄——警告或预警。
- 绿——安全，工作准备。

图 1.13　指示灯

4．位置开关

位置开关又称限位开关，是用以反映工作机械的行程，发出命令以控制其运动方向和行程大小的主令电器，包括行程开关、微动开关、接近开关和限位开关。位置开关如图 1.14 所示。

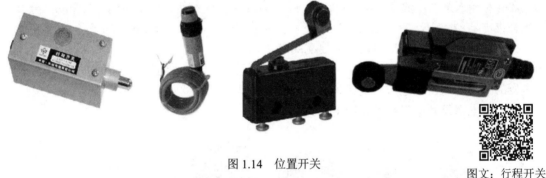

图 1.14　位置开关

图文：行程开关

行程开关利用生产机械运动部件的碰撞使其触点动作来实现接通或分断控制电路，达到一定的控制目的。行程开关电气符号如图 1.15 所示。随着技术的发展，现在常用光电开关代替行程开关（光电开关一般为两线和三线，两线的直接接正负极就行，相当于一个开关；三线的两根是电源，一根是通断的信号线）。限位开关是为限制工作机械行程到达终点而起作用的行程开关。

（a）常开触点　　（b）常闭触点

图 1.15　行程开关电气符号

接近开关又称无触点位置开关，它的用途除行程控制和限位保护外，还可作为检测金属体的存在、高速计数、测速、定位、变换运动方向、检测零件尺寸、液面控制及用作无触点按钮等。使用接近开关时应注意选配合适的有触点继电器作为输出器，同时应注意温度对其定位精度的影响。

图文：光电开关
三线示意

5．继电器

继电器是一种电控制器件。它具有控制系统（又称输入回路）和被控系统（又称输出回路）之间的互动关系，如图 1.16 所示。通常应用于自动控制电路中，是用小电流去控制大电流的一种"自动开关"，故在电路中起着自动调节、安全保护、转换电路等作用。

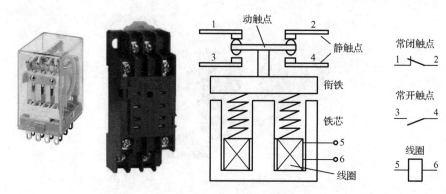

图 1.16　继电器原理图

　　继电器是具有隔离功能的自动开关元件，广泛应用于遥控、遥测、通信、自动控制、机电一体化及电力电子设备中，是最重要的控制元件之一。继电器一般都有能反映一定输入变量（如电流、电压、功率、阻抗、频率、温度、压力、速度、光等）的感应机构（输入部分）；有能对被控电路实现"通""断"控制的执行机构（输出部分）；在继电器的输入部分和输出部分之间，还有对输入量进行耦合隔离、功能处理和对输出部分进行驱动的中间机构（驱动部分）。

　　在继电器触点中，NC（Normal Close）表示常闭触点，NO（Normal Open）表示常开触点。为接线及固定方便，继电器一般要配底座。

　　继电器是具有输入回路和输出回路的电器，当输入量变化达到某一定值时，继电器动作。继电器的输入量通常是电压、电流等电量，也可以是温度、压力等非电量，而输出则是触点的动作。继电器及其电气符号如图 1.17 所示。

图 1.17　继电器及其电气符号

动画：速度继电器

　　继电器按用途不同分为电流继电器、电压继电器、中间继电器、时间继电器、速度继电器和热继电器等。

　　（1）电磁式电压继电器。

　　电磁式电压继电器触点的动作与线圈所加电压大小有关，使用时和负载并联，电磁式电压继电器的结构如图 1.18 所示。电压继电器又分过电压继电器、欠电压继电器和零电压继电器。

　　（2）热继电器。

　　热继电器是利用电流的热效应来切断电路的保护电器，在控制电路中，它用作电动机的过载保护，既能保证电动机不超过容许的过载，又可以最大限度地保证电动机的过载能力。

　　热继电器（如图 1.19 所示）利用电流的热效应而动作，是依靠电流通过发热元件所产生的热量，使双金属片产生不同程度的弯曲而推动机构动作的电器，主要用于电动机的过载保护。热继电器的整定电流与电动机的额定电流应基本一致，当发热元件中通过的电流超过其额定电流的 20% 时，热继电器应当在 20min 内动作。

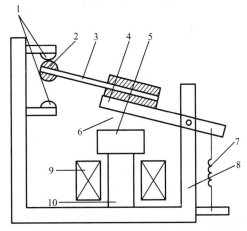

1—静触点；2—动触点；3—簧片；4—衔铁；5—极靴；6—空气气隙；7—反力弹簧；8—铁扼；9—线圈；10—铁芯

图 1.18　电磁式电压继电器的结构

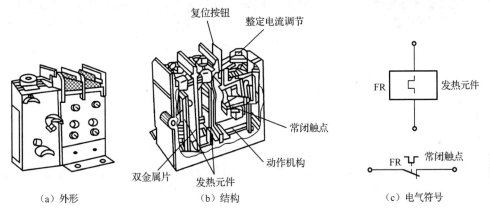

（a）外形　　　　　（b）结构　　　　　（c）电气符号

图 1.19　热继电器的外形、结构及电气符号

① 热继电器主要技术要求。
● 应具有可靠而合理的保护特性。
● 具有一定的温度补偿。
● 具有手动复位与自动复位功能。
● 其动作电流可以调节，一般在 66%～100% 的范围内调节。
② 热继电器主要保护特性，见表 1.8。

动画：热继电器

表 1.8　热继电器主要保护特性

序　号	整定电流倍数	动作时间	实验条件
1	1.05	>2h	冷态
2	1.20	>2h	热态
3	1.50	<3min	热态
4	6.00	>5s	冷态

（3）中间继电器。

中间继电器属于电压继电器，适用于多回路、多触点的控制，它控制容量较大，通过它可增加控制回路数或起信号放大作用。

（4）光电继电器。

光电继电器是利用光电元件把光信号转换成电信号的光电器件。光电继电器分亮通和暗通两种电路。

使用光电继电器时必须注意，光电继电器在安装、使用时，应避免振动及阳光、灯光等其他光线的干扰。

（5）固态继电器。

图 1.20　固态继电器

固态继电器（如图 1.20 所示）具有开关速度快、工作频率高、质量轻、使用寿命长、噪声低和动作可靠等一系列优点。固态继电器按其负载类型不同，可分为直流型（DC-SSR）和交流型（AC-SSR）。

固态继电器用于控制直流电动机时，应在负载两端接入二极管，以阻断反电势。当控制交流负载时，必须估计过电压冲击的程度，并采取相应保护措施（如加装 RC 吸收电路或压敏电阻等）。当控制电感性负载时，固态继电器的两端还需加压敏电阻。

6. 接触器

接触器（如图 1.21 所示）是一种适用于远距离频繁接通和分断交直流主电路和控制电路的自动控制电器。接触器不同于继电器，是工业电控中利用线圈流过电流产生磁场，使触点闭合，以达到控制负载的电器。交流接触器主要用来接通和断开电动机或其他设备的大电流主电路。它通常由电磁铁和触点两部分组成，进口交流接触器有吸合保持电路，可以在交流接触器吸合后，减小吸合线圈的电流，达到节能降压的目的。

动画：接触器的应用

图 1.21　接触器

接触器触点分主触点和辅助触点两种，主触点用于主电路中，可接通或断开大电流；辅助触点用于控制电路中，可实现电气互锁保护或其他联动控制。接触器的电气符号如图 1.22 所示。

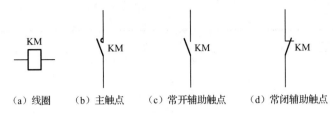

（a）线圈　　　　（b）主触点　　　（c）常开辅助触点　　　（d）常闭辅助触点

图 1.22　接触器的电气符号

　　交流接触器的保护原理及使用：当主触点断开时，其间会产生电弧，会烧坏触点，电弧由空气电离而成，是导电体，因此要采取灭弧措施。灭弧罩、桥式触点有两个断点，以降低当触点断开时加在触点上的电压，相间绝缘隔板阻止相间短路。

　　电弧的导电性使触点在断开瞬间保持接通，从而会产生瞬间相间短路冲击电流，需采取措施。频繁的接通和断开会使触点极易烧坏，故离开设备一定要切断空气开关（特别是突然停电）。灭弧罩在交流接触器工作时不能随意去掉，否则会造成相间短路事故，损坏接触器。

7．熔断器

　　熔断器由熔体（熔丝或熔片）和安装熔体的外壳两部分组成，起保护作用的是熔体，其外形和电气符号如图 1.23 所示。熔断器按形状不同可分为管式、插入式、螺旋式和羊角保险等；按结构不同可分为半封闭插入式、无填料封闭管式和有填料封闭管式等。

（a）外形　　　　　　　　　　　　（b）电气符号

图 1.23　熔断器外形结构及电气符号

　　熔断器是在电路中用于过载和短路保护的电器。它串联在电路中，当电气设备发生过载和短路时，熔断器中的熔体首先熔断，使电气设备脱离电源，起到保护作用。常用熔断器的名称、类别、特点、用途及主要技术数据见表 1.9。

表 1.9　常用熔断器的名称、类别、特点、用途及主要技术数据

名　称	类　别	特点、用途	主要技术数据
瓷插式熔断器	RC 1A	价格便宜，更换方便，广泛用于照明和小容量电动机中起短路保护作用	额定电流 I_{ge} 为 5～200A，分 7 种规格
螺旋式熔断器	RL	熔丝周围的石英砂可熄灭电弧，熔断管上端红点随熔丝熔断而自动脱落。体积小，多用于机床电气设备中	RL 系列额定电流 I_{ge} 有 4 种规格：15A、60A、100A、200A
无填料封闭管式熔断器	RM	在熔体中人为引入窄截面熔片，提高断流能力，多用于低压电力网络和成套配电装置中	RM-10 系列额定电流 I_{ge} 从 15A～1000A，分 7 种规格
有填料封闭管式熔断器	RTO	分断能力强，使用安全，特性稳定，有明显指示器。广泛用于短路电流较大的电力网或配电装置中	RTO 系列额定电流 I_{ge} 从 50A-1000A 分 6 种规格

续表

名　　称	类　别	特点、用途	主要技术数据
快速熔断器	RLS	用于小容量硅整流元件的短路保护和某些适当过载保护	$I=4I_{Te}$，0.2s 内熔断；$I=6I_{Te}$，0.02s 内熔断
	RSO	用于大容量硅整流元件的保护	
	RS3	用于晶闸管元件短路保护和某些适当过载保护	$I=（4～6）I_{Te}$，0.02s 内熔断

注：I_{ge}——熔断器的额定电流；I_{Te}——熔体的额定电流。

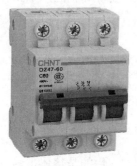

图 1.24　断路器

在安装、更换熔体时，一定要切断电源，将刀开关断开，不要带电作业，以免触电。熔体烧坏后，应换上和原来同材料、同规格的熔体，千万不要随便加粗熔体，或用不易熔断的其他金属丝去替换。

8．断路器

断路器（又称自动开关，如图 1.24 所示）可用来分配电能，不频繁地启动电动机，对供电线路及电动机等进行保护，当它们发生严重的过载或短路及欠压等故障时能自动切断电路。在配电网络中可以用来接通和分断负载电路，具有结构紧凑、体积小、质量轻、价格低、使用安全、适于独立安装等优点。对电路和电气设备有短路、过载、欠压、漏电等综合性保护作用。

自动空气开关又称自动空气断路器，是低压配电网络和电力拖动系统中非常重要的一种电器，它集控制和多种保护功能于一身。除了能完成接触和分断电路，还能对电路或电气设备发生的短路、严重过载及欠电压等进行保护，同时也可以用于不频繁地启动电动机。自动空气开关的选择应注意以下几点。

① 额定电压、额定电流应高于线路工作时的电压、电流。

② 根据控制线路的保护要求选择不同保护特性的自动开关，不允许因本级失灵导致越级跳闸，扩大停电范围。

③ 热脱扣器的整定电流应等于或大于负载的额定电流之和。

④ 过流脱扣器的瞬时脱扣整定电流应大于负载电路正常工作时的尖峰电流。

1.2.4　其他电器及附件

1．开关电源

开关电源（如图 1.25 所示）是利用现代电力电子技术，控制开关管开通和关断的时间比率，维持稳定输出电压的一种电源。开关电源一般由脉冲宽度调制（PWM）控制 IC 和 MOSFET 金属氧化物半导体场效应晶体管构成。开关电源可分为 AC/DC 和 DC/DC 两大类。其接线方法如下。

- L：接 220V 交流火线。
- N：接 220V 交流零线。
- FG：接大地。

图 1.25　开关电源

- G：直流输出的地。
- +5V：输出+5V 电压的端口。
- ADJ：在一定范围内调整输出电压。开关电源上输出的额定电压在出厂时是固定的，即标称额定输出电压，设置此电位器可以让用户根据实际使用情况在一个较小的范围内（如±10%）调整输出电压，一般情况下是不需要调整它的。

2. 变压器

变压器可将某一电压数值的交流电转换成同频率的另一电压数值的交流电，它主要由铁芯和两个以上的绕组组成，如图 1.26 所示

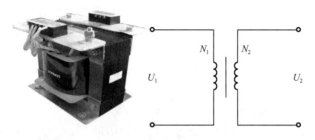

图 1.26　变压器

如图 1.27 所示，单相变压器由闭合铁芯和一次、二次绕组构成，两个绕组实际上是套在同一个铁芯柱上的。为分析方便，将两个绕组分别画在铁芯的两侧。图中与电源相连的绕组称为一次绕组（原绕组或初级绕组），匝数为 N_1，与负载相连的绕组称为二次绕组（副绕组或次级绕组），匝数为 N_2。按照规定，变压器一次侧的相关参数下脚标加注"1"，二次侧的相关参数下脚标加注"2"。

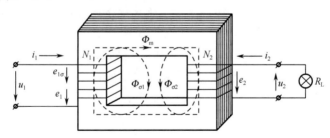

图 1.27　单相变压器工作原理图

（1）电压与电流的正方向。

变压器在正常运行时，一次绕组和二次绕组两侧的电压、电流、感应电动势等多个电磁变量的方向都是交变的，为了便于对变压器工作过程进行分析，有必要明确规定变压器各个电磁变量的正方向。

需要指出的是，变压器正方向的选取可以任意。正方向规定不同，只影响相应变量在电磁关系中的表达式为正还是为负，并不影响各个变量之间的物理关系。

（2）变压器工作原理。

以图 1.27 所示的单相变压器工作原理图为例，变压器的一次侧正方向规定符合电动机习惯，将变压器的一次绕组看作外接交流电源的负载，一次侧的正方向以外接交流电源电压的

正方向为基准，即一次侧电路中电流的方向与一次侧绕组感应电动势方向都与电源电压成关联方向；而变压器的二次侧正方向则与一次侧规定刚好相反，符合发电机习惯，将变压器的二次绕组看作外接负载的电源，二次侧的正方向以二次绕组的感应电动势的正方向为基准，即二次侧电路中电流方向与二次侧负载电压方向相同。

同时需要注意，感应电动势的正方向和产生感应电动势的磁通正方向符合右手螺旋定则，而磁通的正方向和产生该磁通的电流正方向也符合右手螺旋定则。各个电压变量的正方向由高电平指向低电平，而各个电动势的正方向则由低电平指向高电平。

变压器原边绕组中的电压、电流、感应电动势、功率甚至导线电阻都被称为一次侧，其电压、电流的瞬时值记为 u_1、i_1，有效值标为 U_1、I_1、E_1、r_1、P_1，而副边绕组中的电压、电流、感应电动势、功率、导线电阻则被称为二次侧，其电压、电流的瞬时值记为 u_2、i_2，有效值记为 U_2、I_2、E_2、r_2、P_2。

变压器的工作原理：在变压器空载运行时，一次绕组的匝数为 N_1，输入电压为 U_1，二次绕组的匝数为 N_2，二次绕组两端将感应出电动势 U_2，在理想状态下，变压器的电压变换关系为：

$$\frac{U_1}{U_2} = \frac{N_1}{N_2} = k$$

变压器的损耗：变压器的功率损耗主要有铁损和铜损。铁损是指变压器铁芯中的磁滞损耗和涡流损耗，而铜损则为变压器因绕组电阻的存在而产生的功率损耗。

（3）隔离变压器。

隔离变压器是指输入绕组与输出绕组带电气隔离的变压器，隔离变压器用于避免偶然同时触及带电体。它的原理与普通干式变压器相同，也是利用电磁感应原理。隔离变压器一般（但并非全部）为 1∶1 的变压器。

① 交流电源电压一根线和大地相连，另一根线与大地之间有 220V 的电位差。人接触会产生触电。而隔离变压器的次级不与大地相连，它的任意两线与大地之间没有电位差。人接触任意一条线都不会发生触电，这样就比较安全。

② 隔离变压器的输出端跟输入端是完全"断路"隔离的，这样就对变压器的输入端（电网供给的电源电压）起到了一个良好的过滤作用，从而给用电设备提供了纯净的电源电压。

③ 防干扰。可广泛用于地铁、高层建筑、机场、车站、码头、工矿企业及隧道的输配电等场所。

3. 端子排

端子排（如图 1.28 所示）是用于承载多个或多组相互绝缘的端子组件并固定支持件的绝缘部件。端子排的作用就是将排内设备和排外设备的线路相连接，起到信号（电流或电压）传输的作用。控制柜接线布置图如图 1.29 所示。

4. 二极管

二极管的应用有如下几种。

（1）二极管整流。

半波整流后的单向脉动电压的平均值为交流有效值的 0.45 倍，桥式全波整流电压的平均值为交流电压有效值的 0.9 倍。

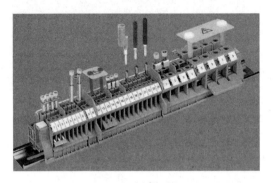

图 1.28　端子排

图 1.29　控制柜接线布置图

（2）二极管限幅。

利用二极管的单向导电性将输出电位钳制在其导通压降内，即 $u_i > 0.7V$，$u_o < 0.7V$。

（3）二极管的导通电压和测量。

硅二极管的正向导通电压为 0.7V，锗二极管的正向导通电压为 0.3V。正向电阻为几 kΩ 到几十 kΩ，反向电阻为正向电阻的十倍以上。

发光二极管 LED 的外形及其电气符号如图 1.30 所示。

5．三极管

双极型晶体管又称半导体三极管或晶体三极管，也可简称为三极管或晶体管。三极管分 NPN 型和 PNP 型两大类，其外形及其电气符号如图 1.31 所示，三个极分别为发射极（E 极）、基极（B 极）和集电极（C 极）。

（a）外形　　（b）电气符号　　　　　　　　（a）外形　　　　　（b）电气符号

图 1.30　发光二极管的外形及其电气符号　　图 1.31　三极管的外形及其电气符号

6. 电阻元件

电阻元件的参数（如阻值、功率、误差等）可以用数字或符号标在电阻上，也可以使用色环标注。采用色环表示法时，最靠近电阻元件某一端的色环为第一环，而另一端则为最后一环。电阻色环的含义见表 1.10。

表 1.10　电阻色环的含义

颜　色	有效数字	乘　数	允许偏差%	温度系数（10^{-6}/℃）
银	/	10^{-2}	±10	/
金	/	10^{-1}	±5	/
黑	0	1	/	±250
棕	1	10	±1	±100
红	2	10^{2}	±2	±50
橙	3	10^{3}	/	±15
黄	4	10^{4}	/	±25
绿	5	10^{5}	±0.5	±20
蓝	6	10^{6}	±0.25	±10
紫	7	10^{7}	±0.1	±5
灰	8	10^{8}	/	±1
白	9	10^{9}	/	/
无色	/	/	±20	/

7. 电磁控制阀

电磁控制阀也叫电磁阀，包括开关电磁阀和比例、伺服电磁阀等，如图 1.32 所示。

电磁阀通常用于改变液体/气体的流量或压力的大小，如液压泵输出流量、发动机怠速控制系统中的旁通道进气流量等。

对电磁阀基本特性的要求如下。

① 工作响应性要高。

② 要保证一定的控制电压特性。

图 1.32　电磁阀

动画视频：液压换向阀

③ 温度稳定性高。

④ 工作寿命要长。

⑤ 应尽量减小阀的体积和质量。

8. 三相异步电动机

三相异步电动机转动原理如下：将三相交流电通入定子绕组，将产生旋转磁场。磁力线切割转子导条，使导条两端出现感应电动势，闭合的导条中便有感应电流流过。在感应电流与旋转磁场相互作用下，转子导条受到电磁力作用形成电磁转矩，从而使转子转动。

　　当通入电动机定子绕组中的三相电流相序为 U-V-W 时，三相电流产生的旋转磁场是顺时针方向旋转的。由图 1.33（a）可知，转子转动方向也是顺时针方向。由上面的分析可知，电动机的转子转动方向和磁场旋转的方向是相同的，而磁场的旋转方向与通入定子绕组的三相电流相序有关。

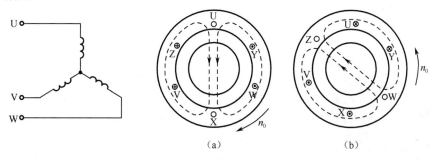

图 1.33　旋转磁场的正反转

　　当通入电动机定子绕组中的三相电流相序变为 U-W-V 时，三相电流产生的旋转磁场将从原来的顺时针方向（正转）变为逆时针方向（反转），如图 1.33（b）所示。电动机的转子转动方向也跟着变为逆时针方向（反转）。

　　因此，旋转磁场的转速 n_0 取决于电动机电源频率 f_1 和磁场的极对数目 P。定子绕组的星形（Y）连接和三角形（Δ）连接如图 1.34 所示。

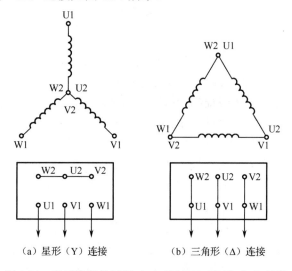

（a）星形（Y）连接　　　　（b）三角形（Δ）连接

图 1.34　定子绕组的星形（Y）连接和三角形（Δ）连接

图 1.35 所示为电动机铭牌及符号说明。

图 1.35　电动机铭牌及符号说明

其中：

电动机类型：Y——异步电动机、YR——绕线式异步电动机、YB——防爆型异步电动机、YQ——高启动转矩异步电动机；

　　机座长度代号：S——短机座、M——中机座、L——长机座；

　　磁极数：定子磁场磁极的个数，常见的有 2、4、6、8。

9．控制电动机

图 1.36　伺服电机

　　控制电动机用来转换和传递控制信号，包括伺服电机、测速发电机、自整角机和步进电机。

　　伺服电机将电压信号转换为转矩和转速以驱动控制对象，如图 1.36 所示。常用的伺服电机有交流伺服电机和直流伺服电机。

　　① 交流伺服电机：两相同步，定子有励磁绕组和控制绕组，励磁绕组连接一个电容分组，其结构与单相异步电动机相似，通过改变控制绕组的电压来改变电动机的角速度。

　　② 直流伺服电机：采用电枢控制。

1.3　可编程控制器概述

1.3.1　PLC 介绍

　　早期的可编程控制器被称作可编程逻辑控制器（Programmable Logic Controller，PLC），它主要用来代替继电器实现逻辑控制。随着技术的发展，这种采用微型计算机技术的工业控制装置的功能已经大大超出了逻辑控制的范畴，因此，今天这种装置被称作可编程控制器，简称 PC。但是为了避免与个人计算机（Personal Computer）的简称混淆，所以将可编程控制器简称为 PLC，PLC 是在传统的顺序控制器的基础上引入了微电子技术、计算机技术、自动控制技术和通信技术而形成的一代新型工业控制装置，其目的是用来取代继电器、执行逻辑、计时、计数等顺序控制功能，建立柔性的程控系统。国际电工委员会（IEC）颁布了对 PLC 的规定：可编程控制器是一种数字运算操作的电子系统，专为在工业环境下应用而设计。它采用可编程序的存储器，在其内部存储执行逻辑运算、顺序控制、定时、计数和算术运算等操作的指令，并通过数字的、模拟的输入和输出，控制各种类型的机械或生产过程，是工业控制的核心部分。可编程控制器及其有关设备，均应按照易于与工业控制系统形成一个整体、易于扩充其功能的原则设计。

　　PLC 具有通用性强、使用方便、适应面广、可靠性高、抗干扰能力强、编程简单等特点。在工业控制领域中，PLC 控制技术的应用已经形成世界潮流。

　　PLC 程序既有生产厂家的系统程序，又有用户自己开发的应用程序。系统程序提供运行平台，同时还为 PLC 程序可靠运行及信息与信息转换进行必要的公共处理。用户程序由用户按控制要求设计。

1.3.2　PLC 的基本配置及其原理

一般来讲，PLC 分为箱体式和模块式两种，但它们的组成是相同的。箱体式 PLC 包括 CPU 板、I/O 板、显示面板、内存块、电源等，按 CPU 性能分成若干型号，按 I/O 点数又有若干规格。模块式 PLC 包括 CPU 模块、I/O 模块、内存、电源模块、底板或机架。无论哪种结构类型的 PLC，都属于总线式开放型结构，其 I/O 能力可按用户需要进行扩展与组合。PLC 的基本结构框图如图 1.37 所示。

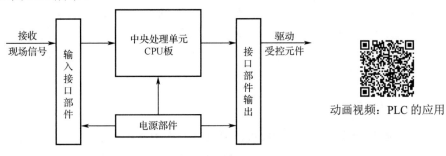

图 1.37　PLC 的基本结构框图

动画视频：PLC 的应用

1．CPU 的构成

PLC 中的 CPU 是 PLC 的核心，起神经中枢的作用，每台 PLC 至少有一个 CPU，它按 PLC 的系统程序赋予的功能接收并存储用户程序和数据，用扫描的方式采集来自现场输入装置的状态或数据，并存入规定的寄存器中，同时，诊断电源和 PLC 内部电路的工作状态和编程过程中的语法错误等。进入运行状态后，从用户程序存储器中逐条读取指令，经分析后再按指令规定的任务产生相应的控制信号，去指挥有关的控制电路。

与通用计算机一样，CPU 主要由运算器、控制器、寄存器及实现它们之间联系的数据、控制及状态总线构成，还有外围芯片、总线接口及有关电路。它决定了进行控制的规模、工作速度、内存容量等。内存主要用于存储程序及数据，是 PLC 不可缺少的组成单元。

CPU 的控制器控制 CPU 工作，由它读取指令、解释指令及执行指令，其工作节奏由振荡信号控制。

CPU 的运算器用于进行数字或逻辑运算，在控制器指挥下工作。

CPU 的寄存器参与运算，并存储运算的中间结果，它也是在控制器指挥下工作。

CPU 虽然被划分为以上几个部分，但 PLC 中的 CPU 芯片实际上就是微处理器，由于电路的高度集成，对 CPU 内部的详细分析已无必要，我们只要弄清它在 PLC 中的功能与性能，能正确地使用它就够了。

CPU 模块的外部表现就是它的工作状态的种种显示、种种接口及设定或控制开关。一般来讲，CPU 模块都有相应的状态指示灯，如电源显示、运行显示、故障显示等。箱体式 PLC 的主箱体也有这些显示。它有总线接口，用于接 I/O 模板或底板；有内存接口，用于安装内存；有外设口，用于接外部设备；有的还有通信口，用于进行通信。在 CPU 模块上还有许多设定开关，用于对 PLC 进行设定，如设定起始工作方式、内存区等。

2. I/O 模块

PLC 的对外功能主要通过各种 I/O 模块与外界联系，按 I/O 点数确定模块规格及数量，I/O 模块可多可少，但其最大数受 CPU 所能管理的基本配置的能力，即受最大的底板或机架槽数限制。I/O 模块集成了 PLC 的 I/O 电路，其输入暂存器反映输入信号状态，输出点反映输出锁存器状态。

3. 电源模块

有些 PLC 中的电源是与 CPU 模块合二为一的，有些是分开的，其主要用途是为 PLC 各模块的集成电路提供工作电源。同时，有的还为输入电路提供 24V 的工作电源。电源按其输入类型分为交流电源和直流电源。交流电源接交流 220V AC 或 110V AC，直流电源接直流电压，常用的为 24V。

4. 底板或机架

大多数模块式 PLC 使用底板或机架，其作用是：在电气上，实现各模块间的联系，使 CPU 能访问底板上的所有模块；在机械上，实现各模块间的连接，使各模块构成一个整体。

5. PLC 的外部设备

外部设备是 PLC 系统不可分割的一部分，它由四大类组成。

① 编程设备：有简易编程器和智能图形编程器，可用于编程、对系统作一些设定、监控 PLC 及 PLC 所控制的系统的工作状况。编程器是 PLC 开发应用、监测运行、检查维护不可缺少的器件，但它不直接参与现场控制运行。

② 监控设备：有数据监视器和图形监视器。直接监视数据或通过画面监视数据。

③ 存储设备：有存储卡、存储磁带、软磁盘或只读存储器，用于永久性地存储用户数据，使用户程序不丢失，如 EPROM、EEPROM 写入器等。

④ 输入输出设备：用于接收信号或输出信号，一般有条码读入器、输入模拟量的电位器、打印机等。

6. PLC 的通信联网

PLC 具有通信联网的功能，它使 PLC 与 PLC 之间、PLC 与上位计算机及其他智能设备之间能够交换信息，形成一个统一的整体，实现分散集中控制。现在几乎所有的 PLC 新产品都有通信联网功能，它和计算机一样具有 RS-232 接口，通过双绞线、同轴电缆或光缆，可以在几公里甚至几十公里的范围内交换信息。当然，PLC 之间的通信网络是各厂家专用的，PLC 与计算机之间的通信一般采用工业标准总线，并向标准通信协议靠拢，这将使不同机型的 PLC 之间、PLC 与计算机之间可以方便地进行通信与联网。

7. PLC 的工作原理

由于 PLC 以微处理器为核心，故具有微机的许多特点，但它的工作方式却与微机有很大不同。微机一般采用等待命令的工作方式，如常见的键盘扫描方式或 I/O 扫描方式，若有键被按下或有 I/O 变化，则转入相应的子程序，若无，则继续扫描等待。

PLC 则采用循环扫描的工作方式。对每个程序，CPU 从第一条指令开始执行，按指令步序号做周期性的程序循环扫描，如果无跳转指令，则从第一条指令开始逐条执行用户程序，直至遇到结束符后返回第一条指令，如此周而复始地不断循环，每一个循环被称为一个扫描周期。扫描周期的长短主要取决于以下几个因素：一是 CPU 执行指令的速度；二是执行每条指令占用的时间；三是程序中指令条数的多少。一个扫描周期主要分为三个阶段。

（1）输入刷新阶段。

在输入刷新阶段，CPU 扫描全部输入端口，读取其状态并写入输入状态寄存器。完成输入端刷新工作后，将关闭输入端口，转入程序执行阶段。在程序执行期间，即使输入端状态发生变化，输入状态寄存器的内容也不会改变，而这些变化必须等到下一工作周期的输入刷新阶段才能被读入。

（2）程序执行阶段。

在程序执行阶段，根据用户输入的控制程序，从第一条指令开始逐条执行，并将相应的逻辑运算结果存入对应的内部辅助寄存器和输出状态寄存器。当最后一条指令执行完毕后，即转入输入刷新阶段。

（3）输出刷新阶段。

当所有指令执行完毕后，将输出状态寄存器中的内容依次送到输出锁存电路（输出映像寄存器），并通过一定的输出方式输出，驱动外部执行元件工作，这才形成 PLC 的实际输出。

由此可见，输入刷新、程序执行和输出刷新三个阶段构成 PLC 的一个工作周期，由此循环往复，因此称为循环扫描工作方式。由于输入刷新阶段是紧接输出刷新阶段后马上进行的，所以也将这两个阶段统称为 I/O 刷新阶段。实际上，除了执行程序和 I/O 刷新，PLC 还要进行各种错误检测（自诊断功能）并与编程工具通信，这些操作统称为"监视服务"，一般在程序执行之后进行。综上所述，PLC 的扫描工作过程如图 1.38 所示。

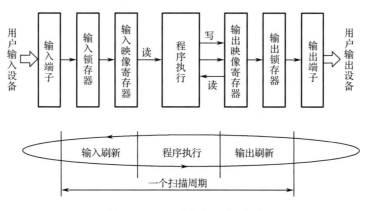

图 1.38　PLC 的扫描工作过程

显然，扫描周期的长短主要取决于程序的长短。扫描周期越长，响应速度越慢。由于每个扫描周期只进行一次 I/O 刷新，即在每一个扫描周期内 PLC 只对输入、输出状态寄存器更新一次，所以系统存在输入、输出滞后现象，这在一定程度上降低了系统的响应速度。但是由于其对 I/O 的变化每个周期只输出刷新一次，并且只对有变化的进行刷新，这对一般的开关量控制系统来说是完全允许的，不但不会造成影响，还会提高抗干扰能力。这是因为输入采样阶段仅在输入刷新阶段进行，PLC 在一个工作周期的大部分时间是与外设隔离的，而工业现场的干扰常是脉冲、短时间的，误动作将大大减小。但是在快速响应系统中就会造成响应滞后现象，对此 PLC 都会采取高速模块。

总之，PLC 采用扫描的工作方式，是区别于其他设备的最大特点之一。

1.3.3　PLC 的编程语言

PLC 的编程语言与一般的计算机语言相比，具有明显的特点，它既不同于高级语言，也不同于一般的汇编语言，它既要易于编写，又要易于调试。目前，还没有一种对各厂家产品都能兼容的编程语言。但不管什么型号的 PLC，其编程语言都具有以下特点。

（1）图形式指令结构。

程序以图形方式表达，指令由不同的图形符号组成，易于理解和记忆。系统的软件开发者已把工业控制中所需的独立运算功能编制成象征性图形，用户只需要根据自己的需要把这些图形进行组合，并填入适当的参数即可。在逻辑运算部分，几乎所有的厂家都采用类似于继电器控制电路的梯形图，直观易懂。较复杂的算术运算、定时计数等，一般也参照梯形图或逻辑元件图予以表示，虽然象征性不如逻辑运算部分，但也颇受用户欢迎。

（2）明确的变量和常数。

图形符相当于操作码，规定了运算功能，操作数由用户填入，如 K400、T120 等。PLC 中的变量和常数以及其取值范围有明确规定，由产品型号决定，可查阅产品目录手册。

（3）简化的程序结构。

PLC 的程序结构通常很简单，典型的为块式结构，不同块完成不同的功能，使程序的调试者对整个程序的控制功能和控制顺序有清晰的概念。

（4）简化应用软件生成过程。

使用汇编语言和高级语言编写程序，要完成编辑、编译和连接三个过程。而使用编程语言，只需要编辑一个过程，其余由系统软件自动完成，整个编辑过程都是在人机对话下进行的，不要求用户有高深的软件设计能力。

（5）强化调试手段。

无论是汇编程序调试，还是高级语言程序调试，都是令编程人员头疼的事，而 PLC 为程序调试提供了完备的条件，利用 PLC 和编程器上的按键、显示和内部编辑、调试、监控等，并在软件支持下，诊断和调试操作都很简单。

总之，PLC 的编程语言是面向用户的，不要求使用者具备高深的知识和长时间的专门训练。PLC 的编程语言有指令表、梯形图、顺序功能图、功能块图、结构化文本等。

1. 指令表（IL）

指令表编程语言是与汇编语言类似的一种助记符编程语言，和汇编语言一样，由操作码和操作数组成，但比汇编语言通俗易懂，并且在各种编程语言中应用最早。部分梯形图及其他语言无法表示的程序，必须用指令表才能编程。在无计算机的情况下，适合采用 PLC 手持编程器对用户程序进行编制。同时，指令表编程语言与梯形图一一对应，在 PLC 编程软件下可以相互转换。

2. 梯形图（LD）

梯形图是 PLC 程序设计中最常用的编程语言之一。它是与继电器线路类似的一种编程语言。由于电气设计人员对继电器控制较为熟悉，因此，梯形图编程语言得到了广泛的应用。梯形图编程语言的特点是：与电气操作原理图相对应，具有直观性和对应性；与原有继电器控制相一致，电气设计人员易于掌握。梯形图编程语言与原有的继电器控制的不同点是，梯形图中的能流不是实际意义的电流，内部的继电器也不是实际存在的继电器，应用时，需要与原有继电器控制的概念区别对待。

梯形图沿用了继电器的触点、线圈、连线等图形与符号，是编程语言中应用最为广泛的一种。如图 1.39 所示是三菱公司的 FX$_{2N}$ 系列产品的最简单的梯形图示例。

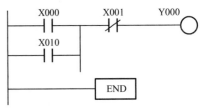

图 1.39　梯形图示例

梯形图与助记符指令的对应关系：助记符指令与梯形图指令有严格的对应关系，而梯形图的连线又可把指令的顺序予以体现。一般来讲，其顺序为：先输入，后输出（含其他处理）；先上，后下；先左，后右。有了梯形图就可将其翻译成助记符程序。上图的助记符程序为：

地址	指令	变量
0000	LD	X000
0001	OR	X010
0002	AND NOT	X001
0003	OUT	Y000
0004	END	

反之，根据助记符，也可画出与其对应的梯形图。

梯形图与电气原理图的关系：如果仅考虑逻辑控制，梯形图与电气原理图也可以建立起一定的对应关系。如梯形图的输出（OUT）指令对应继电器的线圈，而输入指令（如 LD、AND、OR）对应接点，互锁指令（IL、ILC）可看成总开关等。这样，原有的继电控制逻辑经转换就变成了梯形图，再进一步转换，即可变成语句表程序。

有了这种对应关系，用 PLC 程序代表继电逻辑是很容易的。这体现了 PLC 技术对传统继电器控制技术的继承。

3. 顺序功能图（SFC）

顺序功能图（Sequential Function Chart，SFC，如图 1.40 所示）又称状态转移图，它是描述控制系统的控制过程、功能和特性的一种图形，同时也是设计 PLC 顺序控制程序的一种有力工具。在进行程序设计时，工艺过程被划分为若干顺序出现的步，每步中包括控制输出的动作，特别适于生产制造过程。

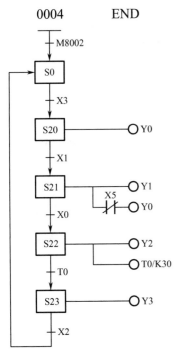

图 1.40　顺序功能图

4．功能块图（FBD）

功能块图（如图 1.41 所示）是与数字逻辑电路类似的一种 PLC 编程语言。采用功能模块图的形式来表示模块所具有的功能，不同的功能模块有不同的功能。

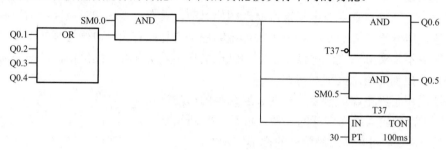

图 1.41　功能块图

功能块图语言在三菱 PLC 中应用较少，在西门子 PLC 中应用较多。

5．结构化文本（ST）

结构化文本（ST）是一种高级文本语言，可以用来描述功能、功能块和程序的行为，还可以在顺序功能流程图中描述步、动作和转变的行为。结构化文本语言表面上与 PASCAL 语言相似，但它是一种专门为工业控制应用开发的编程语言，具有很强的编程能力，用于对变量赋值、回调功能和功能块、创建表达式、编写条件语句和迭代程序等。结构化文本非常适合应用在有复杂的算术计算的应用中。

西门子 PLC 使用的 STEP7 中的 S7 SCL 属于结构化控制语言，其程序结构与 C 语言和 Pascal 语言相似，特别适合具有高级语言程序设计经验的技术人员使用。

本教材采用最常用的两种编程语言，一是梯形图，二是助记符语言表。采用梯形图编程，因为它直观易懂，但需要一台个人计算机及相应的编程软件；采用助记符形式便于实验，因为它只需要一台简易编程器，而不必用昂贵的图形编程器或计算机来编程。

1.3.4　PLC 的应用发展

1．PLC 的应用

从应用类型看，PLC 的应用大致可归纳为以下几个方面。

动画视频：三叉组装机

（1）开关量逻辑控制。

利用 PLC 最基本的逻辑运算、定时、计数等功能实现逻辑控制，可以取代传统的继电器控制，用于单机控制、多机群控制、自动生产线控制等，如机床、注塑机、印刷机械、装配生产线、电镀流水线及电梯的控制等。这是 PLC 最基本的应用，也是 PLC 最广泛的应用领域。

（2）运动控制。

大多数 PLC 都有拖动步进电机或伺服电机的单轴或多轴位置控制模块。这一功能广泛用于各种机械设备，如对各种机床、装配机械、机器人等进行运动控制。

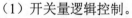

（3）过程控制。

大中型 PLC 都具有多路模拟量 I/O 模块和 PID 控制功能，有的小型 PLC 也具有模拟量输入输出，所以 PLC 可实现模拟量控制，而且具有 PID 控制功能的 PLC 可构成闭环控制，用于过程控制。这一功能已广泛用于锅炉、反应堆、水处理、酿酒，以及闭环位置控制和速度控制等方面。

（4）数据处理。

现代的 PLC 都具有数学运算、数据传送、转换、排序和查表等功能，可进行数据的采集、分析和处理，同时可通过通信接口将这些数据传送给其他智能装置，如计算机数值控制（CNC）设备。

（5）通信联网。

PLC 的通信包括 PLC 与 PLC、PLC 与上位计算机、PLC 与其他智能设备之间的通信，PLC 系统与通用计算机可直接或通过通信处理单元、通信转换单元相连构成网络，以实现信息的交换，并可构成"集中管理、分散控制"的多级分布式控制系统，满足工厂自动化系统发展的需要。

2．PLC 的发展趋势

（1）人机界面更加友好。

PLC 制造商纷纷通过收购或联合软件企业发展软件产业，大大提高了其软件水平，多数 PLC 品牌拥有与之对应的开发平台和组态软件，软件和硬件的结合提高了系统的性能，同时，为用户的开发和维护降低了成本，更易形成人机友好的控制系统。目前，PLC+网络+ IPC+CRT 的模式被广泛应用。

（2）网络通信能力大大加强。

PLC 厂家在原来提供物理层 RS-232/422/485 接口的基础上，逐渐增加了各种通信接口，而且提供完整的通信网络。

（3）开放性和互操作性大大提高。

PLC 在发展过程中，各制造商为了垄断和扩大市场份额，各自发展自己的标准，这些标准兼容性很差。但开放是发展的趋势，这已被各品牌制造商所认识。开放的进程可以从以下几个方面反映。

IEC 形成了现场总线标准，这一标准包含 8 种标准。

IEC 制定了基于 Windows 的编程语言标准，有指令表（IL）、梯形图（LD）、顺序功能图（SFC）、功能块图（FBD）、结构化文本（ST）五种编程语言。

OPC 基金会推出了 OPC（OLE for Process Control）标准，进一步增强了软硬件的互操作性，通过 OPC 一致性测试的产品，可以实现无缝隙的数据交换。

（4）PLC 的功能进一步增强，应用范围越来越广泛。

PLC 的网络能力、模拟量处理能力、运算速度、内存容量、复杂运算能力均大大增强，不再局限于逻辑控制的应用，越来越多地应用于过程控制方面。

（5）工业以太网的发展对 PLC 有重要影响。

以太网应用非常广泛，其成本非常低，为此，人们致力于将以太网引进控制领域，各 PLC 厂商纷纷推出适应以太网的产品或中间产品。

（6）软 PLC。

所谓软 PLC 就是在 PC 的平台上、在 Windows 操作环境下，用软件来实现 PLC 的功能。

（7）PAC。

PAC 表示可编程自动化控制器，用于描述结合了 PLC 和 PC 功能的新一代工业控制器。传统的 PLC 厂商使用 PAC 的概念来描述其高端系统，而 PC 控制厂商则用来描述其工业化控制平台。

1.3.5　IEC61131-3 标准

1．什么是 IEC61131-3 标准

IEC61131-3 标准是定义文字和图形的编程语言。这个标准有如下特点。

（1）由于符合 IEC61131-3 标准的编程语言均统一在国际标准之下，故学习费用较低。

（2）该标准规定编程软件应独立于控制硬件，程序可重复使用且可移植，所以理论上一套程序应该能够应用于各个厂商支持 IEC61131-3 标准的硬件之上。

（3）支持结构编程，因此增加了软件的可靠性。

（4）IEC61131-3 将标准编程技术和当代编程语言的优点结合起来。IEC61131-3 定义了不同的数据类型、标准功能和/或功能模块，能够简单快速地写出用户自己的应用。

IEC61131-3 是一个标准，依据它，所有厂商的 PLC 可以采用公用语言 AWL（指令表）、FUB（功能块）、ST（结构文本）和 KOP（接触面 contact plan）进行编程。即便没有编程知识，也能在短期内做出应用。

可以看出，IEC61131-3 标准的出台标志着今后的自动化行业将逐渐走向融合，逐步结束各个厂家产品之间相互不兼容的现状，从而让用户能够更加自主地选择自己所需要的产品，再不用担心多厂牌产品共用所带来的苦恼。

2．IEC61131-3 标准软件模型

IEC61131-3 标准软件模型如图 1.42 所示。

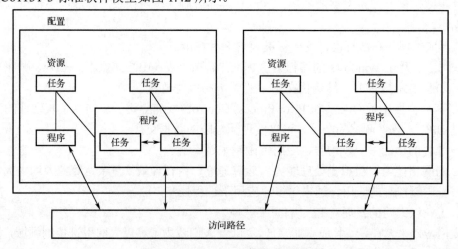

图 1.42　IEC61131-3 标准软件模型

3．IEC61131-3 的形成和发展

该国际标准的制定，是 IEC 工作组在合理地吸收、借鉴世界范围的各可编程控制器厂家的技术、编程语言等的基础之上，形成的一套新的国际编程语言标准。IEC 61131-3 国际标准随着可编程控制器技术、编程语言等的不断进步也在不断地进行着补充和完善。

IEC61131-3 国际标准得到了包括美国 AB 公司、德国西门子公司等世界知名大公司在内的众多厂家的共同推动和支持，它极大地改进了工业控制系统的编程软件质量，提高了软件开发效率；它定义的一系列图形化语言和文本语言，不仅给系统集成商和系统工程师的编程带来了很大的方便，而且给最终用户也带来了很大的方便；它在技术上的实现是高水平的，有足够的发展空间和变动余地，使其能很好地适应发展。IEC 61131-3 标准最初主要用于可编程控制器的编程系统，但它目前同样也适用于过程控制领域、分散型控制系统、基于控制系统的软逻辑、SCADA 等。

IEC 61131 国际标准包括 8 部分：Part 1 为综述；Part 2 为硬件；Part 3 为可编程语言；Part 4 为用户导则；Part 5 为通信；Part 6 为现场总线通信；Part 7 为模糊控制编程；Part 8 为编程语言的实施方针。IEC 61131-3 是 IEC 61131 中最重要、最具代表性的部分。IEC 61131-3 国际标准将是下一代 PLC 的基础。IEC 61131-5 是 IEC 61131 的通信部分，通过 IEC 61131-5 可实现可编程控制器与其他工业控制系统，如机器人、数控系统、现场总线等的通信。

4．采用 IEC 61131-3 国际标准的优点

因采用一致的 IEC 61131-3 国际标准编程，各个 PLC 厂家的编程系统都是统一的，因而，对用户来说具有如下优点。

① 减少了人力资源（如培训、调试、维护和咨询）的浪费。
② 更加聚焦于解决控制中的问题。
③ 减少了编程中的误解和错误。
④ 适用于较宽的环境范围。
⑤ 可以连接来自不同程序、项目、公司、地区或国家的部件。

5．IEC 61131-3 标准的组成

IEC 61131-3 标准包括两部分：编程和变量。编程部分描述了两个重要模型：IEC 软件模型和通信模型。变量定义了编程系统中需要的数据类型。

IEC 61131-3 是当今世界上第一个为工业自动化控制系统的软件设计提供标准化编程语言的国际标准。这个标准将现代软件的概念和现代软件工程的机制与传统的 PLC 编程语言成功地结合，又对当代种类繁多的工业控制器中的编程概念及语言进行了标准化。它为可编程控制器软件技术的发展，乃至整个工业控制软件技术的发展，起着举足轻重的推动作用。可以说，没有编程语言的标准化便没有今天 PLC 走向开放式系统的坚实基础。为了使标准的规定适用于广泛的应用范围，又能为 PLC 制造厂商所接受和支持，IEC 61131-3 规定了两大类编程语言，即文本化编程语言和图形化编程语言。前者包括指令清单(IL)和结构化文本(ST)；后者则有梯形图（LD）和功能块图（FBD）。在标准的文本中没有把顺序功能图（SFC）单独列入编程语言，而是将它在公用元素中予以规范。这就是说，不论在文本化语言中，还是

在图形化语言中，都可以运用 SFC 的概念、句法和语法。但习惯上也把它叫作另一种编程语言。

这 5 种编程语言都是依据工业控制的基本元器件及由其构成的网络或电路，采用某种在计算机上仿真它们的工作原理和功能而形成的。梯形图（LD）是将并行动作的机电元件（如继电器触点和线圈、定时器、计数器等）网络加以模型化。功能块图（FBD）则是将并行动作的电子元件（如加法器、乘法器、移位寄存器、逻辑运算门等）的网络予以模型化。结构化文本（ST）将典型的信息处理任务（如在通用的高级语言 Pascal 中使用数值算法）予以模型化。指令表（IL）却是将汇编语言中控制系统的底层编程予以模型化。顺序功能图（SFC）将时间驱动和事件驱动的顺序控制设备和算法模型化。值得注意的是，IEC 61131-3 允许在同一个 PLC 中使用多种编程语言，允许程序开发人员对每一个特定的任务选择最合适的编程语言，还允许在同一个控制程序中对不同的程序模块用不同的编程语言编制。这些规定妥善继承了 PLC 发展历史中形成的编程语言多样化的现实，又为 PLC 软件技术的进一步发展提供了足够的空间。

6. IEC 61131-3 标准描述和定义

IEC 61131-3 对下述三个方面进行了描述和定义：块的概念、PLC 的配置和编程系统应具备的基本功能。

（1）块的概念。

由 POU（Program Organization Unit）构成的程序和项目被称为块（Blocks），POU 与传统 PLC 中的程序块、组织块、顺序快、功能块相对应。

IEC 61131-3 标准的一个非常重要的目的就是限制块的种类及其隐含的意义，以便统一和简化它们的用法。为此，标准定义了 3 种类型的 POU，分别如下。

① 程序（PROG）：主程序，包括指定的 I/O、全局变量和存取路径。

② 功能块（FB）：拥有输入/输出变量的块，是最常用的 POU 类型。

③ 函数（FUN）：带有函数值的块，作为 PLC 基本操作集的扩展。

3 种 POU 的区别如下。

① 函数（FUN）：函数 POU 可以指定参数，但没有静态变量也就没有存储空间，在用相同的输入参数调用函数时总是返回相同的结果。

② 功能块（FB）：功能块 POU 既可以指定参数，也有静态变量，在用相同的参数调用功能块时，返回值取决于内部变量和外部变量，并能将内部变量保持到下一个执行周期。

③ 程序（PROG）：此类 POU 代表"主程序"，整个程序的所有变量（包括指定的物理地址）都应该在此 POU 或资源、配置中声明，其他方面与功能块 POU 类似。

POU 是个封装的单元，可以独立编译，并作为其他程序的部件，经编译的 POU 可以连接在一起组成完整的程序。POU 的名字在整个项目中是唯一的、全局的。局部子程序在 IEC 61131-3 中是禁止的，经编程之后的 POU，其名字和调用接口对项目中其他所有的 POU 是已知的。POU 的这种独立性大大方便了自动化任务的模块化，以及可以重复使用已经获得良好测试和执行的软件单元。

编写 PLC 程序实际上就是构造功能块（FB）和程序块。在大多数情况下，PLC 已经预先构造和测试好了大量的功能块（如定时器和计数器），用户只要将系统提供的功能块按照逻辑要求组织成程序即可。

（2）IEC 61131-3 的标准函数。

IEC 61131-3 只定义了 46 个标准函数，具体如下。

数字运算：ABS、SQRT、LOG、LN、EXP、SIN、COS、TAN、ASIN、ACOS、ATAN。

算术运算：ADD、SUB、MUL、DIV、MOD、EXPT、MOVE。

位移与位运算：SHL、SHR、ROR、ROL、AND、OR、XOR、NOT。

选择：SEL、MAX、MIN、LIMIT、MUX。

比较：GT、GE、LT、LE、EQ、NE。

字符串操作：LEN、LEFT、RIGHT、MID、CONTACT、INSERT、DELETE、RAPLACE、FIND。

（3）IEC 61131-3 的功能块。

IEC 61131-3 只定义了 5 个功能块，分别是双稳触发器、边沿触发器、定时器、计数器、通信功能块。实际的 PLC 中这些函数和功能块是远远不够用的。

（4）PLC 的配置。

用 IEC 61131-3 推荐的语言（一种或多种）编写的程序型 POU（程序块）通常是相互独立的，想将各个程序块组成完整的程序需要对程序块进行配置，IEC 61131-3 引入配置元素的概念，通过声明和定义配置元素将程序块紧密地联系在一起。配置元素有 4 种，分别是配置（Configuration）、资源（Resource）、任务（Task）和运行程序（Run-Time Program），它们之间是按层次划分的。

① Configuration（配置）：定义全局变量（在本配置内有效），组合 PLC 系统内的所有资源，定义配置之间的存取路径，声明直接表示的变量。

② Resource（资源）：定义全局变量（在本资源范围内有效），给任务和程序指定资源，用输入/输出参数调用程序，声明直接表示的变量。

③ Task（任务）：定义运行属性。

④ Run-Time Program（运行程序）：给程序块或功能块指定运行属性。

直接表示的变量声明将整个配置映射到 PLC 的硬件地址，这些声明可以在配置级、资源级或程序级实现，POU 通过外部变量声明存取这些变量。将所有 POU 声明直接表示的变量放在一起时就组成 PLC 应用的定位表。再重新布线时只要简单地修改这个表，将符号地址重新指到 PLC 的绝对地址即可。

配置元素通常是以文字形式声明的。配置元素之间是按层次分级的，配置定义了资源和存取路径，资源定义了任务并将任务分派到 PLC 的物理资源，任务定义了程序运行时的属性，由此构成了完整的声明链。

（5）PLC 编程系统应具备的基本功能。

① 语言编辑器：IL、ST 语言编辑器是文本的，LD、FBD、SFC 是图形的。编译器、连接器在结构化文本语言中是必需的，在 LD、FBD、SFC 中并不是必需的。

② 系统配置器：实现资源和任务的管理。

③ 测试与授权、通信管理：应具备的功能有下载整个项目或个别 POU 到 PLD；从 PLC 上传项目到 PC；修改 PLC 中的程序（在"运行"或"停止"模式）；启动和停止 PLC；显示变量的值（状态）；在测试期间，为防止现场不安全的条件，PLC 的输出应不会动作，只有

在正常操作时，程序才能执行，其值才能赋给直接变量；附加的软件和硬件能确保写到输出变量的值不影响物理输出；从 PLC 中取回系统数据、通信和网络信息；程序的执行控制（断点、单步、……）；在线修改程序；功率流显示。

④ 器件管理器：管理除 CPU 之外的所有扩展模块和接口。

⑤ 项目管理器：是功能强大的管理器，要求能对系统中的所有资源进行统一管理，其应具备的功能有登记新创建的文件、从其他项目导入文件、显示所有已经存在的 POU、更名或删除 POU、整个项目的信息结构。

1.4   PLC 产品概述

PLC 产品按地域可分为美国产品、欧洲产品和日本产品。美国和欧洲的 PLC 技术是在相互隔离情况下独立研究开发的，因此美国和欧洲的 PLC 产品有明显的差异。而日本的 PLC 技术是从美国引进的，对美国的 PLC 产品有一定的继承性，但日本的主推产品定位在小型 PLC 上。美国和欧洲以大中型 PLC 闻名，而日本则以小型 PLC 著称。

1. 美国 PLC 产品

美国是 PLC 生产大国，有 100 多家 PLC 厂商，著名的有 AB 公司、通用电气（GE）公司、莫迪康（MODICON）公司、德州仪器（TI）公司、西屋公司等。其中 AB 公司是美国最大的 PLC 制造商，其产品约占美国 PLC 市场的一半。

AB 公司产品规格齐全、种类丰富，其主推的大中型 PLC 产品是 PLC-5 系列。该系列为模块式结构，当 CPU 模块为 PLC-5/10、PLC-5/12、PLC-5/15、PLC-5/25 时，属于中型 PLC，I/O 点配置范围为 256～1024 点；当 CPU 模块为 PLC-5/11、PLC-5/20、PLC-5/30、PLC-5/40、PLC-5/60、PLC-5/40L、PLC-5/60L 时，属于大型 PLC，I/O 点最多可配置到 3072 点。该系列中 PLC-5/250 功能最强，最多可配置 4096 个 I/O 点，具有强大的控制和信息管理功能。大型机 PLC-3 最多可配置 8096 个 I/O 点。AB 公司的小型 PLC 产品有 SLC500 系列等。

GE 公司的代表产品是小型机 GE-1、GE-1/J、GE-1/P 等，除了 GE-1/J，均采用模块式结构。GE-1 用于开关量控制系统，最多可配置 112 个 I/O 点。GE-1/J 是更小型化的产品，其 I/O 点最多可配置到 96 个。GE-1/P 是 GE-1 的增强型产品，增加了部分功能指令（数据操作指令）、功能模块（A/D、D/A 等）、远程 I/O 功能等，其 I/O 点最多可配置到 168 个。中型机 GE-III 比 GE-1/P 增加了中断、故障诊断等功能，最多可配置到 400 个 I/O 点。大型机 GE-V 比 GE-III 增加了部分数据处理、表格处理、子程序控制等功能，并具有较强的通信功能，最多可配置到 2048 个 I/O 点。GE-VI/P 最多可配置到 4000 个 I/O 点。

德州仪器（TI）公司的小型 PLC 产品有 510、520 和 TI100 等，中型 PLC 产品有 TI300、5TI 等，大型 PLC 产品有 PM550、530、560、565 等系列。除了 TI100 和 TI300 无联网功能，其他 PLC 都可实现通信，构成分布式控制系统。

莫迪康（MODICON）公司有 M84 系列 PLC。其中，M84 是小型机，具有模拟量控制、与上位机通信功能，I/O 点最多为 112 个。M484 是中型机，其运算功能较强，可与上位机通信，也可联网，最多可扩展 I/O 点为 512 个。M584 是大型机，其容量大、数据处理和网络能力强，最多可扩展 I/O 点为 8192 个。M884 是增强型中型机，它具有小型机的结构、大型机的控制功能，主机模块配置 2 个 RS-232C 接口，可方便地进行组网通信。

2. 欧洲 PLC 产品

德国的西门子（SIEMENS）公司、AEG 公司、法国的 TE 公司是欧洲著名的 PLC 制造商。德国西门子公司的电子产品以性能精良而久负盛名。在中大型 PLC 产品领域与美国的 AB 公司齐名。

西门子 PLC 主要产品是 S5、S7 系列。在 S5 系列中，S5-90U、S5-95U 属于微型整体式 PLC；S5-100U 是小型模块式 PLC，最多可配置到 256 个 I/O 点；S5-115U 是中型 PLC，最多可配置到 1024 个 I/O 点；S5-115UH 是中型机，它是由两台 SS-115U 组成的双机冗余系统；S5-155U 为大型机，最多可配置到 4096 个 I/O 点，模拟量可达 300 多路；SS-155H 是大型机，它是由两台 S5-155U 组成的双机冗余系统。S7 系列是西门子公司在 S5 系列 PLC 基础上推出的产品，其性能价格比高，其中 S7-200 系列（升级版 S7-1200）属于微型 PLC、S7-300 系列（升级版 S7-1500）属于中小型 PLC、S7-400 系列（升级版 S7-1500）属于中高性能的大型 PLC。

3. 日本的 PLC 产品

日本的小型 PLC 最具特色，在小型机领域颇具盛名，某些用欧美的中型机或大型机才能实现的控制，日本的小型机就可以解决，在开发较复杂的控制系统方面明显优于欧美的小型机，所以格外受用户欢迎。日本有许多 PLC 制造商，如三菱、欧姆龙、松下、富士、日立、东芝等，在全世界小型 PLC 市场上，日本产品约占有 70%的份额。

欧姆龙（OMRON）公司的 PLC 产品，大、中、小、微型规格齐全。微型机以 SP 系列为代表，其体积极小，速度极快。小型机有 P 型、H 型、CPM1A 系列、CPM2A 系列、CPM2C 系列、CQM1 系列等。P 型机现已被性价比更高的 CPM1A 系列所取代，CPM2A/2C、CQM1 系列内置 RS-232C 接口和实时时钟，并具有软 PID 功能，CQM1H 是 CQM1 的升级产品。中型机有 C200H、C200HS、C200HX、C200HG、C200HE、CS1 系列。C200H 是前些年畅销的高性能中型机，配置齐全的 I/O 模块和高功能模块，具有较强的通信和网络功能。C200HS 是 C200H 的升级产品，指令系统更丰富、网络功能更强。C200HX /HG/HE 是 C200HS 的升级产品，有 1148 个 I/O 点，其容量是 C200HS 的 2 倍，速度是 C200HS 的 3.75 倍，有品种齐全的通信模块，是适应信息化的 PLC 产品。CS1 系列具有中型机的规模、大型机的功能，是一种极具推广价值的新机型。大型机有 C1000H、C2000H、CV（CV500/CV1000/CV2000/CVM1）等。C1000H、C2000H 可单机或双机热备运行，安装带电插拔模块，C2000H 可在线更换 I/O 模块；CV 系列中除 CVM1 外，均可采用结构化编程，易读、易调试，并具有更强大的通信功能。

松下公司的 PLC 产品中，FP0 为微型机，FP1 为整体式小型机，FP3 为中型机，FP5/FP10、FP10S（FP10 的改进型）、FP20 为大型机，其中 FP20 是最新产品。松下公司 PLC 产品的主要特点是：指令系统功能强；有的机型还提供可以用 FP-BASIC 语言编程的 CPU 及多种智能模块，为复杂系统的开发提供了软件手段；FP 系列 PLC 都配置通信机制，它们使用的应用层通信协议具有一致性，为构成多级 PLC 网络和开发 PLC 网络应用程序带来方便。

三菱公司的 PLC 是较早进入中国市场的产品。其小型机 F1/F2 系列是 F 系列的升级产品，

F1/F2 系列加强了指令系统，增加了特殊功能单元和通信功能，比 F 系列有了更强的控制能力。继 F1/F2 系列之后，20 世纪 80 年代末三菱公司又推出 FX 系列产品，在容量、速度、特殊功能、网络功能等方面都有了全面的加强。FX$_2$ 系列是在 90 年代开发的整体式高功能小型机，它配有各种通信适配器和特殊功能单元。FX$_{2N}$ 高功能整体式小型机是 FX$_2$ 系列产品的换代产品，各种功能都有了全面的提升。此后，三菱公司还不断推出满足不同要求的微型 PLC，如 FX$_{3U}$、FX$_{5U}$ 等系列产品。

三菱公司的大中型机有 A 系列、QnA 系列、Q 系列，这些产品具有丰富的网络功能，I/O 点数可达 8192 个。其中 Q 系列具有超小的体积、丰富的机型、灵活的安装方式、双 CPU 协同处理、多存储器、远程口令等特点，是三菱公司现有 PLC 中性能最高的 PLC。

4．我国的 PLC 产品

1977 年，我国采用一位机 MC14500 集成芯片，研制成功了国内第一台具有实用价值的 PLC，不仅有了批量产品，而且开始应用于工业生产控制。在以后的几年里，我国积极引进国外的 PLC 生产线，建立一些合资企业，并开发自己的产品，如天津自动化仪表厂、辽宁无线电二厂等。

目前，国内 PLC 生产厂商包括德维深、和利时、KDN、浙大中控、浙大中自、信捷、爱默生、兰州全志、科威、科赛恩、南京冠德、智达、海杰、易达、中山智达、江苏信捷、洛阳易达等。

1.4.1　三菱 PLC 产品系列

1．FX 系列 PLC

FX$_{1S}$ 系列：三菱 PLC 是一种集成型小型单元式 PLC，具有完整的性能和通信功能。如果考虑安装空间和成本，它是一种理想的选择。

FX$_{1N}$ 系列：是三菱公司推出的功能强大的普及型 PLC，具有扩展输入/输出、模拟量控制和通信链接功能等，是一款广泛应用于一般顺序控制的三菱 PLC。

FX$_{2N}$ 系列：具有高速处理及可扩展满足单个需要的特殊功能模块等特点，为工业自动化应用提供最大的灵活性和控制能力。

FX$_{3U}$：是三菱公司推出的第三代 PLC，其基本性能大幅提升，晶体管输出型的基本单元内置了 3 轴独立、最高 100kHz 的定位功能，并且增加了新的定位指令，从而使定位控制功能更加强大，使用更为方便。

FX$_{5U}$ 系列与 FX$_{3U}$ 系列相比，系统总线速度大大提升了 150 倍，最大可扩展 16 块智能扩展模块，内置 2 入 1 出模拟量功能，内置以太网接口及 4 轴 200kHz 高速定位功能。在编程方面，GX WORKS3 编程软件采用直观的图形化操作方式，通过 FB 模块，消减开发工时。运用简易运动控制定位模块通过 SSCNET III/N 定位控制，可实现丰富的运动控制。

FX$_{1NC}$、FX$_{2NC}$、FX$_{3UC}$ 三菱 PLC：在保持原有强大功能的基础上，实现了极为可观的规模，缩小 I/O 型接线接口，降低了接线成本，并大大节省了时间。

2. Q 系列 PLC

三菱公司推出的大型 PLC，CPU 类型有基本型、高性能型、过程控制型、运动控制型和冗余型等，可以满足各种复杂的控制需求。为了更好地满足用户对三菱 Q 系列 PLC 产品高性能、低成本的要求，三菱公司推出经济型 QUTESET 型 PLC，一款自带 64 点高密度混合单元的 5 槽 Q00JCOUSET；另一款自带两块 16 点开关量输入及两块 16 点开关量输出的 8 槽 Q00JCPU-S8SET，其性能指标与 Q00J 完全兼容，也完全支持 GX-Developer 等软件，具有极佳的性价比。

3. A 系列 PLC

使用三菱专用顺控芯片（MSP），速度和指令可媲美大型三菱 PLC；A2ASCPU 支持 32 个 PID 回路。QnAS CPU 的回路数目无限制，可随内存容量的大小而改变；程序容量由 8K 步到 124K 步，如使用存储器卡，QnAS CPU 内存量可扩充到 2MB；有多种特殊模块可供选择，包括网络、定位控制、高速计数和温度控制等模块。

4. 三菱 PLC 主要特点

（1）可靠性高，抗干扰能力强。

三菱 PLC 采用现代大规模集成电路技术和严格的生产工艺制造，内部电路采取先进的抗干扰技术，具有很高的可靠性。例如，三菱公司生产的 FX 系列 PLC 其平均无故障时间高达 30 万小时。一些使用冗余 CPU 的三菱 PLC 的平均无故障工作时间则更长。就三菱 PLC 的机外电路而言，使用 PLC 构成控制系统，和同等规模的继电接触器系统相比，电气接线及开关接点已减少到数百甚至数千分之一，故障也就大大降低。此外，三菱 PLC 带有硬件故障自我检测功能，出现故障时可及时发出警报信息。在应用软件中，用户还可以编入外围器件的故障自诊断程序，使系统中除三菱 PLC 以外的电路及设备也获得故障自诊断保护。

（2）配套齐全，功能完善，适用性强。

三菱 PLC 已经形成了大、中、小各种规模的系列化产品，可以用于各种规模的工业控制场合。除了逻辑处理功能，三菱 PLC 大多具有完善的数据运算能力，可用于各种数字控制领域。近年来，三菱 PLC 的扩展模块大量涌现，使三菱 PLC 渗透到了位置控制、温度控制、CNC 等各种工业控制中。加上 PLC 通信能力的增强及人机界面技术的发展，使用三菱 PLC 组成各种控制系统变得更加容易。

（3）易学易用。

接口容易，编程语言易于为工程技术人员接受。梯形图语言的图形符号与表达方式和继电器电路图相当接近，只用三菱 PLC 的少量开关量逻辑控制指令就可以方便地实现继电器电路的功能。

（4）维护方便，容易改造。

三菱 PLC 用存储逻辑代替接线逻辑，大大减少了控制设备外部的接线，使控制系统设计及建造的周期大为缩短，同时维护也变得容易。

（5）体积小，质量轻，能耗低。

以超小型三菱 PLC 为例，新近产品底部尺寸小于 100mm，质量小于 150g，功耗仅数瓦。

由于体积小，很容易装入机械内部，是实现机电一体化的理想控制设备。

1.4.2　西门子 S7 系列 PLC 产品

西门子 S7 系列 PLC 体积小、速度快、标准化，具有网络通信能力，功能更强，可靠性更高。S7 系列 PLC 产品包括 S7-200、S7-1200、S7-300、S7-400、S7-1500 等。

1. SIMATIC S7-200 PLC

S7-200 PLC 是超小型化的 PLC，它适用于各行各业，如各种场合中的自动检测、监测及控制等。S7-200 PLC 的强大功能使其无论单机运行，或连成网络都能实现复杂的控制功能。S7-200 PLC 可提供 4 种不同的基本型号与 8 种 CPU 供选择使用。

2. SIMATIC S7-1200 PLC

S7-1200 PLC 是一款紧凑型、模块化的 PLC，可完成简单逻辑控制、高级逻辑控制、HMI 和网络通信等任务。集成 Profinet/Ethernet 接口方便了在线编程以及 HMI 和 PLC-to-PLC 通信，该接口还支持使用开放以太网协议的第三方设备。每个 CPU、SM、CM 和 CP 都支持安装在 DIN 导轨或面板上，可以使用模块上的 DIN 导轨卡夹将设备固定到导轨上。每个 CPU 都提供密码保护功能，可用于隐藏特定块中的代码。

3. SIMATIC S7-300 PLC

S7-300 PLC 是模块化小型 PLC 系统，能满足中等性能要求的应用。各种单独的模块之间可进行广泛组合构成不同要求的系统。S7-300 PLC 可通过编程软件 Step 7 的用户界面提供通信组态功能，这使得组态非常容易、简单。S7-300 PLC 具有多种不同的通信接口，并通过多种通信处理器来连接 AS-I 总线接口和工业以太网总线系统；串行通信处理器用来连接点到点的通信系统；多点接口（MPI）集成在 CPU 中，用于同时连接编程器、PC、人机界面系统及其他 SIMATIC S7/M7/C7 等自动化控制系统。

4. SIMATIC S7-400 PLC

S7-400 PLC 是用于中、高档性能范围的可编程控制器。S7-400 PLC 采用模块化无风扇的设计，可靠耐用，同时可以选用多种级别（功能逐步升级）的 CPU，并配有多种通用功能的模板，这使用户能根据需要组合成不同的专用系统。当控制系统规模扩大或升级时，只要适当地增加一些模板，便能使系统升级和充分满足需要。

5. SIMATIC S7-1500 PLC

S7-1500 PLC（如图 1.43 所示）无缝集成到 TIA 博途中，极大提高了工程组态的效率。S7-1500 带有多达 3 个 PROFINET 接口，其中，两个端口具有相同的 IP 地址，适用于现场级通信；第三个端口具有独立的 IP 地址，可集成到公司网络中。通过 PROFINET IRT，可定义响应时间并确保高度精准的设备性能。可通过绑定 SIMATIC 存储卡或 CPU 的序列号，确保程序无法在其他设备中运行。

图 1.43　S7-1500 PLC 实物

动画视频：西门子 PLC 组网

6. 工业通信网络

通信网络是自动化系统的支柱，西门子的全集成自动化网络平台提供了从控制级到现场级的一致性通信，"SIMATIC NET"是全部网络系列产品的总称，可在工厂不同的部门、不同的自动化站，以及不同的级之间交换数据，有标准接口且相互之间完全兼容。

7. 人机界面（HMI）硬件

HMI 硬件配合 PLC 使用，为用户提供数据、图形和事件显示，主要有文本操作面板 TD200（可显示中文）、OP3、OP7、OP17 等；图形/文本操作面板 OP27、OP37 等；触摸屏操作面板 TP7、TP27/37、TP170A/B 等；SIMATIC 面板型 PC670 等。个人计算机也可以作为 HMI 硬件使用。HMI 硬件需要经过软件（如 ProTool）组态才能配合 PLC 使用。

8. SIMATIC S7 工业软件

西门子的工业软件分为 3 个不同的种类。

（1）编程和工程工具。

编程和工程工具包括所有基于 PLC 或 PC 用于编程、组态、模拟和维护等控制所需的工具。STEP 7 标准软件包 SIMATIC S7 是用于 S7-300/400、C7 PLC 和 SIMATIC WinAC，基于 PC 控制产品的组态编程和维护的项目管理工具，STEP 7-Micro/WIN 是在 Windows 平台上运行的 S7-200 系列 PLC 的编程、在线仿真软件。

（2）基于 PC 的控制软件。

基于 PC 的控制系统 WinAC 允许使用个人计算机作为 PLC 运行用户的程序，运行在安装了 Windows NT4.0 操作系统的 SIMATIC 工控机或其他任何商用机。WinAC 提供两种 PLC，一种是软件 PLC，在用户计算机上作为视窗任务运行；另一种是插槽 PLC，在用户计算机上安装一个 PC 卡，它具有硬件 PLC 的全部功能。WinAC 与 SIMATIC S7 系列处理器完全兼容，其编程采用统一的 SIMATIC 编程工具（如 STEP 7），编制的程序既可运行在 WinAC 上，也可运行在 S7 系列处理器上。

（3）人机界面软件。

人机界面软件为用户自动化项目提供人机界面或 SCADA（Supervisory Control and Data Acquisition）系统，支持大范围的平台。人机界面软件有两种，一种是应用于机器级的 ProTool，另一种是应用于监控级的 WinCC。

ProTool 适用于大部分 HMI 硬件的组态，从操作员面板到标准 PC 都可以用集成在 STEP 7 中的 ProTool 有效地完成组态。ProTool/lite 用于文本显示的组态，如 OP3、OP7、OP17、TD17 等。ProTool/Pro 用于组态标准 PC 和所有西门子 HMI 产品，ProTool/Pro 不只是组态软件，其运行版也用于 Windows 平台的监控系统。

WinCC 是一个真正开放的、面向监控与数据采集的 SCADA 软件，可在任何标准 PC 上运行。WinCC 操作简单，系统可靠性高，与 STEP 7 功能集成，可直接进入 PLC 的硬件故障系统，节省项目开发时间。它的设计适合于广泛的应用，可以连接到已存在的自动化环境中，有大量的通信接口和全面的过程信息及数据处理能力，其最新的 WinCC 5.0 支持在办公室通过 IE 浏览器动态监控生产过程。

1.4.3　GE 系列 PLC 简介

1. GE 智能平台产品概况

GE（美国通用公司）从事自动化产品的开发和生产已有数十年的历史。其 PLC 产品包括 90-30、90-70、VersaMax 系列等。近年来，GE 公司在世界上率先推出 PAC 系统，作为新一代控制系统。

GE 智能平台工控产品如下。

① PAC Systems RX7i 控制器。

② PAC Systems RX3i 控制器。

③ 90-70 系列 LC。

④ 90-30 系列 LC。

图文：GE PLC 指令培训手册

⑤ VersaMax I/O 和控制器。

⑥ VersaMax Micro 和 Nano 控制器。

⑦ QuickPanel Control。

⑧ Proficy Machine Edition。

2. PAC 和 PLC 概述

GE 智能平台 PAC Systems 提供第一代可编程自动化控制系统（PAC-Programmable Automation Controller），为多个硬件平台提供一个控制引擎和一个开发环境。

PAC Systems 提供比现有的 PLC 更强大的处理速度、通信速度及编程能力。它能应用到高速处理、数据存取和需大内存的应用中，如配方存储和数据登录。基于 VME 的 RX7i 和基于 PCI 的 RX3i 提供强大的 CPU 和高带宽背板总线，使得复杂编程能简便快速地执行。

PAC Systems 的特点如下。

① PAC 系统为继 PLC、DCS 之后的新一代控制系统。

② 克服了 PLC/DCS 因长期过于封闭化、专业化而导致的技术发展缓慢的缺点，PAC 消除了 PLC/DCS 与 PC 间不断扩大的技术差距的瓶颈。

③ 操作系统和控制功能独立于硬件。

④ 采用标准的嵌入式系统架构设计。

⑤ 采用开放式标准背板总线 VME/PCI。

⑥ CPU 模块均为 PIII/PM 处理器。

⑦ 支持 FBD，可用于过程控制，尤其适用于混合型集散控制系统（Hybrid DCS）。

⑧ 编程语言符合 IEC1131。

PAC Systems 系列产品解决了更高的产量和提供更开放的通信方式的难题，能帮助用户全面提升整个自动化系统的性能，降低工程成本，大幅减少有关短期和长期的系统升级问题，以及这一控制平台寿命的问题。

3．PAC Systems RX3i

PAC Systems RX3i 系统模块如图 1.44 所示。

在 Proficy Machine Edition 的开发软件环境中，它单一的控制引擎和通用的编程环境能提升自动化水平。PAC Systems RX3i 模块可以为一个小型低成本的系统提供高级功能，它具有下列优点。

① 把一个新型的高速底板（PCI-27MHz）结合到现成的 90-30 系列串行总线上。

② 具有 Intel 300MHz CPU（与 RX7i 相同）。

③ 消除信息的瓶颈现象，获得快速通过量。

④ 支持新的 RX3i 和 90-30 系列输入/输出模块。

⑤ 大容量的电源，支持多个装置的额外功率或多余要求。

⑥ 使用与 RX7i 模块相同的引擎，容易实现程序的移植。

⑦ RX3i 还使用户能够更灵活地配置输入/输出。

图 1.44　PAC Systems RX3i 系统模块

⑧ 具有扩充诊断和中断的新增加的、快速的输入/输出。

⑨ 具有大容量接线端子板的 32 点离散输入/输出。

图文：参考答案

思 考 题

1.1　PLC 由哪几个主要部分组成？各部分的作用是什么？

1.2　何谓扫描周期？试简述 PLC 的工作过程。

1.3　在程序末尾，使用或不使用 END 指令是否有区别？为什么？

1.4　可编程控制器常采用何种编程语言进行编程？

1.5　从接触器的结构特征上如何区分交流接触器与直流接触器？为什么？

1.6　为什么交流电弧比直流电弧容易熄灭？

1.7　若交流电器的线圈误接入同电压的直流电源，或直流电器的线圈误接入同电压的交流电源，会发生什么问题？

1.8　为什么交流接触器动作太频繁时会过热？

1.9　为什么在交流接触器铁芯上安装短路环会减少振动和噪声？

1.10　电磁继电器与接触器的区别主要是什么？

1.11　电动机中的短路保护、过电流保护和长期过载（热）保护有何区别？

1.12　过电流继电器与热继电器有何区别？各有什么用途？

1.13　为什么热继电器不能做短路保护而只能做长期过载保护？熔断器为什么与之正好相反？

1.14　自动空气断路器有什么功能和特点？

1.15　为什么电动机要设有零电压和欠电压保护？

1.16　在装有电气控制系统的机床上，电动机由于过载而自动停车后，若立即按下按钮则不能开车，这可能是什么原因？

第2章

常用电机原理及特性

 教学目的及要求

1. 在了解直流电动机基本结构的基础上，掌握直流电动机的基本工作原理，掌握直流电动机启动、调速和制动的各种方法，以及各种方法的优缺点和应用场合。

2. 了解异步电动机的基本结构和旋转磁场的产生；掌握异步电动机的工作原理、机械特性，以及启动、调速及制动的各种方法、特点与应用。

3. 掌握步进电机步距角和步进电机转速的数学表达式及物理意义；了解步进电机环行分配器的基本原理及其软、硬件的实现方法；掌握步进电机的结构、运行特性及影响因素。

4. 掌握伺服电机的分类、工作原理及其软、硬件的实现方法；掌握伺服电机的结构、运行特性及影响因素。

5. 掌握直线电动机的分类、工作原理及其软、硬件的实现方法；掌握直线电动机的结构、运行特性及影响因素。

2.1 直流电机

2.1.1 直流电机的基本结构和工作原理

直流电机既可用作电动机（将电能转换为机械能），也可用作发电机（将机械能转换为电能）。直流发电机主要作为直流电源，例如，供给直流电动机、同步电动机的励磁及化工、冶金、采矿、交通运输等部门的直流电源。目前，由于晶闸管等整流设备的大量使用，直流发电机已逐步被取代。但从电源的质量与可靠性上来说，直流发电机优点明显，现仍有一定的应用范围。

1．直流电机的基本结构

根据电机的工作原理，直流电机的结构可分为定子、转子和换向器三大部分。定子部分主要由定子铁芯和绕在上面的励磁绕组两部分组成。转子部分主要由电枢铁芯和电枢绕组两部分组成。换向器由换向片和电刷组成，电刷固定在定子上，换向片与电枢绕组相连，换向片与电刷保持滑动接触。

定子和转子之间由空气隙分开。定子又称磁极，它的作用是产生主磁场和在机械上支撑电机。转子又称电枢，它的作用是产生感应电动势及产生机械转矩以实现能量的转换。直流电机的结构如图 2.1 所示。

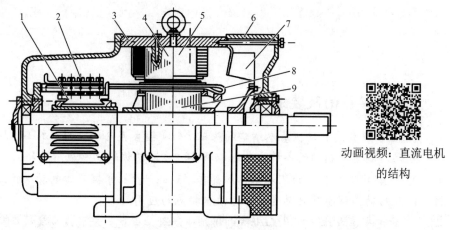

动画视频：直流电机
的结构

1—换向器；2—电刷装置；3—机座；4—主磁极；5—换向极；6—端盖；7—风扇；8—电枢绕组；9—电枢铁芯

图 2.1　直流电机的结构

（1）定子部分。

定子的作用是产生磁场，以及作为电机机械的支撑，主要由主磁极、换向极、机座、端盖和电刷装置等组成。

① 主磁极：主磁极是由铁芯和励磁绕组组成的。通常被固定在电机机壳内壁的磁轭上。为了适应转子的形状需要，主磁极掌比较宽厚，磁极表面为弧状，形状类似于蒙古人穿的靴子，所以有些书中又称其为磁靴。其作用主要是在气隙中产生一个比较均匀的磁场，提供足够的磁通量。主磁极通常由电磁极来产生磁场，为了减少电涡流带来的能量损耗，主磁极的铁芯一般采用 1.0～1.5mm 厚的低钢板叠压而成。

为使主磁极产生的磁场均匀、对称，即产生磁场的励磁电流相等，主磁极对 N 极和 S 极的通电电流相等，N 极与 S 极的线圈绕组通常采用串联形式连接。

② 换向极（又称附加极或间极）：其作用是改善直流电机的换向，装在相邻主磁极的几何中心线上，与电枢绕组串连，容量在 1kW 以上的直流电机均安装换向极。换向极也由铁芯和绕组组成。铁芯一般用整块钢或钢板加工而成。

③ 机座：直流电机的机座既有固定作用又是磁的通路，因此需要机座既有足够的机械强度和刚度，又有足够的导磁面积及良好的导磁性。对于换向要求高的场合，机座采用薄钢板叠压而成，一般可采用普通钢板。

④ 电刷装置：是固定在机座上的固定装置，通过带有弹簧的压紧装置与转子头上的换向器相连。在直流电机中，电刷装置的作用是把直流电压、电流引入或引出，电刷与换向器相配合，起到整流或逆变的作用。

（2）转子部分。

直流电机的转子部分主要由电枢铁芯、电枢绕组等组成。

① 电枢铁芯：电枢铁芯是主磁极的一部分，通常用 0.5mm 厚的硅钢片叠压组成。

② 电枢绕组：电枢绕组的作用是用来产生感应电动势和电磁转矩，是实现机电能量转换的关键部件。

（3）换向器。

在直流发电机中，换向器的作用是将绕组内的交变电动势转换为电刷端上的直流电动势；在直流电动机中，它将电刷上所通过的直流电流转换为绕组上的交变电流。

直流电机的转动部分非常复杂，电与机的转换也都集中在这里，因此，人们也称转动部分，即转子部分为电机的神经中枢，简称电枢。

2. 直流发电机的工作原理

直流发电机将机械能转换为电能。

动画：直流电机原理图

电枢由原动机驱动而在磁场中旋转，在电枢线圈的两根有效边（切割磁力线的导体部分）中便感应出电动势 e。显然，每一有效边中的电动势是交变的，即在 N 极下是一个方向，当它转到 S 极下时是另一个方向。但是，由于电刷 A 总是同与 N 极下的有效边相连的换向片接触，而电刷 B 总是同与 S 极下的有效边相连的换向片接触，因此，在电刷间就出现一个极性不变的电动势或电压，当电刷之间接有负载时，在电动势的作用下，电路中将产生一定方向的电流，如图 2.2 所示。

3. 直流电动机的工作原理

直流电动机将电能转换为机械能。

动画：直流发电机的工作原理

直流电源接在电刷之间而使电流通入电枢线圈。电流方向应该是这样的：N 极下的有效边中的电流总是一个方向，而 S 极下的有效边中的电流总是另一个方向，这样才能使两个边上受到的电磁力的方向一致，电枢因而转动。因此，当线圈的有效边从 N（S）极下转到 S（N）极下时，其中电流的方向必须同时改变，使电磁力的方向不变，即电磁转矩的方向不变而使转子以 n 的转速旋转，如图 2.3 所示。

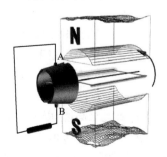 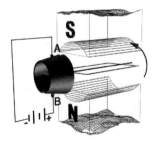

动画：直流电动机的工作原理

图 2.2　直流发电机工作原理　　图 2.3　直流电动机工作原理

2.1.2　直流发电机和直流电动机的基本方程

如图 2.4 和图 2.5 所示为直流发电机、直流电动机的简化结构，电机具有一对磁极，电枢绕组只是一个线圈，线圈两端分别连在两个换向片上，换向片上压着电刷 A 和电刷 B。

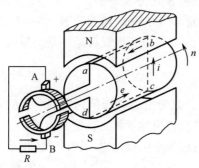
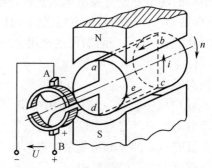

图 2.4　简化后的直流发电机结构　　　图 2.5　简化后的直流电动机结构

直流电机作为发电机运行（如图 2.4 所示）时，换向器的作用是将发电机电枢绕组内的交流电动势变换成电刷之间极性不变的电动势 E。当电刷之间接有负载时，在电动势 E 的作用下，电路中将产生一定方向的电流。电动势 E 的表达式为

$$E = K_e \Phi n \tag{2.1}$$

式中，E——电动势（V）；

　　　Φ——对磁极的磁通（Wb）；

　　　n——电枢转速（r/min）；

　　　K_e——与电机结构有关的常数。

在直流发电机中，电动势的方向总是与电流的方向相同，被称为电源电动势。而在直流电动机中，电动势的方向总是与电流的方向相反，被称为反电动势。

直流电机电枢绕组中的电流与磁通 Φ 相互作用，产生电磁力和电磁转矩。直流电机的电磁转矩常用下式表示：

$$T = K_t \Phi I_a \tag{2.2}$$

式中，T——电磁转矩（N·m）；

　　　Φ——对磁极的磁通（Wb）；

　　　I_a——电枢电流（A）；

　　　K_t——与电机结构有关的常数，$K_t = 9.55 K_e$。

直流发电机和直流电动机的电磁转矩的作用是不同的。发电机的电磁转矩是阻转矩，它与电枢转动的方向或原动机的驱动转矩的方向相反，这在图 2.4 中应用左手定则就可看出。因此，在等速转动时，原动机的转矩 T_1 必须与发电机的电磁转矩 T 及空载损耗转矩 T_0 相平衡。当发电机的负载增加时，电磁转矩和输出功率也随之增加，这时原动机的驱动转矩和所供给的机械功率亦必须相应增加，以保持转矩之间及功率之间的平衡，而转速基本上不变。电动机的电磁转矩是驱动转矩，它使电枢转动。因此，电动机的电磁转矩 T 必须与机械负载转矩 T_L 及空载损耗转矩 T_0 相平衡。当轴上的机械负载发生变化时，电动机的转速、电动势、电流及电磁转矩将自动进行调整，以适应负载的变化，保持新的平衡。例如，当负载增加，

即阻转矩增加时，电动机的电磁转矩便暂时小于阻转矩，所以转速开始下降。随着转速的下降，当磁通 Φ 不变时，反电动势 E 必减小，而电枢电流 $I_a = (U - E)/R_a$ 增加，于是电磁转矩也随之增加，直到电磁转矩与阻转矩达到新的平衡后，转速不再下降。而电动机以较原先低的转速稳定运行，这时的电枢电流已比原先的大，也就是说，从电源输入的功率增加了（电源电压保持不变），见表 2.1。

表 2.1　电机在不同运行方式下 E 和 T 的作用

电机运行方式	E 与 I_a 的方向	E 的作用	T 的性质	转矩之间的关系
发电机	相同	电源电动势	阻转矩	$T_1 = T + T_0$
电动机	相反	反电动势	启动转矩	$T = T_L + T_0$

1. 直流发电机电动势平衡方程

直流发电机电枢回路和励磁回路的方程为

$$E_a = U_a + I_a R_a \tag{2.3}$$

式中，E_a——电枢回路反电动势；

$\qquad U_a$——电枢回路电压；

$\qquad R_a$——电枢回路总电阻。

$$U = U_f = I_f R_f = I_f (r_f + R_c) \tag{2.4}$$

式中，U——线路电压；

$\qquad U_f$——励磁回路电压；

$\qquad I_f$——励磁回路电流；

$\qquad R_f$——励磁回路总电阻；

$\qquad r_f$——励磁绕组的电阻；

$\qquad R_c$——励磁回路总电阻。

$$I_a = I_f + I \tag{2.5}$$

式中，I——线路电流。

2. 直流发电机转矩平衡方程

发电机稳定运行时的转矩平衡方程为

$$T_1 = T_{em} + T_0 \tag{2.6}$$

式中，T_1——原动机的拖动转矩；

$\qquad T_{em}$——发动机的电磁转矩；

$\qquad T_0$——空载转矩。

2.1.3　直流电动机的机械特性

电动机有直流电动机和交流电动机两大类，直流电动机虽不像交流电动机那样结构简单、制造容易、维护方便、运行可靠，但由于交流电动机的调速问题长期未能得到满意的解决，因此在过去一段时间内，直流电动机显示出交流电动机所不能比拟的良好的启动性能和调速性能。目前，虽然交流电动机的调速问题已经解决，但是，速度调节要求较高，正、反转和启、制动频繁或多单元同步协调运转的生产机械，仍采用直流电动机拖动。

直流电动机按照励磁方法不同分为他励、并励、串励和复励四类，它们的运行特性也不尽相同。

图 2.6 所示为他励直流电动机与并励直流电动机的电路原理图。

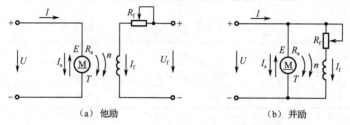

（a）他励 　　　　　　　　（b）并励

图 2.6　直流电动机电路原理图

电枢回路的电压平衡方程式为

$$U = E + I_a R_a \qquad (2.7)$$

将 $E = K_e \Phi n$ 代入并整理后，得

$$n = \frac{U}{K_e \Phi} - \frac{R_a}{K_e \Phi} I_a \qquad (2.8)$$

式（2.8）称为直流电动机的转速特性 $n = f(I_a)$，再将 $I_a = T/(K_t \Phi)$ 代入式（2.8），即可得到直流电动机机械特性的一般表达式，即

$$n = \frac{U}{K_e \Phi} - \frac{R_a}{K_e K_t \Phi^2} T \qquad (2.9)$$

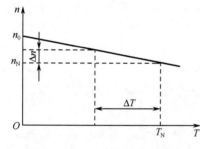

图 2.7　他励电动机的机械特性

由于电动机的励磁方式不同，磁通 Φ 随 I_a 和 T 变化的规律也不同，所以在不同励磁方式下，式（2.9）所表示的机械特性曲线有所差异。对他励与并励而言，当 U_f 与 U 同属一个电源且不考虑供电电源的内阻时，这两种电动机励磁电流 I_f（或磁通 Φ）的大小均与电枢电流 I_a 无关，因此，它们的机械特性是一样的。他励电动机的机械特性如图 2.7 所示。

在式（2.9）中，$T=0$ 时的转速 $n_0 = \dfrac{U}{K_e \Phi}$ 称为理想空载转速。实际上，电动机总存在空载制动转矩，靠电动机本身的作用是不可能使其转速上升到 n_0 的，"理想"的含义就在这里。

为了衡量机械特性的平直程度，引进机械特性硬度 β 的概念，其定义为

$$\beta = \frac{dT}{dn} = \frac{\Delta T}{\Delta n} \times 100\% \qquad (2.10)$$

即转矩变化 dT 与所引起的转速变化 dn 的比值。根据 β 值的不同，可将电动机机械特性分为以下三类。

① 绝对硬特性 $\beta \to \infty$，如交流同步电动机的机械特性。

② 硬特性 $\beta > 10$，如他励直流电动机的机械特性、交流异步电动机机械特性的上半部。

③ 软特性 $\beta<10$，如串励直流电动机和复励直流电动机的机械特性。

在生产实际中，应根据生产机械和工艺过程的具体要求来决定选用何种特性的电动机。例如，一般金属切削机床、连续式冷轧机、造纸机等需选用硬特性的电动机，而起重机、电车等则需选用软特性的电动机。

1. 固有机械特性

电动机的机械特性有固有特性和人为特性之分。固有特性又称自然特性，是指在额定条件下的 $n=f(T)$ 曲线。对于直流他励电动机，是指在额定电压 U_N 和额定磁通 Φ_N 下，电枢电路内不外接任何电阻时的 $n=f(T)$ 曲线。直流他励电动机的固有机械特性可以根据电动机的铭牌数据来绘制。

由式（2.9）可知，当 $U=U_N$、$\Phi=\Phi_N$ 时，由于 K_e、K_t、I_a 都为常数，故 $n=f(T)$ 是一条直线。只要确定其中两个点就能画出这条直线，一般就用理想空载点（0，n_0）和额定运行点 (T_N, n_N) 近似地作出直线。通常在电动机铭牌上给出了额定功率 P_N、额定电压 U_N、额定电流 I_N 和额定转速 n_N 等，由这些已知数据就可求 R_a、$K_e\Phi_N$、n_0 和 T_N，其计算步骤如下。

（1）估算电枢电阻 R_a。依据电动机在额定负载下的铜耗 $I_a^2 R_a$ 约占总损耗 $\Sigma\Delta P_N$ 的 $50\%\sim75\%$ 可计算出铜耗，具体如下：

$$\because \Sigma\Delta P_N = 输入功率 - 输出功率$$
$$= U_N I_N - P_N$$
$$= U_N I_N - \eta_N U_N I_N \qquad (2.11)$$
$$= (1-\eta_N)U_N I_N$$
$$\therefore I_a^2 R_a = (0.5\sim0.75)(1-\eta_N)U_N I_N$$

式中，$\eta_N = \dfrac{P_N}{U_N I_N}$ 是额定运行条件下电动机的效率，且此时 $I_a = I_N$，故得 $R_a = (0.5\sim0.75)$ $\left(1-\dfrac{P_N}{U_N I_N}\right)\dfrac{U_N}{I_N}$。

（2）求 $K_e\Phi_N$。额定运行条件下的反电动势为 $E_N = K_e\Phi_N n_N = U_N - I_N R_a$，故

$$K_e\Phi_N = \frac{U_N - I_N R_a}{n_N} \qquad (2.12)$$

（3）求理想空载转速。

$$n_0 = \frac{U_N}{K_e\Phi_N} \quad 得（0，n_0）$$

（4）求额定转矩。

$$T_N = \frac{P_N}{\omega_N} = \frac{P_N}{2\pi n_N/60} \approx 9.55\frac{P_N}{n_N} \quad 得（T_N，n_N）$$

根据（0，n_0）和（T_N，n_N）两点，就可以作出直流他励电动机近似的机械特性曲线 $n=f(T)$，如图 2.8 所示。

前面讨论的是他励直流电动机正转时的机械特性，它的曲线在转速-力矩直角坐标系的第一象限内。

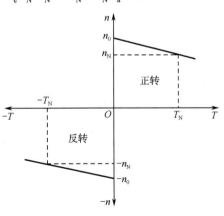

图 2.8　直流他励电动机正反转时的
固有机械特性

实际上电动机既可正转，也可反转，若将式（2.9）两边取反，即得电动机反转时的机械特性表示式。因为 n 和 T 均为负，故其特性曲线应在第三象限。

2. 人为机械特性

人为机械特性是指式（2.9）中供电电压 U 或磁通 Φ 不是额定值、电枢电路串接附加电阻 R_z 时的机械特性，亦称人为特性。

（1）电枢回路中串接附加电阻时的人为机械特性（$U = U_N$，$\Phi = \Phi_N$）。

电压平衡方程式为

$$U_N = E + I_a(R_a + R_z) \tag{2.13}$$

得到的人为机械特性方程式为

$$n = \frac{U_N}{K_e \Phi_N} - \frac{R_a + R_z}{K_e K_t \Phi_N^2} T = n_0 - \Delta n \tag{2.14}$$

将式（2.14）与固有机械特性方程式（2.9）比较可以看出，当 U 和 Φ 都是额定值时，二者的理想空载转速 n_0 是相同的，而转速降 Δn 却变大了，即特性变软。Δn 越大，特性越软，在不同的 R_z 值时，可得一族由同一点（0，n_0）出发的人为机械特性曲线，如图 2.9 所示。

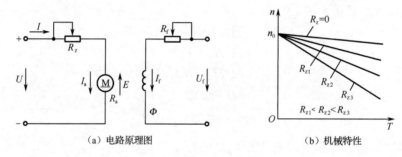

（a）电路原理图　　　　　　　　（b）机械特性

图 2.9　电枢回路中串接附加电阻的他励电动机的电路原理图和机械特性

改变电枢回路串接电阻的大小调速存在如下问题。

① 机械特性较软，电阻愈大则特性愈软，稳定度愈低。

② 在空载或轻载时，调速范围不大。

③ 实现无级调速困难。

④ 在调速电阻上消耗大量电能等。

正因为缺点不少，目前已很少采用，仅在有些起重机、卷扬机等低速运转时间不长的传动系统中采用。

（2）改变电枢电压 U 时的人为特性（$\Phi = \Phi_N$，$R_z = 0$）。

在一定的负载转矩 T_L 下，电枢外加不同电压可以得到不同的转速。如图 2.10 所示，在电压分别为 U_N、U_1、U_2、U_3 的情况下，可以分别得到稳定工作点 a、b、c 和 d，对应的转速为 n_a、n_b、n_c、n_d。即改变电枢电压可以达到调速的目的。

改变电枢外加电压调速有如下特点。

① 当电源电压连续变化时，转速可以平滑无级调节，一般只能在额定转速以下调节。

② 调速特性与固有特性互相平行，机械特性硬度不变，调速的稳定度较高，调速范围较大。

③ 调速时，因电枢电流与电压 U 无关，且 $\Phi=\Phi_N$，故转矩 $T=K_m\Phi_N I_a$ 不变。在调速过程中，将电动机输出转矩不变的调速特性称为恒转矩调速。具有恒转矩调速特性的调速方法适合对恒转矩型负载进行调速。

④ 可以靠调节电枢电压来启动电动机，而不用其他启动设备。

（3）改变电动机主磁通 Φ。

如图 2.11 所示，在一定的负载功率 P_L 下，不同的主磁通 Φ_N、Φ_1、Φ_2、Φ_3，可以得到不同的转速 n_a、n_b、n_c、n_d，即改变主磁通 Φ 可以达到调速的目的。改变电动机主磁通调速有如下特点。

① 可以平滑无级调速，但只能弱磁调速，即在额定转速以上调节。

② 调速特性较软，且受电动机换向条件等的限制。

普通他励电动机的最高转速不得超过额定转速的 1.2 倍，所以调速范围不大，若使用特殊制造的"调速电动机"，调速范围可以增加，但这种调速电动机的体积和所消耗的材料都比普通电动机大得多。

③ 调速时维持电枢电压 U 和电枢电流 I_a 不变时，电动机的输出功率 $P=UI_a$ 不变。

在调速过程中，将输出功率不变的这种特性称为恒功率调速，这种调速方法适合对恒功率型负载进行调速。

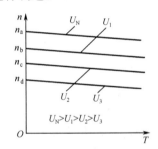

图 2.10　改变电枢电压 U 的人为机械特性

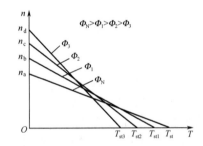

图 2.11　改变主磁通 Φ 的人为机械特性

2.1.4　直流串励电动机的调速特性

串励电动机的电路原理图如图 2.12（a）所示，它的主要特点是励磁电流就是它的电枢电流，因而，电动机的每极磁通 Φ 是电枢电流的函数，也是电动机转矩的函数，所以，它的机械特性曲线 $n=f(T)$ 与他励电动机大不一样。若近似地绘出它的曲线，可以将曲线分为两段来考虑。

第一段：在电动机负载较轻、电枢电流（励磁电流）较小时，电动机磁路的饱和程度不高，因此，可以近似认为每极磁通 Φ 与电枢电流 I_a 成正比，即 $\Phi=CI_a$，C 为比例系数，并且

$$T=K_t\Phi I_a=K_t\Phi^2/C \text{ 或 } \Phi=\sqrt{CT/K_t} \tag{2.15}$$

将式（2.15）代入式（2.9）得

$$n=\frac{U_N}{K_e\sqrt{CT/K_t}}-\frac{R_a}{K_eC}=\frac{U_N}{C_1\sqrt{T}}-\frac{R_a}{C_2} \tag{2.16}$$

式（2.16）中，C_1、C_2——常数，$C_1=K_e\sqrt{C/K_t}$，$C_2=K_eC$。

式（2.16）表明，电动机负载较轻、电枢电流较小时机械特性曲线具有双曲线的特征，n 轴是它的一条渐近线，理想空载转速趋于无穷大。

第二段：在电动机负载较重、电枢电流较大时，磁路趋于饱和，可以近似地认为 Φ 为常数，由式（2.9）可知，此时机械特性曲线近似于一条直线。

两段特性曲线组合在一起，就构成了串励电动机完整的机械特性曲线，如图 2.12（b）所示。从图中可以看出，串励电动机机械特性的硬度要比他励电动机小得多，即为软特性。串励电动机负载的大小对电动机的转速影响甚大，当负载转矩较大时，电动机转速较低，当负载较轻时，转速又能很快上升。这对于牵引机车一类的运输机械来说是一个可贵的特性，因为它重载时可以自动降低运行速度以确保运行安全，而轻载时又可自动升高运行速度以提高生产率。它的另一个优点是，启动时的励磁电流大，因为 $\Phi = CI_a$，$T = K_t \Phi I_a = K_t CI_a^2 \propto I_a^2$，在电网或电动机容许启动电流为一定值时，串励电动机的启动转矩较他励电动机要大。所以，串励电动机多用于起重运输机械，如城市内、矿区内的电气机车等。

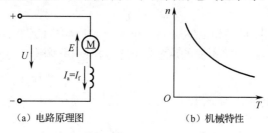

（a）电路原理图　　　　　（b）机械特性

图 2.12　串励电动机的电路原理图和机械特性

值得注意的是，串励电动机绝不允许空载运行，因为这时电动机转速极高，所产生的离心力足以将绕组元件甩出槽外，这是非常危险的。另外，串励电动机也可反向运转，但不能用改变电源极性的方法，因为这时电枢电流 I_a 与磁通 Φ 同时反向，使电磁转矩 T 依然保持原来的方向，导致电动机不可能反转。改变电枢或励磁绕组的接线极性可使其反转，反转时机械特性与正转时相同，但位于第三象限。

复励电动机有他励和串励两个励磁绕组，其电路原理图如图 2.13（a）所示。工业上常用的是积复励电动机，即他励绕组和串励绕组所产生的磁通方向一致，复励电动机同时具有他励电动机和串励电动机的性质，故复励电动机的机械特性介于它们二者之间，如图 2.13（b）所示。复励电动机的机械特性曲线的形状根据串励磁通所占的比重不同而不同，串励磁通所占比重大时机械特性较软，一般串励磁通在额定负载时占全部磁通的 30% 左右。复励电动机的机械特性有确定的理想空载转速 n_0，这是因为当 $I_a=0$ 时，虽串励磁通 $\Phi_s=0$，但仍有一定的他励磁通 Φ_{es} 的缘故。

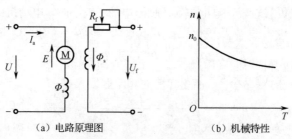

（a）电路原理图　　　　　（b）机械特性

图 2.13　复励电动机的电路原理图和机械特性

2.1.5　直流他励电动机的启动特性

1. 制动与启动

启动：施电于电动机，使电动机从静止加速到某一稳定转速的一种运转状态。

制动：使电动机的速度从某一稳定转速开始减速到停止或限制位能负载下降速度的一种运转状态。

2. 制动与自然停车

（1）自然停车。

电动机脱离电网，靠很小的摩擦阻转矩消耗机械能使转速慢慢下降，直到转速为零而停车。这种停车过程用时较长，不能满足生产机械快速停车的要求。

（2）制动。

电动机脱离电网，外加阻力转矩使电动机迅速停车。为了提高生产效率，保证产品质量，需要加快停车过程，实现准确停车等，要求电动机运行在制动状态，常简称为电动机的制动。

3. 启动电流

将电动机直接接入电网并施加额定电压时，启动电流 $I_{st} = U_N/R_a$ 将很大，一般情况下能达到其额定电流的 10～20 倍。这样大的启动电流会使电动机在换向过程中产生危险的火花，甚至烧坏整流子。而且，过大的电枢电流将产生过大的电动应力，可能引起绕组的损坏。此外，与启动电流成正比的启动转矩，会在机械系统和传动机构中产生过大的动态转矩冲击，使机械传动部件损坏。对于由电网供电的电动机来说，过大的启动电流将使其保护装置动作，从而切断电源，使生产机械停止工作，或者引起电网电压的下降，影响其他负载的正常运行。因此，直流电动机是不允许直接启动的，即在启动时必须设法限制电枢电流，例如，对于普通的 Z2 型直流电动机，规定电枢的瞬时电流不得大于其额定电流的 2 倍。

限制直流电动机的启动电流，一般有以下两种方法。

（1）降压启动。

在启动瞬间，降低供电电压。随着转速 n 的升高，反电动势 E 增大，再逐步提高供电电压，最后达到额定电压 U_N，电动机随之达到所要求的转速。直流发电机电动机组和晶闸管整流装置电动机组等就是采用这种降压方式启动的。

（2）在电枢回路内串接外加电阻启动。

此时启动电流 $I_{st} = \dfrac{U_N}{R_a + R_{st}}$ 将受到外加启动电阻 R_{st} 的限制。随着电动机转速 n 的升高，反电动势 E 增大，再逐步切除外加电阻，一直到全部切除，电动机达到所要求的转速。

生产机械对电动机启动的要求是有差异的。例如，城市无轨电车的直流电动机传动系统要求平稳慢速启动，启动过快会使乘客感到不舒适；而一般生产机械则要求有足够的启动转矩，以缩短启动时间，提高生产效率。从技术上来说，一般希望平均启动转矩大些，以缩短启动时间，这样启动电阻的段数就应多些；而从经济性上来看，则要求启动设备简单可靠，这样启动电阻的段数就应少些，如图 2.14（a）所示（图中只有一段启动电阻）。若启动后将启动电阻一下子全部切除，则启动特性如图 2.14（b）所示，此时由于电阻被切除，工作点将从特性曲线 1 切换到特性曲线 2 上。由于在切除电阻的瞬间，机械惯性的作用使电动机的转速不能突变，在此瞬间 n 维持不变，即从点 a 切换到点 b，此时冲击电流仍会很大。为了避免出现这种情况，通常采用逐级切除启动电阻的方法来启动。

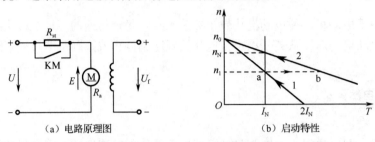

（a）电路原理图　　　　（b）启动特性

图 2.14　具有一段启动电阻的他励电动机的电路原理图和启动特性

图 2.15 为具有三段启动电阻的他励电动机的启动特性和电路原理图，T_1、T_2 分别为尖峰（最大）转矩和换接（最小）转矩。在启动过程中，接触器 KM1、KM2、KM3 依次将电阻 R_1、R_2、R_3 短接，n 和 T 沿着箭头方向在各条启动特性曲线上变化。

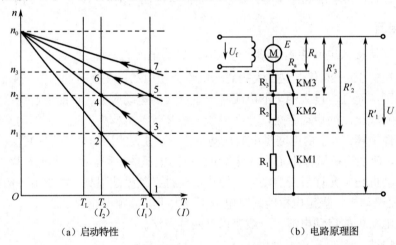

（a）启动特性　　　　（b）电路原理图

图 2.15　具有三段启动电阻的他励电动机的启动特性和电路原理图

可见，启动级数愈多，T_1、T_2 与平均转矩 $T_{av} = \dfrac{T_1 + T_2}{2}$ 愈接近，启动过程就愈快、愈平稳，但所需的控制设备也就愈多。我国生产的标准控制柜都是按快速启动原则设计的，一般启动电阻为三段或四段。

多级启动时，T_1、T_2 的数值需按照电动机的具体启动条件确定，一般原则是保持每一级的最大转矩 T_I（或最大电流 I_1）不超过电动机的允许值，而每次切换电阻时的 T_2（或 I_2）也基本相同，一般选择 $T_1 = (1.6\sim2)T_N$，$T_2 = (1.1\sim1.2)T_N$。

2.1.6　直流他励电动机的调速特性

电动机的调速是指在一定的负载条件下，人为地改变电动机的电路参数，以改变电动机稳定转速的一种技术。如图 2.16 所示为特性曲线 1 与特性曲线 2，在负载转矩一定时，电动机工作在特性曲线 1 上的点 A，以 n_A 转速稳定运行；若人为地增加电枢电路的电阻，则电动机将降速至特性曲线 2 上的点 B，以 n 转速稳定运行。这种转速的变化是人为改变（或调节）电枢电路的电阻所造成的，故称调速或速度调节。

注意，速度调节与速度变化是两个完全不同的概念。所谓速度变化是指由于电动机负载转矩发生变化（增大或减小）而引起的电动机转速变化（下降或上升），如图 2.17 所示。当负载转矩由 T_1 增加到 T_2 时，电动机的转速由 n_A 降低到 n_B，它是沿某一条机械特性发生的转速变化。总之，速度变化是在某条机械特性下，由于负载改变而引起的；而速度调节则是在某一特定的负载下，靠人为改变机械特性而得到的。

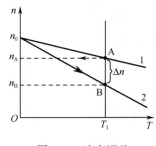
图 2.16 速度调节

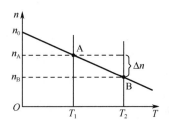
图 2.17 速度变化

电动机的调速是由生产机械所要求的，例如，根据工件尺寸、材料性质、切削用量、刀具特性、加工精度等的不同，金属切削机床需要选用不同的切削速度，以保证产品质量和提高生产效率；电梯或其他要求稳速运行或准确停止的生产机械，要求在启动和制动时速度要慢或停车前降低运转速度，以实现准确停止。实现生产机械的调速可以采用机械、液压或电气的方法。

2.1.7 直流他励电动机的制动特性

从能量转换的角度看，电动机有两种运转状态，即电动状态和制动状态。

电动状态是电动机最基本的工作状态，其特点是电动机的输出转矩 T 的方向与转速 n 的方向相同。如图 2.18（a）所示，当卷扬机提升重物时，电动机将电源输入的电能转换成机械能，使重物以速度 v 上升。

电动机还可以工作在制动状态，其特点是电动机的输出转矩 T 与转速 n 的方向相反。如图 2.18（b）所示就是电动机处于制动状态。此时，为使重物匀速下降，电动机必须发出与转速方向相反的转矩，以吸收或消耗重物的位能，否则重物由于重力作用，下降速度将愈来愈快。又如，当生产机械要由高速运转迅速降到低速运转或生产机械要求迅速停车时，也需要电动机产生与旋转方向相反的转矩，以吸收或消耗机械能，使它迅速制动。

由上述分析可知，电动机的制动状态有两种形式：一是在卷扬机下放重物时为限制位能负载的运动速度，电动机的转速不变，以保持重物的匀速下降，这属于稳定的制动状态；二是在降速或停车制动时，电动机的转速是变化的，这属于过渡的制动状态。

两种制动状态的区别在于转速是否变化。它们的共同点是，电动机发出的转矩 T 与转速

n 方向相反，电动机工作在发电机运行状态，电动机吸收或消耗机械能（位能或动能），并将其转化为电能反馈回电网或消耗在电枢电路的电阻中。

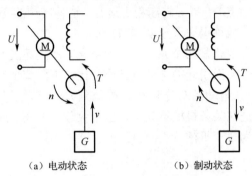

（a）电动状态　　　　　　　（b）制动状态

图 2.18　直流他励电动机的工作状态

根据他励直流电动机处于制动状态时的外部条件和能量传递情况，将它的制动状态分为反馈制动、反接制动、能耗制动三种形式。

1. 反馈制动

当电动机转速高于理想空载转速，即电动势高于外加电压时，电流方向将反向，电动机向电网输出电功率。与电动状态相比，电流已经反向，电磁转矩也反向，由电动运行时的拖动转矩变为制动转矩，电动机的这种运行状态称为反馈制动。他励直流电动机反馈制动时，转速高于理想空载转速，电磁转矩与转速方向相反，相当于发电机，吸收机械能，输出电能。

在图 2.19 中分别画出了正向电动和正向反馈制动（加正向电压）时各量的实际方向，通过比较可以看出，正向反馈制动时，n 为正，I_a 和 T 为负。要保持恒速运行，必须有一个与转速同向的拖动转矩 T_1 才行，其机械特性位于图 2.20 中的 BE 段。反向反馈制动（加反向电压）的机械特性位于该图中的 CD 段。

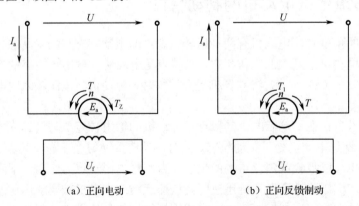

（a）正向电动　　　　　　　（b）正向反馈制动

图 2.19　正向电动和正向反馈制动各量方向

下面列举几种反馈制动的具体例子。

（1）电动机高速下放重物。

电动机运行于图 2.20 中的 D 点。这时，重物下放释放位能，即电动机轴上输入机械功率，除去各种损耗后，向电网回馈电功率。设提升重物时运行于正向电动状态，则下放重物时运行于反向反馈制动状态，这时 U 为负，T 和 I_a 为正，由图 2.20 可以看出，转速为负，表示是下放重物。

（2）电车下坡。

电车在平路上行驶时，电动机工作在正向电动状态，电车下坡时，电车的重力沿斜坡方向产生一分力，此分力减去车轮与路面的摩擦力，其余部分体现为作用在电动机轴上的拖动力矩，迫使电动机加速直至进入反馈制动状态，电动机运行于图 2.20 中的 B 点。

（3）降低电动机的转速。

当采用降压方法降低电动机的转速时，电动机在减速过程中有可能有一段时间运行于反馈制动状态，这可用图 2.21 加以说明。

设电动机带恒转矩负载运行于 A 点，现降低电源电压，机械特性变为 BD，由于转速不能突变，运行点将由 A 点变为 B 点，电动机进入反馈制动状态。

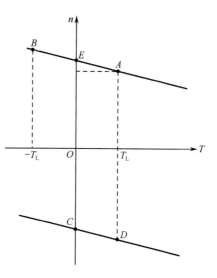

图 2.20　反馈制动机械特性

2. 电压反向的反接制动

电压反向的反接制动常用于快速停车，其接线如图 2.22 所示。制动开始时，电枢回路串电阻并接上极性相反的电压，使电源电压与仍然存在的反电动势同向串联，共同产生很大的反向电流，从而产生强烈的制动效果。

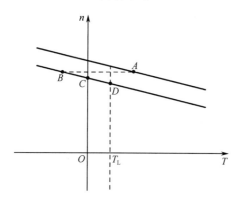

图 2.21　降压调速中的反馈制动

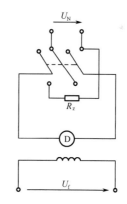

图 2.22　电压反向反接制动接线图

在图 2.23 中分别画出了正向电动和电压反向的反接制动时各量的实际方向，对照起来看可知，在反接制动时 n 为正，I_a 和 T 为负，电动机在电磁转矩和负载转矩的共同作用下，转速很快下降。

当采用电压反接制动时，因电枢电压为负，故理想空载转速也为负，为限制电枢电流，避免使其过大，电枢回路必须串入一个较大的电阻，以限制电枢电流 I_a，故其机械特性倾斜程度大大增加，其机械特性如图 2.24 中 BE 所示，反接瞬间，系统状态由点 A 变到点 B。

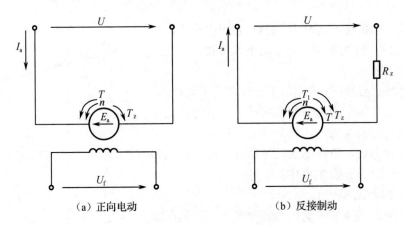

（a）正向电动   （b）反接制动

图 2.23 电压反向反接制动各量方向

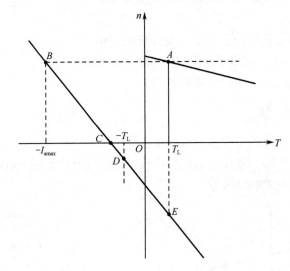

图 2.24 电压反向反接制动机械特性

根据电动机的基本方程（公式 2.13）

$$-U_N = E_a - I_{amax}(R_a + R_z) \tag{2.17}$$

可得

$$R_z = \frac{U_N + E_a}{I_{amax}} - R_a \tag{2.18}$$

制动开始瞬间，因所加电枢电压为反向电压，故上式中 U_N 为负，因转速不能突变，故 E_a 亦不能突变，且等于制动开始前稳态运行时的反电动势。由上式可以看出，I_a 为负，同时还可看出，若不串电阻，开始制动后，反向的电枢电流可达到极高的数值，而这是不允许的。同理，根据式（2.18）可以计算出在电流不超过允许值的条件下，电枢回路应串入的电阻值。

例 2-1： 他励直流电动机的铭牌数据为 $P_N =100kW$，$U_N =220V$，$I_N =475A$，$n_N =475r/min$，$R_a =0.01\Omega$，电枢电流最大允许值为 $2 I_N$。求电压反向的反接制动电枢回路应串接的电阻值。

解：

设制动前运行于额定状态，则 $E_a=U_N-I_N R_a=220-475\times0.01\approx215$（V）

制动开始后瞬时，要求

$$I_\text{a}=-2I_\text{N}=-475\times2=-950\ (\text{A})$$

$$R_\text{z}=\frac{U_\text{N}-E_\text{a}}{I_\text{a}}-R_\text{a}=\frac{-220-215}{-950}-0.01\approx0.448\ (\Omega)$$

采用电压反向的反接制动在速度降为零后，若不采取其他措施一般很难停住车。根据图 2.24 可知，若电动机这时拖动反抗性恒转矩负载且反向启动转矩大于负载转矩，则电动机将在反向电压作用下反向启动并达到稳态运行点 D，即电动机最终进入稳态反向电动状态；若电动机这时拖动位能性恒转矩负载，则电动机在速度过零以后将反向加速，并达到稳态运行点 E，即电动机最终进入稳态反馈制动状态。

在减速过程中，电动机运行于图 2.24 中的 BC 段，电动机从电源吸收电能，系统释放动能。若减速过程中电动机空载，则这两种能量都将转化为损耗；若减速过程中电动机仍带负载，则这两种能量之和中有一部分转化为输出的机械能，其余部分则转化为损耗。

3. 转速反向的反接制动

转速反向的反接制动是指电源电压为正，但转速为负，电枢回路内串入较大电阻，达到稳态时电动机以恒速下放重物。这种情况也称为倒拉反转。

图 2.25 中分别画出了正向电动（提升重物）和倒拉反转（下放重物）时各量的实际方向，通过比较不难发现，倒拉反转时，电压为正，转速为负，故 E_a 为负，E_a 与 U 顺向串联，共同在电枢回路中产生电流，电流为正，故 T 也为正。

倒拉反转的机械特性如图 2.26 所示。因电压为正，故理想空载转速为正，又因串入了一较大电阻，故特性倾斜程度较大，机械特性与负载特性的交点 D 是稳态运行点。当电动机运行于正向电动状态时，如图 2.26 中的 A 点，提升重物。此时，若在电枢回路串入一相当大的电阻，电动机转速下降，因所串电阻值较大，即使转速降为零，产生的电磁转矩仍小于负载转速，不足以和负载转矩相平衡，故速度过零后，电动机将在负载重力作用下反向加速，而一旦转速反向，电动势极性也反向，从原来"反抗"电枢电流的产生（电压克服反电动势后才能产生电枢电流）变为和电压顺极性串联，"帮助"电枢电流的产生，于是电磁转矩进一步增加，直至达到新的稳态运行点 D。

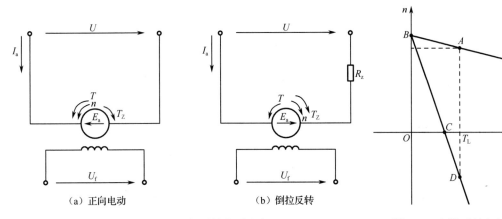

（a）正向电动　　　　　（b）倒拉反转

图 2.25　倒拉反转各量方向　　　　　图 2.26　倒拉反转机械特性

在电压平衡方程式两边同乘以 I_a，可得

$$UI_a = E_a I_a + I_a^2 (R_a + R_z) \qquad (2.19)$$

即

$$UI_a - E_a I_a = I_a^2 (R_a + R_z) \qquad (2.20)$$

因 $n<0$，故 $E_a<0$，而 $I_a>0$，$T>0$，所以 $E_a I_a<0$，表明电动机从轴上吸收机械功率（由重物下放时释放位能提供）。$UI_a>0$，说明电动机从电源吸收电功率。上式表明，倒拉反转时，电动机既从电源吸收电功率，又从轴上吸收机械功率，所吸收的功率都消耗在电枢回路中的电阻上了。倒拉反转下放重物时，所串电阻值越大，重物下放的速度也就越大。

例 2-2：他励直流电动机的铭牌数据为 $P_N=10kW$，$U_N=220V$，$I_N=53A$，$n_N=1100r/min$，$R_a=0.03\Omega$，该电动机工作于倒拉反转状态，电枢电流为额定值，以 600r/min 恒速下放重物，求这时电枢回路内应串入的电阻值。

解：

$$电势系数\ K_e\Phi_N = \frac{U_N - I_N R_a}{n_N} = \frac{220 - 53 \times 0.3}{1100} \approx 0.186$$

根据电压平衡方程 $U_N = E_a + I_a(R_a + R_z)$ 得

$$R_z = \frac{U_N - E_a}{I_a} - R_a = \frac{U_N - K_e\Phi_N n}{I_a} - R_a = \frac{220 - 0.186 \times (-600)}{53} - 0.3 \approx 5.96\Omega\ （注意：转速是负的）$$

4．能耗制动

能耗制动的接线如图 2.27 所示。将正在运行的电动机的电枢回路从电源断开，接入电阻 R_z，电动机便运行于能耗制动状态。

将 $U=0$ 代入机械特性公式（2.9）中，可知理想空载转速为零，能耗制动的机械特性表达式为

$$n = -\frac{R_a + R_z}{K_e K_t \Phi_N^2} T \qquad (2.21)$$

该机械特性通过原点，因为加入了电阻，与固有特性相比，特性的倾斜程度大大增加，如图 2.28 所示。

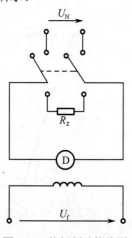

图 2.27　能耗制动接线图

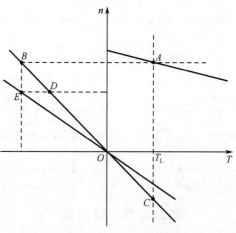

图 2.28　能耗制动机械特性

他励直流电动机的能耗制动可用于快速停车，也可用于恒速下放重物，下面对这两种情况分别加以分析。

（1）能耗制动用于停车。

设电动机原来运行于正向电动状态，各量实际方向亦即各量参考方向如图 2.29 所示。因转速不能突变，故 E_a 不能突变，I_a 变负，T 亦变负，n 仍为正，电磁转矩实际方向和转速实际方向相反，电磁转矩是制动转矩。

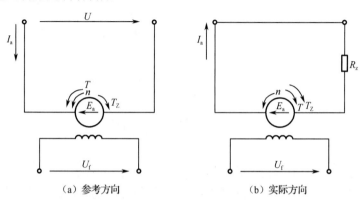

（a）参考方向　　　　　　　　　　　（b）实际方向

图 2.29　能耗制动停车时各量方向

从机械特性上看，制动开始后瞬间，若忽略电磁惯性，电动机的运行点将由 A 点变到 B 点，如图 2.28 所示，然后沿 BO 减速运行，直至转速为零。

开始制动时，电枢回路中需串入较大的电阻值 R_z，限制电枢电流。

能耗制动用于停车时，在转速下降的过程中，若电动机还带有负载，电动机在负载转矩和电磁转矩的共同作用下（两者实际方向都与转速实际方向相反，），转速下降至零。系统的动能除了一部分转化为输出的机械能（转速下降过程中，电动机仍带动负载），其余部分转化为电动机及所串电阻上的损耗。若是空载停车，则系统的动能全部转化为损耗。

在能耗制动过程中，电动势产生电流，进而产生电磁制动转矩。随着转速的降低，电动势逐渐减小，电磁制动转矩也将逐渐减小，制动效果将随之变差。作为补救措施，可在转速下降到一定程度后，将串接在电枢回路中的电阻切除掉一部分，使电动机的运行点由图 2.28 中的 D 点变为 E 点，这时电磁制动转矩又有所增加，从而加强制动效果。

（2）能耗制动用于恒速下放重物。

能耗制动用于停车时，若是反抗性负载，可直接实现停车，若是位能性负载，当转速降为零后，如不采取其他措施，电动机将在负载重力作用下反向加速，最后达到稳态，以恒速下放重物，运行于图 2.28 中的 C 点。

图 2.30（a）中画出了运行于正向电动状态提升重物时各量的参考方向，图 2.30（b）中画出了同一电动机采用能耗制动下放重物时各量的实际方向。通过比较可以看出，下放重物时 n 为负，I_a 和 T 为正，T_z 为正。下放重物的速度与电枢回路所串电阻的大小有关，所串电阻越大，下放速度就越大。能耗制动用于恒速下放重物时，重物下放所释放的位能全部转化为损耗。

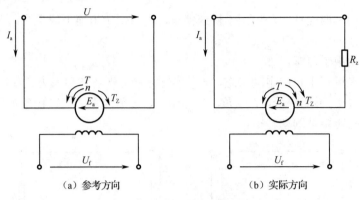

（a）参考方向　　　　　　　　　　（b）实际方向

图 2.30　能耗制动下放重物各量方向

2.2　交流电动机

交流电动机分异步电动机和同步电动机两大类。同步电动机是指电动机无论在空载情况下，还是在带负载的情况下，转子的轴头转速 n 始终与交流电动机旋转磁场的转速 n_1 相同或同步。如不满足上述关系，电动机转子的轴头转速 n 始终与交流电动机旋转磁场的转速 n_1 存在一个转速差，则称之为异步电动机。

2.2.1　三相异步电动机的结构

三相异步电动机主要由定子和转子两部分组成，定子是静止不动的部分，转子是旋转部分，在定子和转子之间有一定的气隙，其结构如图 2.31 所示。三相异步电动机是根据电磁感应原理工作的，当定子绕组通过三相对称交流电时，在定子与转子之间将产生旋转磁场，该旋转磁场切割转子绕组，在转子回路中产生感应电动势和电流，转子导体的电流在旋转磁场的作用下，受到力的作用而使转子旋转。

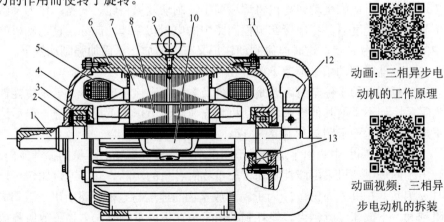

动画：三相异步电动机的工作原理

动画视频：三相异步电动机的拆装

1—轴；2—弹簧片；3—轴承；4—端盖；5—定子绕组；6—机座；7—定子铁芯；8—转子铁芯；

9—吊环；10—出线盒；11—风扇盖；12—风扇；13—轴承内盖

图 2.31　三相异步电动机的结构

1．定子

定子由铁芯、绕组和机座组成。定子铁芯是磁路的一部分，它由 0.5mm 的硅钢片叠压成一个整体固定于机座上，片与片之间是绝缘的，以减少涡流损耗。定子铁芯的内圆冲有定子槽，槽中安放线圈，如图 2.32 所示。

三相异步电动机的定子绕组分为三个部分，对称地分布在定子铁芯上，称为三相绕组，分别用 AX、BY、CZ 表示，其中，A、B、C 称为首端，X、Y、Z 称为末端。三相绕组接入三相交流电源，三相绕组中的电流在定子铁芯中产生旋转磁场。机座主要用来固定与支撑定子铁芯。中小型异步电动机一般采用铸铁机座。根据不同的冷却方式采用不同的机座。

2．转子

转子由铁芯和绕组组成。转子铁芯也是电动机磁路的一部分，由硅钢片叠压成一个整体装在转轴上。转子铁芯的内圆冲有转子槽，槽中安放线圈，如图 2.32 所示。

异步电动机转子多采用绕线式和鼠笼式两种形式。异步电动机按绕组形式的不同分为绕线式异步电动机和笼型异步电动机两种。绕线式电动机和笼型电动机的转子构造虽然不同，但工作原理是一致的。转子的作用是产生转子电流，即产生电磁转矩。

绕线式异步电动机转子绕组是由线圈组成的，三相绕组对称地放入转子铁芯槽内。转子绕组通过轴上的滑环和电刷在转子回路中接入外加电阻，用以改善启动性能与调节转速，如图 2.33 所示。

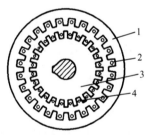 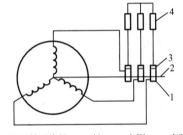

1—定子铁芯硅钢片；2—定子绕组；　　　1—滑环转子绕组；2—轴；3—电刷；4—变阻器

3—转子铁芯硅钢片；4—转子绕组

　　图 2.32　定子和转子　　　　　图 2.33　绕线式转子绕组与外接变阻器的连接

笼型异步电动机转子绕组是在转子铁芯槽里插入铜条，再将全部铜条两端焊在两个铜端环上而组成的，如图 2.34 所示。小型鼠笼式转子绕组多由铝离心浇铸而成，转子铁芯如图 2.35 所示。

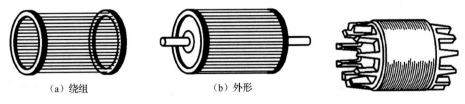

　　（a）绕组　　　　　　　（b）外形

　　图 2.34　鼠笼式转子　　　　　　图 2.35　转子铁芯

3．转差与转差率

电动机的输出电磁转矩 T_{em} 和能量是通过磁场传递的，在定子与转子之间，旋转磁场转速 n_1 与转子转速 n 之间没有任何机械传递或联系，其力矩的大小与能量的多少是与转子的转速 n 密切相关的。

为了揭示旋转磁场转速 n_1 与转子转速 n，以及转子中的电动势、电流与电磁力矩之间的内在关系，并建立联系，以便分析，这里引入两个重要参数——转差 Δn 与转差率 s。

（1）转差。

定义旋转磁场转速 n_1 与电动机轴的转速 n 之差为转差，用 Δn 表示。于是有

$$\Delta n = n_1 - n \tag{2.22}$$

转差 Δn 表示旋转磁场转速 n_1 与转子转速 n 之间的相对速度，即旋转磁场切割转子或转子绕组的速度。这个速度差越大，在转子绕组中产生的感应电动势就越大。在转子绕组中，在感应电动势驱使下产生的感应电流也越大；反之亦然。

（2）转差率。

式（2.22）表明，转差是电动机中旋转磁场转速 n_1 与电动机轴的转速 n 之间的绝对误差，这种绝对误差是不便于在不同电动机之间、不同状态之间进行比较的，因此，又引入一个相对误差的概念——转差率，用 s 表示。

转差率 s 的定义是：转差与旋转磁场的转速 n_1 之比。其表达式为

$$s = \frac{\Delta n}{n_1} = \frac{n_1 - n}{n_1} \tag{2.23}$$

转差率 s 是一个相对量，是为了比较和描述上的方便而引入的。转差率 s 的引入较好地将旋转磁场的转速 n_1 与转子的转速 n，以及转子中的电动势、电流与电磁力矩、功率等物理量联系起来，对分析交流电动机非常有用。

从式（2.22）和式（2.23）不难看出：

当 $n=n_1$ 时，$\Delta n=0$，$s=0$，电动机处于同步状态，旋转磁场与转子或转子绕组之间不存在相对运动，即旋转磁场不切割转子或转子绕组，转子绕组中的感应电动势与电流都为零。

当 $n=0$ 时，$\Delta n=n_1$，$s=1$，表明电动机处于静止状态，此时，旋转磁场切割转子或转子绕组的速度达到最大，转子绕组中的感应电动势与电流也为最大。

当 $0<n<n_1$ 时，转差率处于 $0<s<1$ 的范围内，此时，电动机处于电动状态。旋转磁场切割转子的速度为 Δn，于是有如下关系

$$\Delta n = n_1 - n = s \cdot n_1 = \frac{60 \times s \times f_1}{p} = \frac{60 \times f_2}{p} \tag{2.24}$$

式中，p——定子磁极对数。

显然，转子中的电动势与电流的变化频率为

$$f_2 = s \cdot f_1 \tag{2.25}$$

由此可见，转差率作为一个参数，不仅能够反映转子转速的快慢，而且还使定子与转子的电动势、电流、频率建立联系。负载大，转速就低，s 就大，转子绕组中的电动势与电流的频率就高；反之，负载小，转速就高，s 就小，转子绕组中的电动势与电流的频率就低。

（3）转差率与电动机的运行状态。

当异步电动机的负载发生变化时，将影响电动机转子的速度 n，转差和转差率也将随之变化，即旋转磁场切割转子的速度发生了变化，使得转子导体中的电动势、电流和电磁转矩发生相应的变化。根据异步电动机转差率的正负、大小，异步电动机可分为电动状态、发电状态、电磁制动状态三种运行状态，如图 2.36 所示。在图 2.36 中，用一对旋转磁极来等效旋转磁场，旋转磁场的转速为 n_1，两个小圆圈表示一匝短路线圈两个边的有效导体断面。断面中的叉和点分别代表电流的方向，箭头表示运动和作用的方向。下面将分三个不同的转速范围进行讨论。

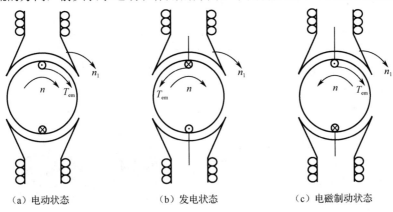

| （a）电动状态 | （b）发电状态 | （c）电磁制动状态 |

图 2.36　异步电动机的三种运行状态

（1）电机状态。

当 $0<n<n_1$，即 $0<s<1$ 时，如图 2.36（a）所示，从相对运动的角度看，可以认为磁场不转，而转子以与 n_1 相反的方向运动，切割旋转磁场，在转子绕组的导体中将产生感应电动势和感应电流，该电流与气隙中磁场相互作用而产生一个与旋转磁场同方向的电磁力矩，该电磁力矩克服负载力矩，拖动转子旋转，方向与放置磁场方向相同，从电动机轴上输出机械功率。这一过程称为电动机拖动，又称电动机处于电动状态。

如果转子的转速被拖动到与旋转磁场同步旋转，即 $n=n_1$，则它们之间无相对运动和切割作用，因而导体中无感应电动势，也没有感应电流，电磁转矩也为零。转子不受拖动力矩作用，转速就会下降。因此，电动机在电动状态下，转子的转速 n 不可能达到同步转速 n_1，但可以做到很接近。在空载条件下，甚至可以做到 $n \approx n_1$。

（2）发电状态。

用原动机拖动异步电动机，使其转子的转速高于旋转磁场的转速 n_1，即 $n>n_1$，此时 $s<0$，为负数，如图 2.36（b）所示。转子绕组（导体）切割旋转磁场的方向与电动状态时相反，因而导体上有感应电动势，感应电流的方向与电动状态时的方向相反，电磁转矩的方向与转子转向相反，电磁转矩为制动性质。此时，异步电动机由转轴从原动机输入机械功率，通过电磁感应由定子向电网输出电功率（电流方向为 $\odot$，与电动状态时的方向相反），电动机处于发电状态。

（3）电磁制动状态。

由于机械负载或其他外因，转子逆着旋转磁场的方向旋转，即 $n<0$、$s>1$，如图 2.36（c）所示。此时转子导体中的感应电动势、感应电流与电动状态时相同。但由于转子转向与旋转磁场方向相反，故电磁转矩表现为制动转矩，此时电动机运行于电磁制动状态，即在由转轴从原动机输入机械功率的同时，又从电网吸收电功率，两者都变成了电动机内部的损耗。

综上所述，转速或转差率与电动机运行状态之间的关系可用图 2.37 表示。

图 2.37　异步电动机的三种运行状态与转速和转差率的关系

4. 三相异步电动机的主磁通和漏磁通

由于三相异步电动机的定子和转子之间的能量传递是通过磁路耦合实现的，其过程与原理与变压器完全相似，定子绕组相当于变压器的原边绕组，而转子绕组则相当于变压器的副边绕组，所以三相异步电动机的定子和转子之间的电路与磁路分析完全可以参照变压器的原理分析方法，如图 2.38（a）所示。

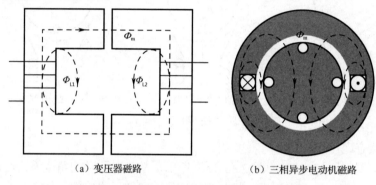

（a）变压器磁路　　　　　　　　　　　（b）三相异步电动机磁路

图 2.38　变压器与三相异步电动机的磁路对照

三相电源通过定子上的对称三相绕组（相当于变压器的原边绕组）产生主磁通，空间对称的定子绕组中通入对称的三相电流所产生的主磁通将是圆形的旋转磁场。该磁动势产生的磁通分主磁通和漏磁通，如图 2.38（b）所示。

（1）主磁通。

所谓主磁通是指同时绞链定子绕组和转子绕组的磁通。主磁通 Φ_m 路径为：定子与转子之间的气隙→进入转子齿→转子铁芯→出另一端转子齿→再次进入另一侧气隙→进入定子铁芯→出另一端定子铁芯→进入气隙，从而构成一条完整的闭合路径，如图 2.38（b）所示。

（2）漏磁通。

所谓漏磁通是指在定子和转子的两端及引线部分和抽头等地方，未经定子和转子铁芯而构成闭合路径的磁通。这些漏磁通（Φ_{L1}、Φ_{L2}）不能起到在定子和转子之间传送能量的媒介作用。只在定子和转子的各自线圈绕组中起到电抗的作用。

2.2.2　三相异步电动机的定子电路和转子电路

1. 定子电路的分析

三相异步电动机与变压器的电磁关系类似，定子绕组相当于变压器的原边绕组，转子绕组（一般是短接的）相当于副边绕组。当定子绕组接上三相电源电压（相电压为 u_1）时，则有三相电流通过（相电流为 i_1），定子三相电流产生旋转磁场，其磁力线通过定子和转子铁芯而闭合，该磁场不仅在转子每相绕组中要产生感应电动势 e_2，而且在定子每相绕组中也要产生感应电动势 e_1（实际上三相异步电动机中的旋转磁场是由定子电流和转子电流共同产生的），如图 2.39 所示。定子和转子每相绕组的匝数分别为 N_1 和 N_2，图 2.40 为三相异步电动机的一相电路图。

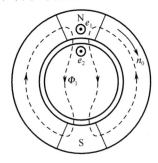

图 2.39　感应电动势的产生

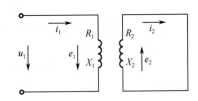

图 2.40　三相异步电动机的一相电路图

旋转磁场的磁感应强度沿定子与转子间空气隙的分布是近于按正弦规律分布的，因此，当其旋转时，通过定子每相绕组的磁通也随时间的变化而按正弦规律变化，即 $\Phi = \Phi_m \sin \omega t$，其中 Φ_m 是通过每相绕组的磁通最大值，在数值上等于旋转磁场的每极磁通 Φ，即为空气隙中磁感应强度的平均值与每极面积的乘积。

定子每相绕组中产生的感应电动势为

$$e_1 = -N_1 \frac{\mathrm{d}\Phi}{\mathrm{d}t} \tag{2.26}$$

它也是正弦量，其有效值为

$$E_1 = 4.44 f_1 N_1 \Phi = 4.44 f N_1 \Phi \tag{2.27}$$

式中，f_1 为 e_1 的频率。

因为旋转磁场和定子间的相对转速为 n_0，所以

$$f_1 = \frac{p n_0}{60} \tag{2.28}$$

它等于定子电流的频率，即 $f_1 = f$。定子电流除产生旋转磁通（主磁通）外，还产生漏磁通 Φ_{L1}，该漏磁通只围绕某一相的定子绕组，而与其他相定子绕组及转子绕组不交链。因此，定子每相绕组中还要产生漏磁电动势

$$e_{L1} = -L_{L1} \frac{\mathrm{d}i_1}{\mathrm{d}t} \tag{2.29}$$

与变压器原边绕组的情况一样，加在定子每相绕组上的电压也被分成三个分量，即

$$u_1 = i_1 R_1 + (-e_{L1}) + (-e_1) = i_1 R_1 + L_{L1} \frac{\mathrm{d}i_1}{\mathrm{d}t} + (-e_1) \tag{2.30}$$

由于定子电阻 R_1 和漏磁感抗 X_1 较小，其上电压降与电动势 E_1 比较起来，常可忽略，于是

$$U_1 \approx E_1 \tag{2.31}$$

2. 转子电路的分析

如前所述，异步电动机之所以能转动，是因为定子接上电源后，在转子绕组中产生感应

电动势，从而产生转子电流，该电流同旋转磁场的磁通作用产生电磁转矩之故。因此，在讨论电动机的转矩之前，必须先弄清楚转子电路中的各个物理量——转子电动势 e_2、转子电流 i_2、转子电流频率 f_2、转子电路的功率因数 $\cos\varphi_2$、转子绕组漏磁感抗 X_2 及它们之间的关系。

旋转磁场在转子每相绕组中感应出的电动势为

$$e_2 = -N_2 \frac{\mathrm{d}\Phi}{\mathrm{d}t} \tag{2.32}$$

其有效值为

$$E_2 = 4.44 f_2 N_2 \Phi \tag{2.33}$$

式中，f_2 为转子电动势 e_2 或转子电流 i_2 相对于旋转磁场的频率。因为旋转磁场和转子间的相对转速为 $n_0 - n$，所以

$$f_2 = \frac{p(n_0 - n)}{60} = \frac{n_0 - n}{n_0} \cdot \frac{pn_0}{60} = sf_1 \tag{2.34}$$

在 $n=0$，即 $s=1$ 时，转子最大电动势为

$$E_{20} = 4.44 f_1 N_2 \Phi \tag{2.35}$$

由式（2.33）和式（2.35）得出

$$E_2 = sE_{20} \tag{2.36}$$

可见，转子电动势 E_2 与转差率 s 有关。

和定子电流一样，转子电流也要产生漏磁通 Φ_{L2}，从而在转子每相绕组中还要产生漏磁电动势 e_{L2}，有

$$e_{L2} = -L_{L2} \frac{\mathrm{d}i_2}{\mathrm{d}t} \tag{2.37}$$

因此，对于转子每相电路，有

$$e_2 = i_2 R_2 + (-e_{L2}) = i_2 R_2 + L_{L2} \frac{\mathrm{d}i_2}{\mathrm{d}t} \tag{2.38}$$

$$X_2 = 2\pi f_2 L_{L2} = 2\pi s f_1 L_{L2} \tag{2.39}$$

式中，R_2 和 X_2 为转子每相绕组的电阻和漏磁感抗。

在 $n=0$，即 $s=1$ 时，转子最大漏磁感抗为

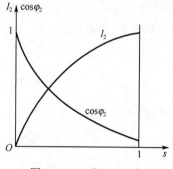

图 2.41　I_2 和 $\cos\varphi_2$ 与
转差率 s 的关系

$$X_{20} = 2\pi f_1 L_{L2}$$

即

$$X_2 = sX_{20} \tag{2.40}$$

可见，转子漏磁感抗 X_2 与转差率 s 有关。转子每相电路的电流

$$I_2 = \frac{E_2}{\sqrt{R_2^2 + X_2^2}} = \frac{sE_{20}}{\sqrt{R_2^2 + (sX_{20})^2}} \tag{2.41}$$

可见，转子电流 I_2 也与转差率 s 有关。当 s 增大，即转速 n 降低时，转子与旋转磁场间的相对转速 $n_0 - n$ 增加，转子导体被磁力线切割的速度提高，于是 e_2 增加，I_2 也增加。I_2 和 $\cos\varphi_2$ 与转差率 s 的关系如图 2.41 所示。当 $s=0$，即 $n_0 - n = 0$ 时，$I_2 = 0$。

由上可知，转子电路的各个物理量，如电动势、电流、频率、感抗及功率因数等都与转差率有关，即与转速有关。

2.2.3　三相异步电动机的转矩与机械特性

三相异步电动机的转矩 T 是由旋转磁场的每极磁通 Φ 与转子电流 I_2 相互作用而产生的，它与 Φ 和 I_2 的乘积成正比。此外，它还与转子电路的功率因数 $\cos\varphi_2$ 有关。

$$T = K\Phi I_2 \cos\varphi_2 \qquad (2.42)$$

因为

$$I_2 = \frac{s4.44 f_1 N_2 \Phi}{\sqrt{R_2^2 + (sX_{20})^2}} \quad \cos\varphi_2 = \frac{R_2}{\sqrt{R_2^2 + X_2^2}} = \frac{R_2}{\sqrt{R_2^2 + (sX_{20})^2}}$$

所以

$$T = K\frac{sR_2 U_1^2}{R_2^2 + (sX_{20})^2} = K\frac{sR_2 U^2}{R_2^2 + (sX_{20})^2} \qquad (2.43)$$

式中，K——与电动机结构参数、电源频率有关的一个常数；

$\quad\quad U_1$、U——定子绕组电压，电源电压；

$\quad\quad R_2$——转子每相绕组的电阻；

$\quad\quad X_{20}$——转子最大漏磁感抗。

1. 三相异步电动机的自然机械特性

要利用三相异步电动机实现对负载的拖动，达到拖得动、转得起来、转速任意可调、还能迅速停下来的目的，就必须了解和掌握三相异步电动机的外特性——机械特性。

一般来说，生产过程无非就是重复以下三个生产过程或在这三个过程之间转换：启动过程、稳定运行过程和制动过程，如图 2.42 所示。

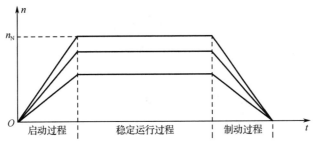

图 2.42　生产过程的三个过程

在这些过程中，机械特性作为电动机的对外等效作用的描述，将直接反映电动机输出转矩与负载转矩之间相互作用直至达到平衡的静态和动态过程，以及在这些过程中，电动机本身的状态。

三相异步电动机的机械特性是指电动机的轴头转速 n 与输出的电磁转矩 T_{em}、机械转矩 T 和转子电流 I_2 之间的数学描述，包括函数关系表达式和函数关系曲线。

所谓自然机械特性，是指电动机的各项参数没有被人为加工和改变的、按照各项额定要求使用条件下的机械特性。通常简称为机械特性。由于自然机械特性反映电动机本身的一种固有特征，因此，人们又称自然机械特性为固有机械特性。而在人为的干预下，得到的特性称为人为机械特性。

2．三相异步电动机机械特性的实用表达式

所谓实用表达式，是指只需通过电动机铭牌上的参数即可估算出所需的力矩。工程上，对使用电动机而不需要对电动机内部有太深入了解的工程师们来说，实用表达式是有着实际意义的。在忽略定子电阻 R_1 的条件下，将 T_{em} 与 T_m 进行相比，得

$$T_{em} = \frac{2T_m}{\dfrac{s}{s_m} + \dfrac{s_m}{s}} \tag{2.44}$$

式中，T_{em}——输出电磁转矩；

T_m——最大转矩，又称临界转矩；

s_m——临界转差率，最大转矩对应的转差率。

当电动机带额定负载 T_N，并考虑空载转矩 T_0 时，即 $T_{em} = T_N + T_0$ 时，有

$$T_N + T_0 = \frac{2T_m}{\dfrac{s}{s_m} + \dfrac{s_m}{s}} \tag{2.45}$$

式中 s_m 可由下式求得

$$s_m = s_N(\lambda_m + \sqrt{\lambda_m^2 - 1}) \tag{2.46}$$

式中，λ_m——电动机的过载能力系数；

s_N——额定转差率。

值得注意的是，当 $0 < s < s_m$ 时，$s_m = 2\lambda_m s_N$ 为线性表达式。

为了保证电动机能够正常运行，不至于因短时的过载而停机，通常要求电动机具有一定的过载能力，因此，引入一个指标参数——电动机的过载能力系数 λ_m，其定义为

$$\lambda_m = \frac{T_m}{T_N} \tag{2.47}$$

λ_m 反映了电动机短时过载能力的大小，一般电动机的 λ_m 为 1.8～2.2，而起重冶金用电动机的 λ_m 为 2.2～2.8。

3．三相异步电动机的自然机械特性曲线和特点

三相异步电动机的自然机械特性曲线，顾名思义就是指电动机在铭牌上规定的额定电压、额定频率、连接方式的条件下得到的，能够反映电动机本身特点的机械特性曲线。

根据自然特性的特点，只要抓住该特性的几个特殊点，即可定性地画出该特性曲线，并能够对其进行分析。

（1）空载点 A。

A 点为特性曲线与纵轴的交点，在空载点处，输出的电磁转矩为理想情况，此时，$s=0$，$T_{em} = T_0 = 0$，电动机转子的轴头转速 $n = n_1$，为同步转速；如考虑空载损耗转矩的存在，即 $T_{em} = T_0$，则电动机轴头转速 $n \approx n_1$，只能近似为理论上旋转磁场的转速，如图 2.43 所示。

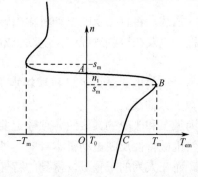

图 2.43　三相异步电动机的机械特性曲线

（2）最大转矩点 B。

在最大转矩点 B 处，输出的电磁转矩为最大转矩 T_m，其值可通过对输出的电磁转矩进行求导 dT_{em}/ds 来获得。

在 B 点处，三相异步电动机的机械特性被分为稳定工作区和不稳定工作区。稳定工作区上的每一点都是能使电动机稳定工作的稳定工作点。因此，电动机稳定工作时，都工作在 A-B 这一区段上。该区段在几何上可近似为一条直线。反之，不稳定工作区 B-C 上的每一点都是不能稳定工作的点，电动机在这一区段上不能稳定工作。因此，该区段只能作为电动机启动后，进入稳定工作区段的一个必经过渡区段。该区段在几何上表现为一条曲线。

B 点是两个工作区的临界点，该点的 s_m 为

$$s_m = r_2/X_{20} \tag{2.48}$$

式中，r_2——转子回路等效电阻；

　　　X_{20}——转子最大漏磁感抗。

T_m 的参数表达式为

$$T_m = KU^2/(2X_{20}) \tag{2.49}$$

式中，K——与电动机结构参数、电源频率有关的一个常数；

　　　U——电源电压。

当三相异步电动机处于电动状态时，s_m 和 T_m 都取正值；处于发电状态时，都取负值。利用高等数学中求极值的方法即可计算出 s_m 和 T_m。式（2.48）和式（2.49）表明：

① T_m 与 U^2 成正比，而 s_m 与 U 无关。

② T_m 与 r_2 无关，而 s_m 与 r_2 成正比。

③ T_m 与 s_m 都近似地与 X_{20} 成反比。

（3）启动转矩点 C。

C 点是特性曲线与横轴的交点，在 C 点处的电磁转矩称为启动转矩 T_{st}。在 C 点处，电动机处于静止状态，其特点是：电动机轴头转速 $n=0$，转差率 $s=1$，$T_{em}=T_{st}$，启动转矩 T_{st} 为

$$T_{st} = Kr_2U^2/(r_2^2 + X_{20}^2) \tag{2.50}$$

式（2.50）表明：

① T_{st} 与 U^2 成正比；

② T_{st} 在一定范围内与 r_2 成正比；

③ X_{20} 愈大，T_{st} 愈小；

④ 在 $r_2 \approx X_{20}$ 时，$s_m = 1$，启动转矩达到最大，等于最大转矩 T_m。

综上所述，人们可以通过改变电动机参数来影响和改变电动机的自然机械特性，从而满足人们的各种要求。影响电动机机械特性的参数主要有电源电压 U、电源频率 f_1、定子磁极对数 p、转差率 s、转子绕组中的转子回路等效电阻 r_2、转子最大漏磁感抗 X_{20} 等。

2.2.4　三相异步电动机的启动特性

采用电动机拖动生产机械，对电动机启动特性的主要要求如下。

① 有足够大的启动转矩，保证生产机械能正常启动。一般场合下希望启动越快越好，以提高生产效率，即要求电动机的启动转矩大于负载转矩，否则电动机不能启动。

② 在满足启动转矩要求的前提下，启动电流越小越好。因为过大的启动电流，对于电网和电动机本身都是不利的。

③ 要求启动平滑，即要求启动时加速平滑，以减小对生产机械的冲击。

④ 启动设备安全可靠，结构简单，操作方便。

⑤ 启动过程中的功率损耗越小越好。

动画：三相异步电动机的启动

其中，①和②两条是衡量电动机启动性能的主要技术指标。

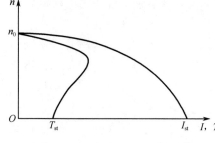

图 2.44 异步电动机的固有启动特性

如图 2.44 所示，异步电动机本身的启动特性如下。

① 定子电流大，$I_{st}=(5 \sim 7)I_N$。

异步电动机在接入电网启动的瞬时，由于转子处于静止状态，定子旋转磁场以最快的相对速度（即同步转速）切割转子导体，在转子绕组中感应出很大的转子电势和转子电流，从而引起很大的定子电流。

② 启动转矩小，$T_{st}=(0.8 \sim 1.5)T_N$。

启动时，转子功率因数 $\cos\varphi_2 = \dfrac{R_2}{\sqrt{r_2^2 + X_{20}^2}}$ 很低，因而启动转矩 $T_{st} = K\varPhi I_{2st}\cos\varphi_{2st}$ 不大。

显然，异步电动机的这种启动性能和生产机械的要求是相矛盾的，为了解决这些矛盾，必须根据具体情况，采取不同的启动方法。

鼠笼式异步电动机有直接启动和降压启动两种方法，采用何种启动方法，要根据实际情况而定。鼠笼式异步电动机的启动转矩小，启动电流大，因此不能满足某些生产机械需要高启动转矩、低启动电流的要求。绕线式异步电动机由于能在转子电路中串联电阻，因此具有较大的启动转矩和较小的启动电流，即具有较好的启动特性。在转子电路中串联电阻的启动方法常用的有两种：逐级切除启动电阻法和频敏变阻器启动法。

2.2.5 三相鼠笼式异步电动机的启动方法

1. 三相鼠笼式异步电动机的直接启动

三相鼠笼式异步电动机的直接启动也称全压启动，是指将电动机定子绕组引出线直接接到额定电压的电网上进行启动。这是电动机启动方法中最简单的一种，其控制电路如图 2.45 所示。

在图 2.45 中，启动按钮为常开按钮，停车按钮为常闭按钮，接触器线圈 C 与标有 C 的常开触点组成接触器。当启动按钮被按下后，启动按钮下方的常开触点 C 闭合，将启动按钮短路，实现自锁，此时，即使启动按钮抬起也无妨。与此同时，主电路中的三个常开触点也闭合，完成电动机直接启动。由等效电路可以看出，直接启动时，$s=1$，每相定子绕组中的启动电流为

$$I_{st} = \frac{u_1}{z_k} \tag{2.51}$$

式中，z_k 为电动机的短路阻抗。

这种启动方法利用了三相鼠笼式异步电动机启动电流瞬时过载能力强、抗冲击性好的特点，简单易行，便于现场操作和使用。

但是，在实际使用时，要考虑启动瞬间电流对电网的冲击，这是因为三相鼠笼式异步电动机直接启动时，启动电流 I_{st} 瞬间可以达到额定电流的 2～8 倍。三相异步电动机直接启动在某些场合下会受到所在地区电网的限制，即不允许直接启动。因此，直接启动的方法通常只适用于几千瓦的小容量电动机。

基于此，出现了各种各样的目的在于减小启动电流对电网冲击的启动方法，如定子回路串电阻或电抗的方法、自耦变压器降压启动的方法、Y-△变换启动方法。

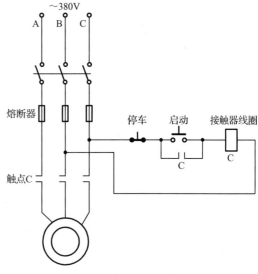

图 2.45　直接启动控制电路

2．三相鼠笼式异步电动机的降压启动

（1）降低定子绕组端电压启动。

这种启动方法是一种通过改变电动机定子绕组两端电源电压实现电动机启动的方法。其目的是减小启动电流，减少电动机在启动过程中对电网的冲击。其原理是利用降低电压来减小启动电流。由于电磁转矩与绕组的端电压的平方成正比，所以，电磁转矩将随着电压的下降成平方倍地下降。降压启动引起的机械特性变化如图 2.46 所示。

图 2.46 表明，虽然降压启动时，最大转矩、启动转矩都随着电压的下降成平方倍地下降，但是，临界转差率 s_m 却保持不变，同步转速 n_1 也保持不变。这是因为二者都与电压无关。

降压启动后需不断地提高电压，直到达到额定电压为止，使机械特性回到自然特性上去。只有这样，电动机才能工作在额定转速上。

目前，常用的方法是利用变压器副边绕组多抽头，输出多组不同电压，通过开关切换的方法或采用逆变器调压的方法实现调压。

（2）定子串电阻或电抗启动（属降低电压启动）。

该方法是在电源与电动机之间串入三相对称的电阻。其目的是降低电动机两端的实际电压，如图 2.47 所示，曲线 1 为电源电压降低时机械特性，曲线 2 为定子串电阻或电抗时的机械特性。减小启动电流，减少电动机在启动过程中对电网的冲击。其原理是利用定子串联的三相对称电阻与定子绕组电阻进行分压，以降低实际作用在定子绕组两端的电压，减小启动电流。具体控制电路如图 2.48 所示。

在图 2.48 中，当串电阻启动按钮被按下后，接触器线圈 D 通电，一方面通过触点 D 将串电阻按钮短路，实现自锁；另一方面，接通主电路中的触点 D，实现定子回路外串电阻启动。当电阻串入定子回路后，电网电压的一部分降落在串入的电阻两端，而电动机定子绕组的端电压则降低了。这就实现了降压启动、减少启动电流对电网冲击的目的。

串电抗与串电阻的作用是一样的，不同的只是电抗器不消耗能量。

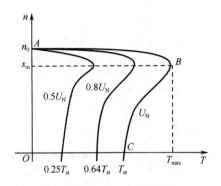

图 2.46　降压启动时的机械特性

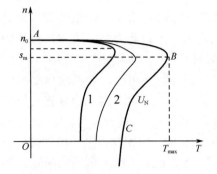

图 2.47　定子串电阻或电抗时的机械特性

在图 2.48 中，当串电抗启动按钮被按下后，接触器线圈 C 通电，一方面通过触点 C 将串电抗按钮短路，实现自锁；另一方面，接通主电路中的触点 C，实现定子回路外串电抗启动。当电抗串入定子回路后，电网电压的一部分降落在串入的电抗两端，使电动机定子绕组的端电压降低。图 2.48 中，进行串电抗与串电阻切换时要按一下停车按钮。

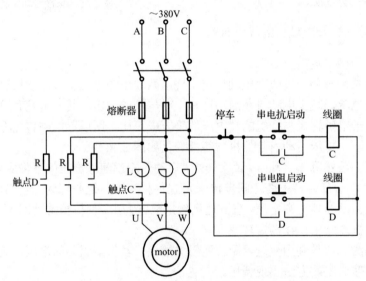

图 2.48　定子一侧串电阻或电抗启动的控制电路

当电压降低为 $U_1' = U_N/a$ 时，电动机的启动电流和启动转矩为

$$I_{st}' = I_{st}/a \tag{2.52}$$

$$T_{st}' = \frac{1}{a^2} T_{st} \tag{2.53}$$

可见，定子串电阻启动等效为降压启动，电流将减小到原启动电流的 $1/a$，而转矩则下降到原启动转矩的 $(1/a)^2$。

由于串接的电阻要消耗大量的能量，一般不宜采用。图 2.47 中给出了定子绕组外串电抗时的机械特性，由图可知，最大转矩、启动转矩都变小了，临界转差率也变小了或上移了。

（3）串自耦变压器降压启动。

自耦变压器降压启动原理是利用自耦变压器输出电压可调的特点进行降压启动，减少启动电流对电网的冲击。串自耦变压器降压启动的控制电路如图 2.49 所示。

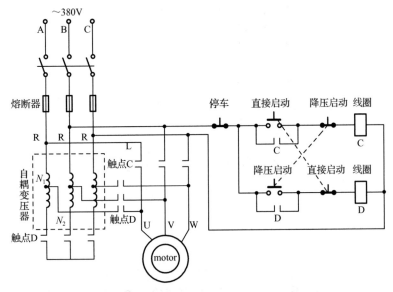

图 2.49　定子一侧串自耦变压器降压启动的控制电路

当降压启动按钮被按下后，自耦变压器被接入，同时切断直接启动控制电路和主电路，电动机由变压器的二次侧电压供电。设单相自耦变压器的变比为

$$k = \frac{U_1}{U_2} = \frac{N_1}{N_2} \tag{2.54}$$

则副边电压和电流为

$$U_1 = kU_2 \quad \text{和} \quad I_1 = \frac{I_2}{k} \tag{2.55}$$

副边的启动电流为

$$I_{2\text{st}} = \frac{U_2}{z_k} = \frac{U_1}{kz_k} = \frac{I_{\text{st}}}{k} \tag{2.56}$$

式中，I_{st} 为原边直接启动的电流，z_k 为电动机的短路阻抗。

串入自耦变压器后，原边的启动电流 $I_{1\text{st}}$ 为

$$I_{1\text{st}} = \frac{I_{2\text{st}}}{k} = \frac{I_{\text{st}}}{k^2} \tag{2.57}$$

由于转矩与电压的平方成正比，所以有

$$\frac{T'_{\text{st}}}{T_{\text{st}}} = \left(\frac{U_1}{U_2}\right)^2 = k^2 \tag{2.58}$$

由于启动电流按变压器匝数比的平方倍下降，因此达到了减小启动电流的目的，但同时，启动转矩也按变压器匝数比的平方倍下降，所以，自耦变压器降压启动方法只适用于小容量的低压三相异步电动机的启动。

（4）Y-△变换启动。

在保证能够启动的条件下，通过 Y-△变换方法启动可以大大减小对所在地区电网的冲击，不失为一种较好的方法。Y-△变换启动控制电路如图 2.50 所示。

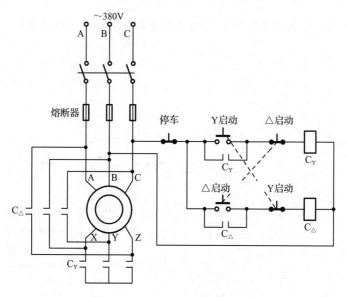

图 2.50　Y-△变换启动控制电路

在图 2.50 中，当 Y 启动按钮被按下后，接触器线圈 C_Y 通电，常开触点 C_Y 闭合，在实现按钮的自锁和互锁的同时，实现主电路的 Y 接启动。启动后，待电动机转速达到一定转速时，再通过△启动按钮实现△接，完成启动过程。

由 Y 接和△接两种接法的特点可知，△接时，线电压就是绕组的相电压，线电流是绕组相电流的 $\sqrt{3}$ 倍；而 Y 接时，线电压是绕组相电压的 $\sqrt{3}$ 倍，绕组相电流等于线电流，于是有

$$I_\triangle = \sqrt{3} \times \frac{U_\triangle}{Z_{ab}} = \sqrt{3} \times \frac{\sqrt{3}U_Y}{Z_{ab}} = 3I_Y \text{ 或 } \frac{I_Y}{I_\triangle} = \frac{1}{3} \tag{2.59}$$

式中，Z_{ab} 为电动机启动时每相绕组的等效阻抗。

由于电磁力矩与电压的平方成正比，因此有

$$\frac{T_Y}{T_\triangle} = \left(\frac{U_Y}{U_\triangle}\right)^2 = \left(\frac{1}{\sqrt{3}}\right)^2 = \frac{1}{3} \text{ 或 } T_Y = \left(\frac{1}{\sqrt{3}}\right)^2 T_\triangle = \frac{1}{3}T_\triangle \tag{2.60}$$

由于 Y-△变换启动控制比较简单，容易实现，而且目前容量在 4kW 以上的三相异步电动机都设计为△接，所以比较便于采用 Y-△变换启动。但是也必须注意到，电磁力矩在这个过程中按电压的平方倍减小，因此，在采用 Y-△变换启动时必须首先对 Y 接时电动机能否启动进行预分析，最后还需进行验算。

例 2-3：一台鼠笼式三相异步电动机，定子绕组为△接，过载能力 $\lambda_m=2.3$，$P_N=28kW$，$U_N=380V$，$I_N=58A$，$n_N=1455r/min$，启动转矩倍数 $k_{st}=1.1$，启动电流的倍数 $k_i=6$，启动转矩为 50Nm 的恒转矩负载，启动时的负载转矩为 50.5Nm，供电变压器要求启动电流不大于 150A。问：是否可以采用 Y-△启动？

解：根据已知条件，首先，确定△接条件下的额定转矩、启动转矩和启动电流。

$$T_N = 9550 \times \frac{P_N}{n_N} = 9550 \times \frac{28}{1455} \approx 183.78\,(\text{Nm})$$

$$T_{\mathrm{st}\triangle} = 1.1T_{\mathrm{N}} = 1.1\times183.78 = 202.158\,(\mathrm{Nm})$$

$$I_{\mathrm{st}\triangle} = k_{\mathrm{i}}I_{\mathrm{N}} = 6\times58 = 348\,(\mathrm{A})$$

然后，根据 Y 接与△接之间的关系，计算 Y 接条件下的启动电流和启动转矩。

$$T_{\mathrm{stY}} = \frac{1}{3}T_{\mathrm{st}\triangle} = \frac{1.1T_{\mathrm{N}}}{3} = \frac{1.1\times183.78}{3} \approx 67.39\,(\mathrm{Nm})$$

$$I_{\mathrm{stY}} = \frac{I_{\mathrm{st}\triangle}}{3} = \frac{k_{\mathrm{i}}I_{\mathrm{N}}}{3} = \frac{6\times58}{3} = 116\,(\mathrm{A})$$

显然，$I_{\mathrm{stY}}<150\mathrm{A}$，$T_{\mathrm{stY}}>50.5\mathrm{Nm}$，结论是可以采用 Y-△启动。

2.2.6　三相绕线式异步电动机的启动方法

如果能连续平滑地改变和调整转子回路等效电阻 r_2 和转子最大漏磁感抗 X_{20}，就可以改变临界转差率的值和机械特性中的最大转矩或临界转矩出现的位置，从而明显地改变和提高启动转矩，大大提高和改善电动机的启动能力。

显然，转子串电阻和电抗的启动方法只适用于绕线式三相异步电动机。因为绕线式电动机的转子便于外串电阻或电抗。

1. 转子串电阻或电抗启动

（1）三相异步电动机转子串电阻的控制电路和机械特性。

三相异步电动机转子串电阻的启动方法主要针对绕线式异步电动机。当转子回路串电阻时，如图 2.51 所示，有如下特点。

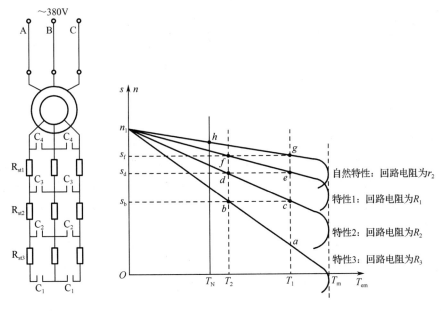

图 2.51　绕线式异步电动转子串电阻启动电路和机械特性

① 最大电磁转矩 T_{m} 保持不变，这是因为最大转矩与转子回路等效电阻 r_2 的大小无关。

② 最大转矩所对应的转差率 s_{m} 随转子电阻呈线性变化。这是因为它们之间成正比关系。

通过调节转子回路所串入的电阻，可以改变启动转矩，并通过对转子外串电阻的逐级切换，逐渐过渡到自然特性的稳定工作区段。转子串电阻启动的电路如图 2.51 所示，图中忽略了控制部分。以图 2.51 为例，启动过程描述如下。

在定子一侧通电后，在所有触点 $C_1 \sim C_4$ 都未闭合时，转子处于开路状态，转子不转，可以测得转子绕组引出端的开路线电压 E_{20}。

当常开触点 C_1 闭合时，转子回路串入的电阻最大，为 $R_3 = R_{st1} + R_{st2} + R_{st3} + r_2$，$s_m$ 最大，启动转矩也最大，此时，电动机的转速将由静止开始，沿着特性 3 上升。

待转速上升到 b 点时，C_2 闭合，C_1 断开，切除 R_{st3}，此时，转子回路串入的电阻为 $R_2 = R_{st1} + R_{st2} + r_2$，由于能量不能跃变，电动机的转速将由 n_b 平移至特性 2 的 n_c 点处，并沿着特性 2 上升。

同样，待转速上升到 d 点时，C_3 闭合，C_2 断开，切除 R_{st2}，此时，转子回路串入的电阻为 $R_1 = R_{st1} + r_2$，由于能量不能跃变，电动机的转速将由 n_d 平移至特性 1 的 n_e 点处，并沿着特性 1 上升。

待转速上升到 f 点时，C_4 闭合，C_3 断开，切除 R_{st1}，此时，除 C_4 闭合外，其余触点 C_1、C_2、C_3 都已断开，转子回路串入的电阻为 r_2，电动机的转速将由 n_f 平移至自然特性上的 n_g 点处，并沿着自然特性上升至稳定运行的平衡点 h 处，至此，整个启动过程结束。

（2）转子外串电阻的分析与计算。

通常情况下，转子回路的外串电阻是分级串入或切除的，因此，分析计算之前，首先需要对转子回路中所串电阻分级切换点 T_1 和 T_2 进行确定，从而确定每次串入或切除的电阻大小。

确定电阻切换点 T_1 的依据是要尽可能早一些，即要选得大，以提高启动速度，缩短启动时间；而确定电阻切换点 T_2 的要求是尽可能晚一些，即 T_2 要选得小，以减小切换瞬间的电流与转矩冲击；同时，又要尽量减少切换的次数和频率，但这是相互矛盾的。实际操作中，通常采取折中的方法，就经验而言，一般按下式选取

$$T_1 = (0.8 \sim 0.85)T_m$$
$$T_2 \geqslant (1.1 \sim 1.2)T_{LN} \ \text{或} \ T_2 \geqslant (1.1 \sim 1.2)T_{L\,max} \tag{2.61}$$

式中，T_{LN}——额定负载转矩；

$T_{L\,max}$——最大负载转矩。

2. 转子回路串频敏变阻的启动方法

前面介绍了转子串电阻启动方法，它是一种分级启动方法，整个启动过程需要操作人员介入完成启动电阻的切换。这种方法存在的问题不少，如在切换瞬间，瞬时启动电流和启动转矩容易对电网和机械装置产生冲击。随着启动级数的增多，启动过程愈加平滑，但是触点却随之成倍地增加，故障率也随之增加，可靠性下降。为此，人们设想在转子回路中串入一个频敏电阻，从而有效地解决以上问题。

频敏电阻启动的原理来源于人们对交流异步电动机的细心观察和研究。人们观察发现，在整个启动过程中转子的频率 f_2 是连续变化的（$0 \sim f_1$）。而铁芯的涡流损耗恰好与频率变化的平方成正比，频率越高，铁芯损耗越大，等效为大电阻；频率越低，铁芯损耗最小，等效为小电阻。绕线式三相异步电动机串频敏电阻启动正是利用了这个原理，电路如图 2.52 所示。

图中的频敏电阻是用几片或几十片较厚的钢板或铁板叠制而成的，之所以不用矽钢片，目的就是要在绕在其上的线圈通电后引起较大的损耗。

启动时，$s=1$，$f_2 = sf_1$ 最大，铁芯损耗 r_m 最大，相当于串入一个大电阻；启动后，铁芯损

耗 r_m 随着转子频率 f_2 的减小而减小，相当于在启动过程中逐级切除电阻；待转速接近额定转速后，切除频敏电阻，过渡到自然特性上，直到在平衡点处稳定工作，整个启动过程结束。

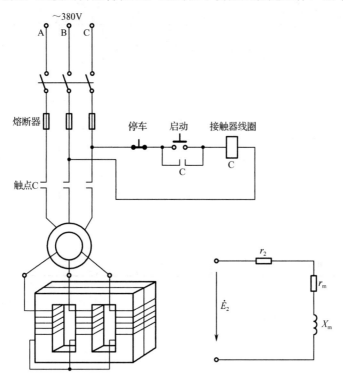

图 2.52 绕线式三相异步电动机转子串频敏变阻启动电路

2.2.7 三相异步电动机的调速特性

交流电动机的转速为

$$n = n_0(1-s) = \frac{60f}{p}(1-s) \qquad (2.62)$$

异步电动机在一定负载稳定运行的条件（$T = T_L$）下，欲得到不同的转速 n，其调速方法有变极对数 p、变转差率 s（即改变电动机机械特性的硬度）和变电源频率 f 等，各种调速方法比较见表 2.2。

表 2.2 异步电动机各种调速方法的比较

比 较 项 目	调 速 方 法					
	变极对数	变转差率				变 频
		转子串接电阻	调压调速	电磁转差离合器调速	串级调速	
是否改变同步转速	变	不变	不变	不变	基本不变	变
静差率	小（好）	大（差）	开环时大，闭环时小	开环时大，闭环时小	小（好）	小（好）

续表

比 较 项 目	调 速 方 法					
	变极对数	变转差率				变 频
		转子串接电阻	调压调速	电磁转差离合器调速	串级调速	
调速范围（满足一般静差率要求）	较小（D=2~4）	小（D=2）	闭环时较大（D≤10）	闭环时较大（D≤10）	较小（D=2~4）	较大（D>10）
调速平稳性（有级/无级）	差，有级调速	差，有级调速	好，无级调速	好，无级调速	好，无级调速	好，无级调速
适应负载类	恒转矩，恒功率	恒转矩	通风机，恒转矩	通风机，恒转矩	通风机，恒转矩	恒转矩，恒功率
设备投资	少	少	较少	较少	较多	多
能量损耗	小	大	大	大	较少	较少
电动机类型	多速电动机（鼠笼式电动机）	绕线式电动机	鼠笼式电动机	滑差电动机	绕线式电动机	鼠笼式电动机

变频调速常用于一般鼠笼式异步电动机，采用一个频率可以变化的电源向异步电动机定子绕组供电，这种变频电源多为晶闸管变频装置。

1．变极对数调速

（1）变极原理。

图 2.53 显示了两个相绕组通过串联组成一相绕组的情况。由于磁场的分布和磁场效应是由线圈有效边中的电流方向决定的，所以，当两个线圈组首尾相连时，在 A 相绕组中，a_1 为相绕组的首端 A，a_1x_1 线圈组的尾 x_1 与 a_2x_2 线圈组的首 a_2 相连，x_2 作为相绕组的尾端 X，形成串联连接。

如果线圈中的电流方向如图 2.53（a）所示，则根据磁场的分布情况可知，电动机为 4 极机，即 $2p=4$。设磁力线流出定子铁芯处为 N 极，流入定子铁芯处为 S 极，则根据图 2.53（b）中显示的电流流经绕组的方向，可以很容易地判定出 N 极、S 极的位置。

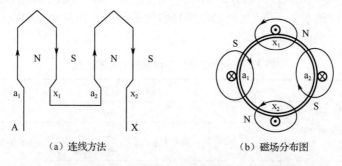

（a）连线方法　　　　　　　　　（b）磁场分布图

图 2.53　两个线圈组首尾串联组成一相绕组的连线与磁场分布图

如果改变线圈有效边中的电流方向，则相应的磁场分布和磁场效应也将改变，甚至可以由 4 极机变为 2 极机，如图 2.54 所示。

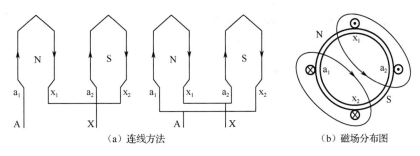

（a）连线方法　　　　　　　　　（b）磁场分布图

图 2.54　两个线圈组反向串联与并联的一相绕组的连线与磁场分布图

图 2.54 展示了两种线圈组的连接形式，一种是串联，在串联的过程中，a_1 端作为相绕组的首端 A，a_2x_2 线圈组颠倒了一下，a_1x_1 线圈组的尾 x_1 与 a_2x_2 线圈组的尾 x_2 相连，a_2 端作为相绕组的尾端 X；另一种是并联，在并联的过程中，a_2x_2 线圈组也颠倒了一下，a_1x_1 线圈组的首 a_1 与 a_2x_2 线圈组的尾 x_2 相连，并作为相绕组的首端 A，而 a_1x_1 线圈组的尾 x_1 与 a_2x_2 线圈组的首 a_2 相连，作为相绕组的尾端 X。由于 a_2x_2 线圈组中电流的改变，磁场的分布和磁场效应也发生了变化，由 4 极机变为 2 极机，即 $2p=2$。

由此得出结论：在两个线圈组组成的相绕组中，无论是串联还是并联，只需改变其中一个线圈组有效边中的电流方向，就能够改变磁场的分布和磁场效应，使电动机的极对数在 2 极与 4 极之间变化。

通过改变线圈组之间的连接方法可以改变磁极对数，但磁极对数的变化对电动机的机械特性又有哪些影响呢？关于这个问题，可以通过两种常用的变极接线方法进行考察。

（2）常用的改变磁极对数的接线方法。

为了便于比较，首先，假设每半相绕组的参数分别为 $r_1/2$，$r_2/2$，$x_1/2$，$x_2/2$。Y 接时，将两个半相绕组首尾相连进行串联连接，则每相绕组的参数为 r_1，r_2，x_1，x_2，极对数为 $2p=4$。

① 由 Y 接变为 YY 接。由前面变极绕组的连接方法可知，只要将图 2.55（a）中的 A、B、C 三个接线端相互进行短接，并作为 YY 接的另一个公共点，将每相绕组的中间抽头分别作为新的并联绕组的引出端，与外部三相电源相连接，即可改变磁极对数，变极后的接线如图 2.55（b）所示。

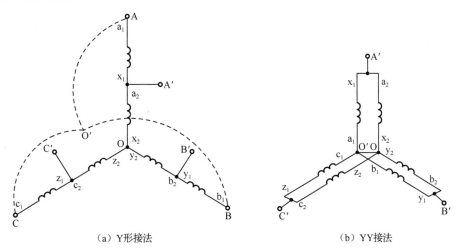

（a）Y 形接法　　　　　　　　　（b）YY 接法

图 2.55　两个线圈组串联的 Y 形接法变为并联的 YY 接法

图 2.55（b）中连接线形状称为 YY 接法。在 YY 接法中，同相绕组中的半相绕组两两反相并联，所以等效的绕组阻抗分别为：$r_1/4$，$r_2'/4$，$x_1/4$，$x_2'/4$。

磁极对数变化前后的机械特性如图 2.56 所示。

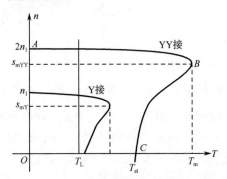

图 2.56　Y-YY 接法磁极对数变化前后的机械特性曲线

② 由 △ 接变为 YY 接。当每半相绕组的参数分别为 $r_1/2$，$r_2/2$，$x_1/2$，$x_2/2$ 时，将两个半相绕组首尾相连串联连接，每相绕组之间采取 △ 形连接，构成每相绕组的回路的电阻和漏抗为 r_1，r_2，x_1，x_2，极对数为 $2p=4$。连接电路如图 2.57 所示。

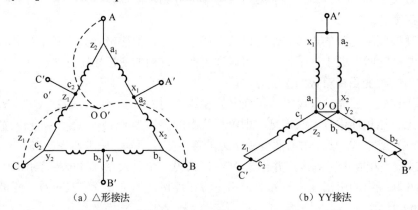

（a）△形接法　　　　　　　　　　（b）YY接法

图 2.57　两个线圈组串联的△形接法变为并联的 YY 接法

由于变极前后的功率近似不变，所以，变极调速可近似地认为属于恒功率调速。

磁极对数变化前后的机械特性，如图 2.58 所示。

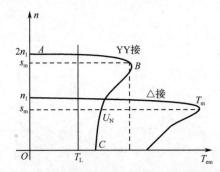

图 2.58　△-YY 接法磁极对数变化前后的机械特性曲线

综上所述，变极调速是通过改变三相异步电动机定子绕组的连接方法，进而改变电动机中的等效磁极对数，影响空间旋转磁场的旋转速度来改变电动轴头转速实现调速的。通过以上分析，不难发现 Y-YY 变极调速具有以下特点。

- 磁极对数增加一对，同步转速则下降一半；反之亦然。此时，电动机的实际转速也将大幅度变化。因此，通过改变磁极对数可以实现调速。
- 磁极对数增加一对，电动机的最大转矩、启动转矩和轴头输出功率增加一倍；反之，减小一半。
- 轴头输出转矩在变极调速前后保持不变，因而，电动机 Y-YY 变极调速属于恒转矩调速。
- 在变极调速的过程中，临界转差率不变。
- 改变磁极对数后，电动机的效率和功率因数近似不变。

同样可知，△-YY 变极调速具有以下特点。

- 磁极对数增加一对，同步转速则下降一半；反之亦然。通过改变磁极对数可以实现调速。
- △接时电动机的最大转矩、启动转矩是 YY 接时的 3/2 倍。
- △接时的功率为 YY 接时的 0.86603 倍，基本上变化不大。因此，可以认为△-YY 变极调速为恒功率调速。
- 在变极调速的过程中，临界转差率不变。
- △接时的轴头输出转矩是 YY 接时的 $\sqrt{3}$ 倍。

尽管如此，两个线圈组只能得到两级调速，是一种有极调速。如能适当地再增加定子线圈组，并将这两种方法相结合，则可以得到更多的调速级数。

2. 变频调速

（1）三相异步电动机的变频调速原理分析。

由表达式 $n_1 = 60 f_1 / p$ 可知，定子绕组中的电流频率与旋转磁场的转速成正比。因此，通过调节电动机的电源频率可以改变电动机旋转磁场的转速，从而改变电动机转子的转速，实现对电动机的调速。频率 f_1 上升，磁场转速 n_1 也上升，从而带动转子转速上升；反之，频率 f_1 下降，磁场转速 n_1 也下降，从而带动转子转速下降。

在理想情况下，随着频率 f_1 的变化，电动机的特性 $\Delta n_N = n_1 - n_N$ 几乎不发生变化，表现为硬度很好，从同步转速 n_1 到最大转矩点这段特性几乎是平行移动的，而不会因频率的改变而变软。如果频率 f_1 能够连续平滑地变化，则三相交流异步电动机的机械特性也会像直流电动机降压调速一样，实现连续、平滑地无级调速。因此，变频调速是一种非常理想的调速方法。

但是从另一个角度看，当电动机正常运行时，定子的漏磁感抗很小，可以近似地认为

$$U_1 \approx E_1 = 4.44 f_1 N_1 \Phi \tag{2.63}$$

在电源电压保持不变的情况下（通常电源电压是不变的），若频率升高，则磁通量下降；反之，频率下降，则磁通量增加。

从电磁转矩的物理表达式和参数表达式来看，频率变化直接影响电磁转矩的大小，频率上升，主磁通下降，电磁转矩变小；频率下降，主磁通上升，电磁转矩增大。

综上所述，频率的升高和降低都将直接影响电动机的主磁通和电磁转矩的大小。因为我

国的工业用电频率标准为 f_1=50Hz，所以，这里的频率升高通常是指高于 50Hz 以上的频率范围；而下降是指低于 50Hz 以下的范围。

在设计电动机时，都是以 50Hz 频率为基准的，而且为了充分利用导磁材料，磁通量的选择已接近饱和，若想通过降低频率来增加磁通量，只会使磁路过分饱和，导致励磁电流猛增、磁损耗增加、功率因数变坏、电动机带负载能力降低。若频率升高，则磁通量下降，电动机的电磁转矩和允许输出的机械转矩将会下降，过载能力降低，电动机的利用率下降，存在一定的负载下停车的危险。因此，实际应用中，频率这一参数不宜单独进行调整。

由电磁转矩的物理表达式可知，只要电动机的主磁通保持恒定不变，电磁转矩就始终与转子电流的有功分量成正比。只有主磁通保持不变，才能实现在保持"硬度"不变的情况下连续、平滑地调速。为了提高电动机性能，通常在调整频率的同时，也调整电源电压，而且使 U_1/f_1 的值为一常数，即成比例变化。其目的就是要保证磁通不变，即

$$\varPhi_{\mathrm{m}} \propto \frac{U_1}{f_1} = \mathrm{cons\,tan}\,t \qquad (2.64)$$

（2）U_1/f_1=C 条件下的变频调速与机械特性。

在 U_1/f_1=C 的条件下，变频调速的特点如下。

① 从额定频率向下调：当电动机定子的频率下调，且 U_1/f_1 的值不变时，由公式（2.42）得 $T_{\mathrm{em}} = K\varPhi_{\mathrm{m}}I_2\cos\varphi_2$（其中 $\varPhi_{\mathrm{m}}$ 为主磁通），变频调速为恒转矩调速。

② 从额定频率向上调：由于电网电压的限制，电动机两端的电压不能超过电网的额定电压，所以频率上调时，U_1 与 f_1 不能成比例调整，随着频率上升，将使电动机的主磁通减小，呈现出弱磁现象，是一种弱磁升速，属恒功率调速。

（3）变频调速的机械特性。

为了方便分析，常忽略定子电阻 R_1 与转子回路等效电阻 r_2 的影响，且认为漏磁感抗为线性，即 X_1=$2\pi f_1 L_1$，X_{20}=$2\pi f_1 L_2$。根据上述机械特性分析公式，可以看出：三相异步电动机的机械特性在 U_1/f_1 的值不变的情况下，进行变频调速，呈现出以下特点。

● 特性的硬度不变，表明带负载能力特别强。

● 最大转矩保持不变，特性中的最大转矩点将沿着最大转矩线上下移动。

● 启动转矩随着频率的下降而增加。

变频调速的机械特性曲线如图 2.59 所示。

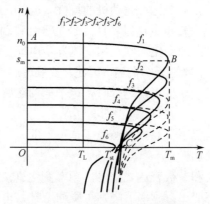

图 2.59 变频调速机械特性曲线

实际上，当频率很低时，电动机定子回路的漏阻抗对 E_1 影响很大，主磁通下降很大，使得电动机的最大转矩和启动转矩明显减小，性能变差。情况如图 2.59 中实线所示。

在频率较低时出现的电磁转矩变小、性能变差的现象，可以通过一些措施来进行补偿。

（3）变频调速的分析计算。

对变频调速的分析，主要是指三相异步电动机在不同频率条件下，对电动机的状态进行分析和计算。分析时应掌握以下几点。

① 根据电动机铭牌参数 n_N，确定电动机的额定频率 f_1、同步转速 n_1；并利用转矩实用表达式或给出的其他条件，计算出当前负载条件下的转差率 s 和转速降 Δn。

② 根据变频调速转速降不变的特点，根据以下表达式

$$n_1' = n' + \Delta n \tag{2.65}$$

确定（当前负载条件下）当前转速 n' 对应的同步转速 n_1'。

③ 确定（当前负载条件下）当前转速 n' 下的频率 f_1'。由同步转速 n_1 与频率 f_1 和磁极对数 p 之间的关系，得到如下关系表达式

$$\frac{n_1'}{n_1} = \frac{\dfrac{60f_1'}{p}}{\dfrac{60f_1}{p}} = \frac{f_1'}{f_1} \text{ 或 } \frac{n_1'}{n_1} = \frac{f_1'}{f_1} \tag{2.66}$$

并由此导出

$$n_1' = \frac{f_1'}{f_1} \times n_1 \text{ 或 } f_1' = \frac{n_1'}{n_1} \times f_1 \tag{2.67}$$

利用以上表达式，根据实际应用中的具体要求，可分别计算出当前的频率 f_1' 和当前的同步转速 n_1'。

例 2-4：已知三相异步电动机铭牌数据如下：$U_N=380\text{V}$，$n_N=1455\text{r/min}$。若采用变频调速拖动恒转矩负载 $T_L=0.8T_N$，当前电动机转速 $n=900\text{r/min}$。试求在 $U_1/f_1=C$ 的条件下（如图 2.60 所示），当前变频电源输出的线电压 U_1 和 f_1 各为多少？

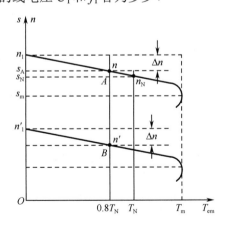

图 2.60　$U_1/f_1 =C$ 时的变频调速机械特性曲线

解：由铭牌给出的轴头额定转速可知，电动机同步转速为 1500r/min，磁极对数 $p=2$，为 4 极电动机。首先做图，画出电动机在机械特性上的工作点，确定其当前工作状态。通过做

图可知，当前电动机工作于 B 点，转速为 n_1'。

然后，计算出额定转差率 s_N 和负载为 $0.8T_N$ 处的转速降 Δn 和转差率 s。

$$s_N = \frac{\Delta n_N}{n_1} = \frac{n_1 - n}{n_1} = \frac{1500 - 1455}{1500} = 0.03$$

因为最大转矩和额定负载未知，因此转矩实用表达式不能用于计算当前负载下 A 点处的 s。但由于电动机工作在自然特性上，实际负载又小于额定负载，特性在这段区间上接近于直线，因此，可以根据相似三角形的对边成比例的原理求得当前负载下 A 点的转差率 s，计算 s 的目的是为了求得在当前负载下 A 点处的转速降 Δn。计算过程如下：

$$\frac{s_A}{s_N} = \frac{T_L}{T_N} \text{ 或 } s_A = \frac{T_L}{T_N} \times s_N = 0.8 \times 0.03 = 0.024$$

$$\Delta n = s_A n_1 = 0.024 \times 1500 = 36 \, (\text{r/min})$$

根据变频调速转差率不变的特点可知，在当前负载下和当前速度（B 点的速度）下所对应的同步转速 n_1' 为

$$n_1' = n + \Delta n = 900 + 36 = 936 \, (\text{r/min})$$

当前时刻定子绕组中的电流频率，由 $n_1' = \dfrac{60 f_1'}{p}$ 得

$$f_1' = \frac{p n_1'}{60} = \frac{2 \times 936}{60} = 31.2 \, (\text{Hz})$$

当前时刻定子两端的电压，由 $\dfrac{U_1'}{f_1'} = \dfrac{U_1}{f_1} = C$ 得

$$U_1' = \frac{f_1'}{f_1} \times U_1 = \frac{31.2}{50} \times 380 = 237.12 \, (\text{V})$$

归纳起来，解题思路是：由转速 $n \to$ 同步转速 $n_1 \to s_N \to s_A$（$T_L = 0.8T_N$）$\to \Delta n$（$T_L = 0.8T_N$）$\to n_1'$（$n + \Delta n$）$\to f_1' \to U_1'$。

3. 降压调速

（1）降压调速的特点。

降压调速是指通过改变三相异步电动机定子绕组的端电压，影响电动机的机械特性，进而实现调速。也就是说，改变三相异步电动机定子绕组的端电压，不仅可以用来启动，还能用来调速。特别是在逆变器技术成熟后，降压调速后的电动机机械特性曲线如图 2.61 所示。

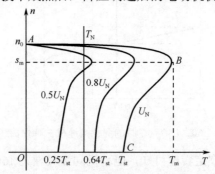

图 2.61　降压调速后的电动机机械特性曲线

从图 2.61 可以看出，降压后，机械特性发生了变化，其特点是，启动转矩与最大转矩都按电压变化的平方倍减小，但同步转速和临界转差率仍保持不变。电动机由原来的平衡点过渡到降压后新的特性曲线上，最终稳定地工作在新的平衡点上。

（2）降压调速的分析与计算。

降压后，电动机工作在一个新的平衡点上，此时，电动机的转速是多少？转差率是多少？这些都需要知道，下面就降压调速进行分析。

首先，确定电动机在额定条件下的额定转差率 s_N、临界转差率 s_m 和最大转矩 T_m，然后，计算出当前负载条件下的转差率，根据同步转速不变的特点，求出当前的转速。

例 2-5：某三相 4 极鼠笼式异步电动机，其定子采用 Y 接法，该电动机的技术数据为：$P_N=11kW$，$n_N=1430r/min$，$n_1=1500r/min$，$U_N=380V$，$\lambda_m=2.2$，用它拖动 $T_L=0.8T_N$ 的恒转矩负载，稳定运行。求：

① 电动机的当前转速；

② 电源电压降低到 $0.8U_N$ 时，电动机的转速。

解：

额定转差率为

$$s_N = \frac{n_1 - n}{n_1} = \frac{1500 - 1430}{1500} = 0.0467$$

临界转差率为

$$s_m = s_N(\lambda_m \pm \sqrt{\lambda_m^2 - 1}) = 0.0467 \times (2.2 \pm \sqrt{2.2^2 - 1}) = \begin{cases} 0.19425 & \text{保留} \\ 0.01123 & \text{舍去} \end{cases}$$

$T_L = 0.8T_N$ 时，在固有机械特性上运行的转差率 s 可用机械特性实用表达式求得：

$$T_L = \frac{2\lambda_m T_N}{\dfrac{s}{s_m} + \dfrac{s_m}{s}}, \quad 0.8T_N = \frac{2 \times 2.2T_N}{\dfrac{s}{0.19425} + \dfrac{0.19425}{s}}$$

得

$$s = 0.0366$$

（其中另一个值 $s=1.0318$ 不合理，故舍去）

于是，电动机的当前转速为：

$$n = (1-s)n_1 = (1-0.0366) \times 1500 = 1445r/min 。$$

② 降压后，电动机的最大转矩 $T_m=0.8^2\lambda_m T_N =0.8^2 \times 2.2 \times T_N=1.408T_N$。同步转速未变，设降压后的转差率为 s_2，则

$$0.8T_N = \frac{2 \times 1.408T_N}{\dfrac{s_2}{s_m} + \dfrac{s_m}{s_2}}$$

即

$$0.8 = \frac{2 \times 1.408}{\dfrac{s_2}{0.19425} + \dfrac{0.19425}{s_2}}$$

得

$$s_2 = 0.0605 （或 s_2=0.6232，不合理，舍去）$$

于是，工作在降压后的特性上的转速为

$$n = (1 - s_2)n_1 = (1 - 0.0605) \times 1500 = 1410 \text{r/min}$$

4．变转差率调速

通过前面的分析可知，$n = (1-s)n_1$，$n_1 = 60 f_1/p$，即通过改变转差率 s 影响转速，同时保持旋转磁场的转速不变。这种通过人为地改变转差率 s 来控制电动机转速的方法，称为变转差率调速。

这种方法是通过改变转速 n 来实现变转差率的，而改变转差率只能通过改变转子一侧的参数来实现，因此此种方法也只适合于绕线式交流异步电动机。改变转差率 s 来控制电动机的转速的方法有以下几种。

（1）绕线式交流异步电动机转子串电阻的转速方法。

由前面的分析可知，转子回路等效电阻 r_2 的大小与转差率 s 的大小成正比。而最大转矩却与转子回路等效电阻 r_2 的大小无关。这样就能够通过在转子回路中串接电阻来实现控制最大转差率 s_m，改变电动机机械特性，实现调速的目的，同时又不影响转速变化的动态稳定范围。

这种调速方法的优点是：设备简单，容易实现。其缺点是：它仍属于有级调速，调速过程不够平滑，低速时转差率太大，转差功率损耗也随之增大，运行效率低，机械特性变软，这种调速方法适合于对精度要求不高的恒转矩负载的调速。

（2）绕线式交流异步电动机的串级调速。

对于上述调速方法，随着转速的降低，功率功耗随之变大，很大一部分能量都消耗在转子回路中外串的电阻上了，转子转速越低，转子绕组中的电流越大，功耗越大，而且还存在效率低、特性软的问题。若采用串级调速的方法，不仅可以克服这些问题，而且能将低速时的功率损耗加以回收利用。

该方法的工作原理是：利用电力电子中的逆变技术（如图 2.62 所示），在转子回路中串入一个附加交流逆变电动势 E_{ad}，若其频率与转子电动势频率相同、极性相反，则有

$$I_2 = \frac{sE_2 - E_{ad}}{\sqrt{(r_2)^2 + (sX_{20})^2}} \tag{2.68}$$

上式表明，通过改变 E_{ad} 的幅值和相位来改变转子中的电流，可以实现转差率控制，进而达到调速的目的。特别是在电动机低速运行时（即 s 变大时），为了保持稳定运行，即保持 I_2 不变，则 E_{ad} 就得变大，附加电动势将吸收更多的能量，并实时地将吸收的能量回馈电网。

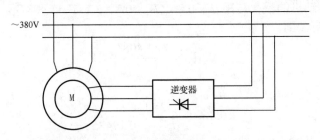

图 2.62　绕线式交流异步电动机的串级调速原理图

若其频率与转子电动势频率相同，且极性也相同，则有

$$I_2 = \frac{sE_2 + E_{ad}}{\sqrt{(r_2)^2 + (sX_{20})^2}} \tag{2.69}$$

通常情况下，随着转速的提高，s 变小，转子回路中的电流变小，虽然此时 $\cos\phi$ 变大，但电动机的电磁转矩也将变小。公式表明，这种情况可以通过提高附加电动势的幅值、改变附加电动势的极性来进行补偿。在 s 变小、$\cos\phi$ 变大的同时，提高转子电流 I_2 的值，使电磁转矩 $T_{em}=K\Phi_m I_2 \cos\phi$ 变大，从而提高电动机的转速，随着 E_{ad} 的增加，甚至可以高于电动机的同步转速进行调速。此时，电源通过逆变器向电动机转子提供能量。

串级调速的性能比较好，可以做到无级调速。但其逆变器的控制比较复杂，成本也较高，一般适用于大功率调节系统中。

2.2.8　三相异步电动机的制动特性

异步电动机和直流电动机一样，也有三种制动方式：反馈制动、反接制动和能耗制动。

1. 反馈制动

反馈制动时，电动机从轴上吸取功率后，将其中的一小部分转换为转子铜耗，而大部分则通过空气隙进入定子，并在供给定子铜耗和铁耗后，反馈给电网。

反馈制动时，机械特性是第一象限向第二象限的延伸或第三象限向第四象限的延伸，当 $T=T_L$ 时，达到稳定状态，重物匀速下降，电动机运行在点 a，改变转子串接附加电阻，调节重物下降稳定运行速度，电动机运行在点 b，如图 2.63 所示。

（1）产生条件：异步电动机的运行速度高于它的同步速度，即 $n>n_0$，异步电动机进入发电状态。

（2）运行状态：

● 负载转矩为位能性转矩的起重机械在下放重物时的反馈制动运行状态；

● 电动机在变极调速或变频调速过程中，磁极对数突然增多或供电频率突然降低，使同步转速 n_0 突然降低时的反馈制动运行状态。

2. 反接制动

如果正常运行时异步电动机三相电源的相序突然改变，即电源反接，这就改变了旋转磁场的方向，电动机状态下的机械特性曲线就由第一象限的曲线 1 变成了第三象限的曲线 2，但由于机械惯性，转速不能突变，系统由点 a 到点 b，转子迅速减速，从点 b 到点 c；对于鼠笼式电动机，机械特性曲线为曲线 3，制动时工作点由点 a 转换到点 b，沿特性曲线 3 减速，到 $n=0$（点 e），如图 2.64 所示。

3. 能耗制动

异步电动机能耗制动是一种专用于迅速停车的电气制动方法，其电路原理图和机械特性如图 2.65 所示。曲线 1 为异步电动机机械特性，曲线 2 为异步电动机能耗制动机械特性。在能耗制动瞬间，由于机械惯性，电动机转速不能突变，工作点从曲线 1 的 a 点过渡到曲线 2 的 b 点，对应的转矩为制动转矩，电动机沿曲线 2 减速，直到原点。

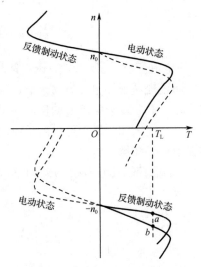

图 2.63　反馈制动时异步电动机的机械特性

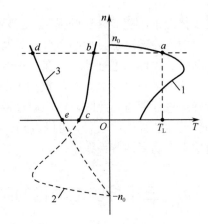

图 2.64　电源反接时反接制动的机械特性

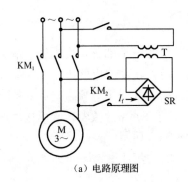

（a）电路原理图

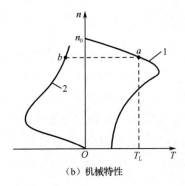

（b）机械特性

图 2.65　能耗制动时电路原理图和机械特性

2.3　单相异步电动机

　　单相异步电动机的定子绕组为单相，转子一般为鼠笼式，形成的磁场如图 2.66 所示。当接入单相交流电源时，它在定子、转子气隙中产生交变脉动磁场。此磁场在空间并不旋转，只是磁通或磁感应强度的大小随时间作正弦变化，即

$$B = B_\mathrm{m} \sin \omega t \tag{2.70}$$

式中，B_m——磁感应强度的幅值；

　　　ω——交流电源角频率。

　　采用单相交流电源的异步电动机称为单相异步电动机。单相异步电动机由于只需要单相交流电，故使用方便，应用广泛，并且有结构简单、成本低廉、噪声小、对无线电系统干扰小等优点，因而常用在功率不大的家用电器和小型动力机械中，如电风扇、洗衣机、电冰箱、空调、抽油烟机、电钻、医疗器械、小型风机及家用水泵等。

　　单相异步电动机的主要特点如下所述。

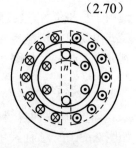

图 2.66　单相异步电动机的磁场

（1）在脉动磁场作用下的单相异步电动机没有启动能力，即启动转矩为零。

（2）单相异步电动机一旦启动，它能自行加速到稳定运行状态，其旋转方向不固定，完全取决于启动时的旋转方向。

单相异步电动机在启动时若能产生一个旋转磁场，就可以建立启动转矩而自行启动，如电容分相式异步电动机、罩极式单相异步电动机。

2.3.1　单相异步电动机的机械特性

一个脉振磁动势可分解为两个幅值相等、大小等于脉振磁动势幅值的一半、旋转速度相同、旋转方向相反的两个磁动势。一个称为 $f'_{\phi 1}(x,t)$，为正转磁动势，另一个称为 $f''_{\phi 1}(x,t)$，为反转磁动势，与之对应的磁场也分别称为正向旋转磁场和反向旋转磁场。正反向旋转磁场在转子绕组中分别感应产生相应的电动势和电流，从而产生能够使电动机正转或反转的电磁转矩 T_{em+} 和 T_{em-}。这两个转矩都试图拖动转子沿各自旋转磁场的方向转动。这里先分析正向旋转磁场的情况。

在正向旋转磁场作用下产生的电磁转矩将拖动转子沿着正向旋转磁场的方向旋转，这时情况与三相异步电动机的情况是一样的。也就是说，在正向电磁转矩 T_{em+} 作用下的机械特性和三相异步电动机正向转动时的情况类似，如图 2.67 中的曲线 1 所示；而在反向电磁转矩 T_{em-} 作用下的机械特性则和三相异步电动机电源相序反接、电动机转子反转时的情况类似，如图 2.67 中的曲线 2 所示。单相异步电动机的机械特性正是这两个旋转磁场所产生的机械特性叠加的结果。叠加后合成的单相异步电动机的机械特性如图 2.67 中的曲线 3 所示。

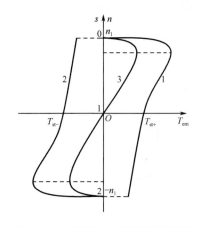

图 2.67　单相异步电动机的机械特性

在图 2.67 中，当电动机沿正向转动时，即 $n>0$ 时，电动机的正向转差率为

$$s_+ = \frac{n_0 - n}{n_0} \qquad (2.71)$$

此时，电动机的反向转差率为

$$s_- = \frac{-n_0 - n}{-n_0} = \frac{n_0 + n}{n_0} \qquad (2.72)$$

如果用正向转差率来表示，则有

$$s_- = \frac{-n_0 - n}{-n_0} = \frac{n_0 + n}{n_0} = \frac{2n_0 - (n_0 - n)}{n_0} = 2 - s_+ \qquad (2.73)$$

由图 2.67 所示的单相异步电动机机械特性曲线 3 可以看出，电动机静止时，$n=0$，即 $s_+ = s_- = 1$ 时，合成的启动转矩 $T_{st} = T_{st+} + T_{st-} = 0$，电动机无启动转矩。也就是说，单相交流异步电动机是不能自行启动的。但是，如果施加外力拨动一下转子，克服负载力矩，使电动机转子能够朝正方向或反方向转动起来，由于合成电磁转矩此时不等于零，电动机将会逐渐启动加速，直至加速到接近同步转速 n_1 或达到平衡状态。

如果外力拨动电动机转子向反方向转动，则情况和正方向转动完全一样。换句话说，单相异步电动机虽无启动转矩，但一经拨动，就会转动直到达到平衡为止。

不加任何启动措施的单相异步电动机旋转方向可以是任意的。转动方向取决于外力朝哪个方向拨动。施加的外力只需拨动转子，使其克服阻力矩，一旦转子转动起来，外力即可除去。施加的外力只是起到启动的作用。

因此，如何解决启动问题是单相异步电动机付诸于实际应用中的关键问题。

2.3.2　单相异步电动机的启动

从前面的分析可知，单相异步电动机不能自行启动，必须依靠外力拨动一下电动机的转子，使其转起来，在正向或反向旋转磁场牵引下，转子就会沿着旋转磁场的方向继续转动下去，直至达到平衡状态。

不难看出，在静止状态下，拨动一下电动机的转子是为了破坏正反两个旋转磁场作用在转子上的力矩平衡关系，使其启动转矩失衡，让电动机的转子在起主导作用的正向或反向旋转磁场拖动下转动起来。那么，如何才能使单相异步电动机的启动转矩失衡呢？谁来拨动电动机的转子呢？

根据启动方法的不同，单相异步电动机可以分为许多不同的类型。常用的有罩极式电动机、分相式电动机、电容式电动机（又分为电容启动式、电容运转式、电容启动运转式三种）。下面分别展开介绍。

2.3.3　单相异步电动机的启动方式

1．罩极式电动机

（1）罩极式电动机的结构。

罩极式电动机的结构如图 2.68 所示，定子上有凸出的磁极，主绕组被安置在这个磁极上。在磁极表面约 1/3 处开有一个凹槽，将磁极分成大小两部分，在磁极小的部分套着一个短路铜环，将磁极的一部分罩了起来，称为罩极，它的作用相当于一个副绕组。

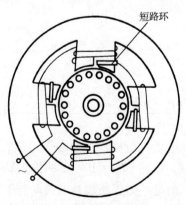

图 2.68　罩极式电动机的结构

（2）罩极式电动机的工作原理。

当定子绕组中接入单相交流电源后，磁极中将产生交变磁通，穿过短路铜环的磁通在铜环内产生一个相位上滞后的感应电流。由于这个感应电流的作用，磁极被罩部分的磁通不但在数量上和未罩部分不同，而且在相位上也滞后于未罩部分的磁通。这两个在空间位置不一致，而在时间上又有一定相位差的交变磁通，就在电动机气隙中构成脉动变化近似的旋转磁场。这个旋转磁场切割转子后，使转子绕组中产生感应电流。载有电流的转子绕组与定子旋转磁场相互作用，转子得到启动转矩，从而使转子由磁极未罩部分向被罩部分的方向旋转。

罩极式电动机也有将定子铁芯做成隐极式的，槽内除主绕组外，还嵌有一个匝数较少、与主绕组错开一个电角度且自行短路的辅助绕组。

罩极式电动机具有结构简单、制造方便、造价低、使用可靠、故障率低的特点。其主要缺点是效率低、启动转矩小、反转困难等。罩极式电动机多用于轻载启动的负荷，凸极式集中绕组罩极电动机常用于电风扇、电唱机中；隐极式分布绕组罩极电动机则用于小型鼓风机、油泵中。

2. 分相式电动机

（1）分相式电动机的结构。

分相式电动机又称电阻启动异步电动机，它构造简单，主要由定子、转子、离心开关三部分组成。转子为笼型结构，定子采用齿槽式结构。如图 2.69 所示，在定子铁芯上布置有两套绕组，运行用主绕组用较粗的导线绕制，启动用的辅助绕组用较细的导线绕制。一般主绕组占定子总槽数的 2/3，辅助绕组占定子总槽数的 1/3。辅助绕组只在启动过程中接入电路，当电动机达到额定转速的 70%～80% 时，离心开关就将辅助绕组从电源电路中断开，这时电动机进入正常运行状况。

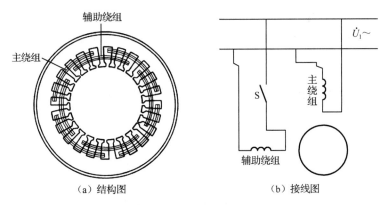

（a）结构图　　　　　　　　　　　（b）接线图

图 2.69　分相式电动机的定子结构图及接线图

（2）分相式电动机的工作原理。

分相式电动机的定子铁芯上布置有两套绕组，即主绕组和辅助绕组。这两套绕组在空间位置上相差 90° 电角度，在启动时为了使启动用辅助绕组电流与运行用主绕组电流在时间上产生相位差，通常用增大辅助绕组本身的电阻（如采用细导线）或在辅助绕组回路中串联电阻的方法来实现，即电阻分相式。

由于这两套绕组中的电阻与电抗分量不同，故电阻大而电抗小的辅助绕组中的电流比主绕组中的电流先达到最大值。因而，在两套绕组之间出现了一定的相位差，形成了两相电流。

结果就建立起了一个旋转磁场，转子就因电磁感应作用而旋转。

由于要使主、辅助绕组间的相位差足够大，就要求辅助绕组选用细导线来增加电阻，因而辅助绕组导线的电流密度比主绕组大，故只能短时工作。启动完毕后必须立即与电源切断，如超过一定时间，辅助绕组就可能因发热而烧毁。

分相式电动机的启动，可以用离心开关或多种类型的启动继电器去完成。图 2.69（b）是用离心开关启动的分相式电动机接线图。

分相式电动机具有构造简单、价格低、故障率低、使用方便的特点。分相式电动机的启动转矩一般是满载转矩的两倍，因此它的应用范围很广，如可作为电冰箱、空调机的配套电动机。分相式电动机具有中等启动转矩和过载能力，适用于低惯量负载、不经常启动、负载可变而要求转速基本不变的场合，如小型车床、鼓风机、电冰箱压缩机、医疗器械等。

3．电容式电动机

电容式电动机具有三种形式，分别是电容启动式、电容运转式、电容启动运转式。电容式电动机和同样功率的分相式电动机，在外形尺寸、铁芯、绕组、机械结构等方面都基本相同，只是添加了 1～2 个电容器而已。

（1）电容式电动机的工作原理。

如图 2.70 所示，电容式电动机的定子有两套绕组，一个叫主绕组，另一个叫辅助绕组。两个绕组在空间位置上相隔 90° 电角度。因此，在启动时，只要在两个绕组中分别通入相位相差 90° 的电流，就会产生一个旋转磁场，从而使电动机转动。尽管每套绕组的电阻和电抗不可能完全减小为零，两套绕组中电流相位差也不可能是 90°，但在实际上，只要相位差足够大，就能产生一个圆形或椭圆形的两相旋转磁场，从而使转子转动起来。

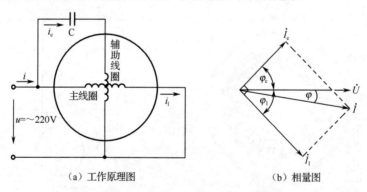

（a）工作原理图　　　　　（b）相量图

图 2.70　电容式电动机的工作原理图和相量图

如果在电容式电动机的辅助绕组中串联一个电容器，则辅助绕组中的电流将超前电路电压一个角度；由于没有串联电容而呈感性的主绕组中的电流将滞后电路电压一个角度，适当地选择电容器的容量可以使两套线圈中的电流相位差达到 90°，从而产生一个旋转磁场。但在实际上，启动时定子中的电流还随转子的转速而改变，因此，要使它们在这段时间内仍有90° 的相位差，则电容器电容量的大小就必须随转速和负载而改变，显然这是做不到的。由于这个原因，根据电动机所拖动的负载特点，而对电动机进行适当设计，这样就有了下面所述的三种形式的电容式电动机。

（2）电容启动式电动机。

电容启动式电动机的接线图如图 2.71 所示，电容器经过离心开关接入到启动用辅助绕组上。接通电源后，电动机就会产生旋转磁场，拖动转子运转，工作在双相电动机的机械特性上，如图 2.72 中特性曲线 1 所示。当转速达到额定转速的 70%～80%时，即电动机转速到达 K 点时，离心开关动作，切断辅助绕组的电源，使电动机工作在单相电动机的机械特性上，如图 2.72 中特性曲线 2 所示。

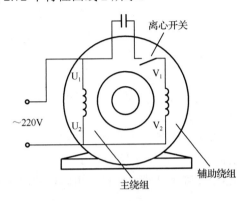

图 2.71　电容启动式电动机接线图

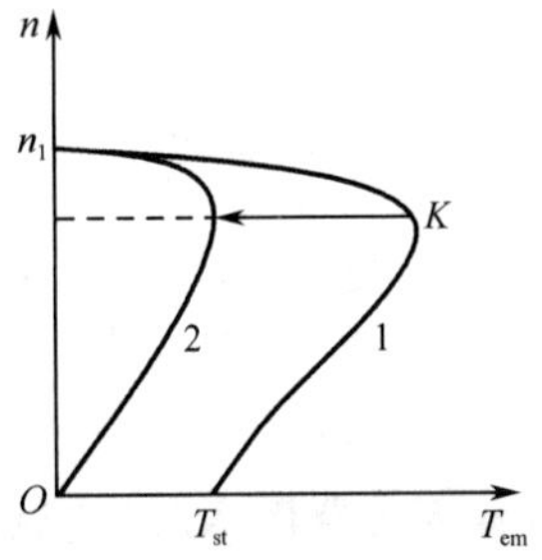

图 2.72　电动机启动过程中的机械特性转换图

在这种电动机中，电容器一般装在机座顶上。由于电容器只在极短的几秒钟启动时间内工作，故可采用电容量较大、价格较便宜的电解电容器。为加大启动转矩，其电容量可适当选大些。例如，目前家用洗衣机中的驱动电动机就采用这种启动方式。

（3）电容运转式电动机。

电容运转式电动机的接线图如图 2.73 所示，电容器与启动用辅助绕组中没有串接启动切换装置，因此，电容器与辅助绕组将和主绕组一起长期运行在电源线路上。也就是说，电动机始终工作在两相电流所产生的单向旋转磁场中，即工作在如图 2.74 所示的机械特性上。

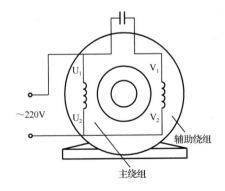

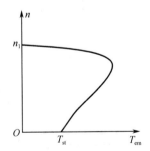

图 2.73　电容运转式电动机接线图

图 2.74　电容运转式电动机的机械特性

在这类电动机中，要求电容器能长期耐受较高的电压，故必须使用价格较贵的纸介质或油浸纸介质电容器，而绝不能采用电解电容器。例如，目前家用排油烟机中的单相电动机的启动就采用这种方式。

电容运转式电动机省去了启动装置，从而简化了电动机的整体结构，降低了成本，提高了运行可靠性。同时由于辅助绕组也参与运行，这样就增加了电动机的输出功率。

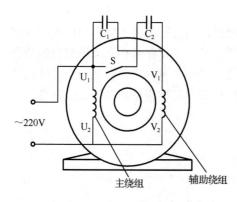

图 2.75　电容启动运转式电动机接线图

（4）电容启动运转式电动机。

电容启动运转式电动机的接线图如图 2.75 所示，这种电动机兼有电容启动式和电容运转式两种电动机的特点。启动用辅助绕组经过运行电容 C_1 与电源接通，并经过离心开关与容量较大的启动电容 C_2 并联。接通电源时，电容器 C_1 和 C_2 都串接在启动绕组回路中。这时电动机开始启动，当转速达到额定转速的 70%～80% 时，离心开关 S 动作，将使启动电容 C_2 从电源线路中切除，而运行电容 C_1 则仍留在电路中运行。

显然，这种电动机需要使用两个电容器，还要装启动装置，因而结构复杂，并且增加了成本，这是它的缺点。

在电容启动运转式电动机中，也可以不用两个电容量不同的电容器，而用一个自耦变压器。启动时跨接电容器两端的电压增高，使电容器的有效容量比运转时大 4～5 倍。这种电动机用的离心开关是双掷式的，电动机启动后，离心开关接至 S 点，降低了电容器的电压和等效电容量，以适应运行的需要。

三种类型的电容式电动机的特性及用途总结如下。

① 电容启动式电动机具有较高的启动转矩，一般可达到满载转矩的 3～5 倍，故能适用于满载启动的场合。由于它的电容器和辅助绕组只在启动时接入电路，所以它的运转都与同样大小并有相同设计的分相式电动机基本相同。电容启动式电动机多用于电冰箱、水泵、小型空气压缩机及其他需要满载启动的电器、机械中。

② 电容运转式电动机的启动转矩较低，但功率因数和效率均比较高。它体积小、质量轻、运行平稳、振动与噪声小、可反转、能调速，适用于直接与负载连接的场合，如电风扇、通风机、录音机及各种空载或轻载启动的机械，但不适用于空载或轻载运行的负载。

③ 电容启动运转式电动机具有较好的启动性能、较高的功率因数和效率及过载能力，可以调速。这种电动机适用于带负载启动和要求低噪声的场合，如小型机床、泵、家用电器等。

2.4　步进电机

2.4.1　步进电机的分类和工作原理

步进电机如图 2.76 所示，对应于每一个指令脉冲，步进电机旋转一个规定的角度（称为步距角）。由于它输入的是脉冲电流，故也称为脉冲电动机。步进电机具有精度高、惯性小的特点，对各种干扰因素不敏感，误差不会长期积累，转过 360° 以后其积累误差为"0"。它主要用于开环控制系统中。

动画：机械手伸缩
运动伺服系统

图 2.76　步进电机

按励磁方式（工作原理）不同，步进电机可分为反应式、永磁式、感应式和混合式等。混合式步进电机在同样的励磁电流下，可以产生更大的转矩，目前这种电动机已经在数控机床等领域得到了广泛的应用。

按输出转矩大小分为快速步进电机和功率步进电机；按励磁相数分为二、三、四、五、六、八相步进电机等。

1．步进电机的工作原理

步进电机是按电磁吸引的原理工作的。这里以如图 2.77 所示的反应式三相步进电机为例加以说明。定子上有六个磁极，分为 A、B、C 三相，每个磁极上绕有励磁绕组，按串联（或并联）方式连接，使电流产生的磁场方向一致。转子上无绕组，它是由带齿的铁芯制成的，当定子绕组按顺序轮流通电时，A、B、C 三对磁极依次产生磁场，每次对转子的某一对齿产生电磁转矩，吸引它一步步转动。每当转子某一对齿的中心线与定子磁极中心线对齐时，磁阻最小，转矩为零，每次就在此时按一定方向切换定子绕组各相电流，使转子按一定方向一步步转动。

如图 2.77 所示，反应式三相步进电机共有三套定子绕组，每相绕组绕在相对的一对磁极上，这样每相绕组有一头一尾。三相绕组共三头三尾引出，与伺服线路输出的指令脉冲信号相连。三相步进电机定子铁芯是由硅钢片叠成的，定子上共有三对（六个）磁极，每个磁极上都有若干小齿。相邻磁极中心线间距为 360°/6=60°。每相一对磁极中心线间距为 180°。

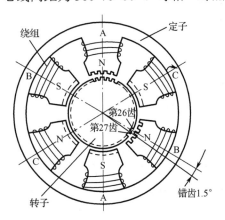

图 2.77　反应式三相步进电机工作原理

转子也是由硅钢片叠压而成的，沿圆周均布若干小齿。转子上没有绕组。根据工作原理要求，转子上小齿的间距与定子磁极上小齿的间距必须相等。

转子齿数 z 与该步进电机的步距角有关。若齿数 $z=80$，则步距角为 1.5°（若 $z=40$，则步距角为 3°）。这样每两齿之间夹角为 360°/80=4.5°。

（1）单三拍工作方式。

① 第一拍：A 相绕组通电，B、C 两相绕组断电。这样 A 相定子磁极的电磁力要吸引相邻转子的齿对齐（使磁阻最小）。设 A 相磁极中心线所对准的转子齿为第 0 齿，当转子齿 $z=80$ 时（齿间距为 4.5°），B 相磁极中心线将对准第 $26\frac{2}{3}$（2×60°/4.5°）齿，即第 27 齿差 1/3 齿（1.5°）就与 B 相中心线对齐。此时，C 相磁极中心线对准转子的第 $53\frac{1}{3}$（4×60°/4.5°）齿，即第 54 齿差 2/3 齿（3°）与 C 相中心线对齐。

动画：步进电机
（三相单三拍）

② 第二拍：B 相绕组通电，A、C 两相绕组断电。这样 B 相磁极中心线所在齿吸引最近的第 27 齿对齐。此时对应这一指令脉冲，转子旋转了 1/3 齿，即 1.5°（逆时针旋转）。因旋转了 1.5°，则第 54 齿仅差 1/3 齿与 C 相磁极中心线对齐。此时，第 0 齿相对 A 相磁极中心线逆时针转过 1.5°，而第 1 齿差 2/3 齿（3°）与 A 相磁极中心线对齐。

③ 第三拍：C 相绕组通电，A、B 两相绕组断电。这样 C 相磁极中心线所在齿对准第 54 齿，转子旋转了 1.5°。此时第 1 齿仅差 1/3 齿（1.5°）与 A 相磁极中心线对齐。这样重复上面单三拍的通电顺序，即 A—B—C—A，电动机转子就会逆时针旋转，而且是对应每个指令脉冲，转子旋转 1.5°，即单三拍的步距角为 1.5°（$z=80$ 时）。

若通电顺序为 A—C—B—A，则电动机转子会顺时针旋转，其步距角仍为 1.5°。

（2）双三拍工作方式。

单三拍工作方式由于每次只有一相绕组通电，因此在切换瞬间容易失去自锁转矩，导致失步。此外，只有一相绕组通电吸引转子，易在平衡位置附近产生振动，故实际应用中不采用单三拍工作方式，而采用双三拍工作方式，即通电顺序按 AB—BC—CA—AB（逆时针方向）或按 AC—CB—BA—AC（顺时针方向）进行。由于双三拍控制每次有两相绕组通电，而且切换时总保持一相绕组通电，所以工作较稳定。双三拍与单三拍的步距角一样，仍是 1.5°。

动画：步进电机
（三相双三拍）

（3）三相六拍工作方式。

这种方式的通电顺序是 A—AB—B—BC—C—CA—A（逆时针旋转），或 A—AC—C—CB—B—BA—A（顺时针旋转），但其步距角为 0.75°，是三拍方式的 1/2，显然，其控制精度要高。在实际应用中常采用三相六拍、四相八拍或五相十拍工作方式。

动画：步进电机
（三相六拍）

控制步进电机转动是由绕组的通电状态变化决定的，而通电状态变化次数（步数）则是由指令脉冲数决定的，它决定了角位移的大小。指令脉冲频率则决定步进电机的转动速度。只要改变指令脉冲频率，就可以使步进电机的旋转速度在很宽的范围内连续调节。改变绕组的通电顺序，可以改变它的旋转方向。可见，步进电机控制十分方便。步进电机的缺点是效率低，带惯量负载能力差，尤其是高速时容易失步。

2.4.2　步进电机的特点

步进电机有如下特点。

① 步进电机的角位移与输入脉冲数成正比，因此当它转一圈后，没有累计误差，具有良好的跟随性。

② 由步进电机与驱动电路组成的开环数控系统，结构简单，性能可靠。同时，可以增加角度反馈环节组成高性能的闭环数控系统。

③ 步进电机的动态响应快，易于启停、正反转及变速。

④ 速度可在相当宽的范围内平滑调节，低速下仍能保证获得很大的转矩，因此一般可以不用减速器而直接驱动负载。

⑤ 步进电机只能通过脉冲电源供电才能运行，它不能直接用交流电源或直流电源供电。

⑥ 步进电机自身的噪声和振动比较大，带惯性负载的能力差。

2.4.3　步进电机的性能指标

步进电机有步距角（涉及相数）、静力矩及电流三大性能指标。一旦三大性能指标确定，步进电机的型号便确定下来了。

（1）步距角的选择。

步进电机的步距角取决于负载精度要求，将负载的最小分辨率（当量）换算到电动机轴上，每个当量电动机应走多少角度（包括减速），电动机的步距角应等于或小于此角度。目前市场上步进电机的步距角有 $0.36°/0.72°$（五相电动机）、$0.9°/1.8°$（二、四相电动机）、$1.5°$ $/3°$（三相电动机）等。

（2）静力矩的选择。

步进电机的动力矩很难确定，因此往往先确定电动机的静力矩。静力矩选择的依据是电动机的工作负载，而负载可分为惯性负载和摩擦负载两种。单一的惯性负载和单一的摩擦负载是不存在的。直接启动（一般为低速启动）时两种负载均要考虑，加速启动时主要考虑惯性负载，恒速运行时只考虑摩擦负载。一般情况下，静力矩应为摩擦负载的 2～3 倍，静力矩一旦选定，电动机的机座及长度（几何尺寸）便能确定下来。

（3）电流的选择。

静力矩相同的步进电机，由于电流参数不同，其运行特性差别很大，可依据矩频特性曲线图判断电动机的电流（同时参考驱动电源及驱动电压）。

2.4.4　步进电机的运行特性

当不断地向定子送入控制脉冲时，步进电机就不停地运转。当电动机定子中的某相一直通电时，电动机转子就在此相的轴线上维持不动，这是电动机的静止状态。定子、转子之间齿的轴线夹角称为步进电机的失调角，用 θ_a 表示。当电动机处于静止状态时，失调角为零。

当失调角不为零时，电动机就会产生电磁转矩，迫使转子向失调角为零的方向转动。由此，可以得出，步进电机的转矩与失调角之间的关系为

$$T = -C \sin \theta_a \qquad (2.74)$$

式中，C 为一个常数，与控制脉冲的电流、气隙磁阻及控制绕组有关。

　　将这个关系式画在以失调角 θ_a 为横坐标、转矩 T 为纵坐标的坐标系中，所形成的关系曲线就叫做步进电机的矩角特性，如图 2.78 所示。

　　从图中可以看出，当电动机的失调角在 $[-\pi, \pi]$ 的区间内时，电动机所产生的电磁转矩会将电动机转子拉回到其平衡位置 a 处，从而使失调角归零。当电动机的转子接近平衡位置 a 时，由于惯性的作用会使电动机的转子在平衡位置附近振荡，直至因摩擦作用使其最终稳定在平衡点上。因此，将 $[-\pi, \pi]$ 的区间称为步进电机的静稳定区。同理，如果采用三相步进电机，则三相相隔 $\dfrac{2\pi}{3}$ 个角度，因此另外两相的静稳定区为 $\left[-\pi + \dfrac{2\pi}{3}, \pi + \dfrac{2\pi}{3}\right]$、$\left[-\pi + \dfrac{4\pi}{3}, \pi + \dfrac{4\pi}{3}\right]$。

　　在空载运行时，若忽略空载转矩，则电动机转子的平衡位置将会在 $T = 0$ 的静平衡点上。当电动机带载运行时，其静平衡点需落在 $T = T_L$ 上。这样一来，与空载时相比，都要落后一个电角度，如图 2.79 所示。

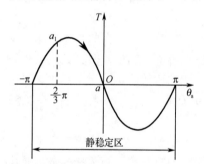

图 2.78　步进电机的矩角特性

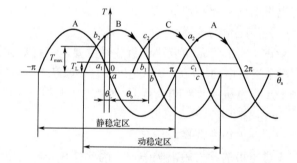

图 2.79　步进电机的运行情况

　　电动机在 A 相的平衡点由空载时的 a 点移到了 a_1 点，在角度上落后了 θ_L。其余两相的平衡点也相应地移到了 b_1 点和 c_1 点。此外，电动机在步进运行时，转子每旋转一步，转子的位置必须落在下一相的静稳定区中，这样才可能使电动机连续不断地运行，我们把下一相的稳定区叫做动稳定区，静稳定区与动稳定区必须有所重叠。除了满足此条件外，还要使电动机的电磁转矩大于负载转矩。

　　每改变一次通电方式，步进电机就转过一个角度，称为一拍。经过一拍，转子旋转的角度称为步距角，用 θ_b 表示。电动机一个通电周期的循环拍数 N 与步距角的乘积叫做齿距角，用 θ_t 表示。因此，步距角、齿距角和拍数之间的关系可以表示为

$$Z_t = \frac{360°}{\theta_t} = \frac{360°}{N\theta_b} \qquad (2.75)$$

式中，Z_t 为电动机的转子齿数，步距角又可以表示为

$$\theta_b = \frac{360°}{NZ_t} = \frac{2\pi}{NZ_t} \tag{2.76}$$

在连续运转时，步进电机的定子绕组中输入连续脉冲，电动机连续不断地旋转，脉冲给得快，电动机旋转得就快；反之，电动机转得就慢，其速度与脉冲的频率成正比。每输入一个脉冲，电动机将转过一个步距角，当电动机定子中脉冲的频率为 f 时，可以推得步进电机转速为

$$n = \frac{60f}{NZ_t} \tag{2.77}$$

当然，转速也可以用步距角的形式来表示，即

$$n = \frac{60f}{NZ_t} = \frac{60f \times 360°}{360°NZ_t} = \frac{f\theta_b}{6°} \quad （步距角为角度时） \tag{2.78}$$

或

$$n = \frac{60f}{NZ_t} = \frac{60f \times 2\pi}{2\pi NZ_t} = \frac{30f\theta_b}{\pi} \quad （步距角为弧度时） \tag{2.79}$$

2.4.5　步进电机的驱动与控制

1. 步进电机的驱动

驱动控制电路是由环形分配器和功率放大器组成的。在许多 CNC 系统中，环形分配器的功能由软件完成，在这种情况下，驱动控制电路就不包括环形分配器。

（1）环形分配器。

加到环形分配器输入端的指令脉冲是 CNC 插补器输出的分配脉冲，输出则是步进电机相应绕组驱动器的输入。通常还要加减速控制，使脉冲频率平滑上升或下降，以适应步进电机的驱动特点。

环形分配器是根据步进电机的相数和控制方式设计的。图 2.80 表示一个三相六拍环形分配器的原理图。该图由与非门和 JK 触发器组成，指令脉冲加到三个 JK 触发器的时钟输入端（C1～C3），旋转方向由正向、反向控制端的状态决定。当正向控制端的状态为"1"时，反向控制端的状态为"0"，此时正向旋转。初始时，由置"0"信号将三个触发器都变为"0"，由于 C 相接到外接端，故此时 C 相接通，随着指令脉冲的不断到来，各相通电状态不断变化，按照 C—CA—A—AB—B—BC—C 顺序通电。步进电机反向旋转时，由反向控制信号"1"状态控制（此时，正向控制端为"0"），通电顺序为 C—CB—B—BA—A—AC—C。

（2）高、低压驱动电路。

高、低压驱动电路的作用主要是将计算机输出的信号进行功率放大，得到步进电机所需的脉冲电流。为了弥补高、低压电路波形连接处的凹形，改善输出扭矩，现在较多采用斩波型步进电机驱动电路。

（3）细分驱动。

细分驱动的特点如下。

① 在不改动电动机结构参数的情况下，使步距角减小，但细分后的步距角精度不高。

② 能使步进电机运行平稳，提高匀速性，并能减弱或消除振动。

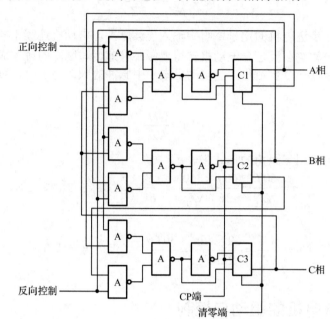

图 2.80　三相六拍环形分配器的原理图

2．步进电机的控制

控制器可以发出脉冲频率从几赫兹到几千赫兹连续变化的脉冲信号，它为环形分配器提供脉冲序列，环形分配器的主要功能是把来自控制环节的脉冲序列按一定的规律分配后，经过功率放大器的放大加到步进电机驱动电源的各项输入端，以驱动步进电机的转动。环形分配器主要有两大类：一类是用计算机软件设计方法实现环形分配器要求的功能，通常称为软环形分配器；另一类是用硬件构成的环形分配器，通常称为硬环形分配器。功率放大器主要对环形分配器的较小输出信号进行放大，以达到驱动步进电机的目的。步进电机的基本控制包括转向控制和速度控制两个方面。从结构上看，步进电机分为三相单三拍、三相双三拍和三相六拍 3 种，其基本原理如下。

（1）换相顺序的控制。

通电换相这一过程称为脉冲分配。例如，三相步进电机在单三拍的工作方式下，其各相通电顺序为 A→B→C→A，通电控制脉冲必须严格按照这一顺序分别控制 A、B、C 相的通断。三相双三拍的通电顺序为 AB→BC→CA→AB，三相六拍的通电顺序为 A→AB→B→BC→C→CA→A。

（2）步进电机的换向控制。

若步进电机的励磁方式为三相六拍，如果给定工作方式为正序换相通电，即 A→AB→B→BC→C→CA→A，则步进电机正转。如果按反序通电换相，即 A→AC→C→CB→B→BA→A，则电动机反转。其他方式情况与之类似。

（3）步进电机的速度控制。

如果给步进电机发一个控制脉冲，它就转一步，再发一个脉冲，它会再转一步。两个脉冲的间隔越短，步进电机转得越快。调整送给步进电机的脉冲频率，可以对步进电机进行调速。

（4）步进电机的起停控制。

步进电机由于其电气特性，运转时会有步进感。为了使电动机转动平滑，减小振动，可在步进电机控制脉冲的上升沿和下降沿采用细分的梯形波，可以减小步进电机的步进角，提高电动机运行的平稳性。在步进电机停转时，为了防止因惯性而使电动机轴产生顺滑，需采用合适的锁定波形产生锁定磁力矩，锁定步进电机的转轴，使步进电机转轴不能自由转动。

（5）步进电机的加减速控制。

在步进电机控制系统中，通过实验发现，如果信号变化太快，则步进电机由于惯性将跟不上电信号的变化，这时就会出现堵转和失步现象。所有步进电机在启动时必须有加速过程，在停止时必须有减速过程。理想的加速曲线一般为指数曲线，步进电机整个降速过程频率变化规律是整个加速过程频率变化规律的逆过程。只有选定的曲线比较符合步进电机升降过程的运行规律，才能充分利用步进电机的有效转矩，缩短升降速的时间，并防止失步和过冲现象。在一个实际的控制系统中，要根据负载的情况来选择步进电机。步进电机能响应而不失步的最高步进频率称为"启动频率"，与此类似，"停止频率"是指系统控制信号突然关断，步进电机不冲过目标位置的最高步进频率。电动机的启动频率、停止频率和输出转矩都要和负载的转动惯量相适应，有了这些数据，才能有效地对步进电机进行加减速控制。

在一般的应用中，经过大量实践和反复验证，频率如果按直线上升或下降，则控制效果可以满足常规的应用要求。用 PLC 实现步进电机的加减速控制，实际上就是控制它发送脉冲的频率。加速时，使脉冲频率增大；减速时则与之相反。如果使用定时器来控制电动机的速度，加减速控制就是不断改变定时中断的设定值。速度从 $v_1 \sim v_2$ 变化时，如果是线性增加，则按给定的斜率进行加减速；如果是突变，则按阶梯加速处理。在此过程中要处理好两个问题。

① 速度转换时间应尽量短。为了缩短速度转换的时间，可以采用建立数据表的方法。根据各曲线段的频率和各段间的阶梯频率，可以建立一个连续的数据表，并通过转换程序将其转换为定时初始表。通过在不同的阶段调用相应的定时初值，就可控制电动机的运行。定时初值的计算是在定时中断外实现的，并不占用中断时间，从而保证电动机可以高速运行。

② 保证控制速度的精确性。要从一个速度准确达到另一个速度，就要建立一个校验机制，以防超过或未达到所需速度。

（6）步进电机的换向控制。

步进电机换向时，一定要在电动机降速停止或降到突变频率范围之内时再换向，以免产生较大的冲击而损坏电动机。换向信号一定要在前一个方向的最后一个脉冲结束后，以及下一个方向的第一个脉冲前发出。对于脉冲的设计要求包括脉冲宽度、脉冲序列的均匀度及高低电平方式。步进电机高速运行下的正、反向切换实质上包含了降速→换向→加速3 个过程。

2.5 伺服电机

2.5.1 伺服电机的分类和工作原理

伺服电机和其他电动机（如步进电机）相比，优点有以下几点。

① 实现了位置、速度和力矩的闭环控制，克服了步进电机失步的问题。

② 高速性能好，一般额定转速能达到 2000～3000rpm。

③ 抗过载能力强，能承受三倍于额定转矩的负载，对有瞬间负载波动和要求快速启动的场合特别适用。

④ 低速运行平稳，不会产生类似于步进电机的步进运行现象，适用于有高速响应要求的场合。

⑤ 电动机加减速的动态响应时间短，一般在几十毫秒之内。

⑥ 发热和噪声明显降低。

自动控制系统对伺服电机性能提出如下要求。

① 伺服电机的转速由加在电动机上的电压来控制，这个电压被称做控制信号。要求电动机的转速随控制信号的变化而变化。控制信号大，转速增大；控制信号小，转速减小；控制信号为零，电动机停止。有些系统还要求转速和控制信号成正比，并且控制信号的极性可以控制电动机的转动方向。

② 在有负载情况下，伺服电机的转速能迅速跟上控制信号的变化，即快速响应性好。

③ 要求过载能力强，运行可靠。

④ 调速范围宽，低速性能好。

1. 直流伺服电机

直流伺服电机和直流他励电动机虽然在工作原理上完全相同，但由于功用不同，所以在结构和工作性能上有所差别。常用的直流伺服电机有永磁式直流伺服电机、小惯量直流伺服电机两类。

（1）永磁式直流伺服电机。

永磁式直流伺服电机是指以永磁材料获得励磁磁场的一类直流电动机，也称宽调速直流伺服电机。

永磁式直流伺服电机具有体积小、转矩大、转矩和电流成正比、伺服性能好、反应迅速、功率体积比大、功率质量比大、稳定性好等优点。永磁式直流伺服电机能在较大过载转矩下长时间工作。它的转子惯量较大，可以直接与丝杠相连而不需要中间传动装置。永磁式直流伺服电机的缺点是需要电刷，这限制了电动机转速的提高，一般转速为 1000～1500rpm。在 20 世纪七八十年代，永磁式直流伺服电机在数控机床上应用最为广泛。

永磁式直流伺服电机的结构同一般直流电动机相似，但电枢铁芯长度与直径比较大，气隙较小，在相同功率的情况下，转子惯量较小。

（2）小惯量直流伺服电机。

小惯量直流伺服电机具有较小的转动惯量，适合于要求有快速响应的伺服系统，但其过载能力弱，电枢惯量与机械传动系统匹配较差。小惯量直流伺服电机主要有以下几种。

① 无槽电枢直流伺服电机。无槽电枢直流伺服电机的励磁方式为电磁式或永磁式，其电枢铁芯为光滑的圆柱体，电枢绕组用耐热环氧树脂固定在圆柱体铁芯表面，气隙大。

无槽电枢直流伺服电机除具有一般直流伺服电机的特点外，其转动惯量小，机电时间常数小，换向性良好，一般用于需要快速动作、功率较大的伺服系统。

② 空心杯电枢直流伺服电机。空心杯电枢直流伺服电机的励磁方式采用永磁式，其电枢绕组用环氧树脂浇注成杯形，空心杯电枢内外两侧均由铁芯构成磁路。空心杯电枢直流伺服电机用于需要快速动作的电气伺服系统，如机器人的腕、臂关节及其他高精度伺服系统。

③ 印制绕组直流伺服电机。印制绕组直流伺服电机的励磁方式采用永磁式，在圆形绝缘薄板上，印制裸露的绕组构成电枢，磁极轴向安装。印制绕组直流伺服电机换向性好，旋转平稳，机电时间常数小，具有快速响应特性，低速运转性能好，能承受频繁的可逆运转。印制绕组直流伺服电机适用于低速和启动、反转频繁的电气伺服系统，如机器人关节控制系统。

2．交流伺服电机

交流伺服电机内部的转子是一块永磁铁，驱动器控制的三相电形成电磁场，转子在此磁场的作用下转动，同时电动机自带的编码器反馈信号给驱动器，驱动器根据反馈值与目标值进行比较，调整转子转动的角度。伺服电机的精度取决于编码器的精度。伺服驱动控制示意图如图 2.81 所示。

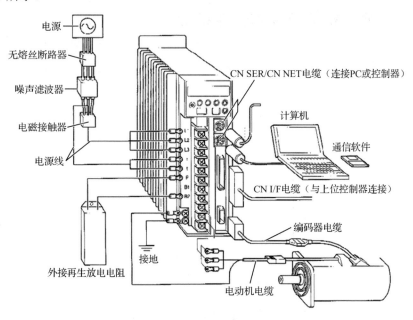

图 2.81　伺服驱动控制示意图

常见的交流伺服电机有同步交流伺服电机、异步交流伺服电机。异步交流伺服电机和普通的异步电动机区别不大。

（1）同步交流伺服电机。

同步交流伺服电机由永磁同步电动机、转子位置传感器、速度传感器组成。同步交流伺服电机与同步直流伺服电机的不同之处在于用转子位置传感器取代了直流电动机整流子和电刷的机械换向，因此无此项维护要求，且没有机械换向造成的电火花，使其能用在有腐蚀性或易燃易爆气体的环境。

（2）异步交流伺服电机。

异步交流伺服电机采用感应式电动机，它的笼型转子结构简单坚固，电动机价格便宜，过载能力强。但与同步交流伺服电机相比，其效率低，体积大，转子有较明显的损耗和发热，且需要供给无功励磁电流，因此要求驱动功率大，控制系统较复杂。

交流伺服电机的转子惯量比直流伺服电机小，使其动态响应好。在同样体积下，交流伺服电机的输出功率可比直流伺服电机的输出功率提高 10%～70%。交流伺服电机的容量可以做得比直流伺服电机大，以达到更高的电压和转速。目前，交流伺服电机已逐渐替代直流伺服电机占据主导位置。

交流伺服系统根据供处理信号的方式不同，可以分为模拟式伺服、数字模拟混合式伺服和全数字式伺服。如果按照使用的伺服电机的种类分类，又可分为两种：一种是用永磁同步伺服电机构成的伺服系统，包括方波永磁同步电动机（无刷直流机）伺服系统和正弦波永磁同步电动机伺服系统；另一种是用鼠笼式异步电动机构成的伺服系统。若采用微处理器软件实现伺服控制，可以使永磁同步伺服电机和鼠笼式异步伺服电机使用同一套伺服放大器。

2.5.2　伺服电机的特性和性能指标

1．直流伺服电机

（1）机械特性。

在输入的电枢电压 U_a 保持不变时，电动机的转速 n 随电磁转矩 T 的变化而变化，其机械特性曲线如图 2.82 所示。

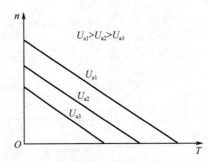

图 2.82　不同控制电压下直流伺服电机的机械特性

斜率 K 值大，表示电磁转矩的变化引起电动机转速的变化大，对于这种情况，称直流电动机的机械特性软；反之，斜率 K 值小，说明电动机的机械特性硬。在直流伺服系统中，总是希望电动机的机械特性硬，这样，当带动的负载变化时，引起的电动机转速变化小，有利于提高直流电动机的速度稳定性和工件的加工精度。

（2）调节特性。

在一定的电磁转矩 M（或负载转矩）下，电动机的稳态转速 n 随电枢的控制电压 U_a 变化而变化，其调节特性曲线如图 2.83 所示。

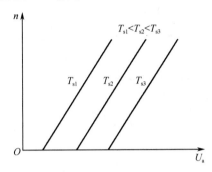

图 2.83　不同负载时的调节特性

斜率 K 反映电动机转速 n 随控制电压的变化而变化快慢的关系，其值大小与负载大小无关，仅取决于电动机本身的结构和技术参数。

（3）性能指标。

① 额定功率 P_N。直流伺服电机在额定运行时，转轴上输出的机械功率。

② 额定电压 U_N。额定运行情况下，直流伺服电机的电枢绕组应加的电压值。

③ 额定电流 I_N。电动机在额定电压下，轴上输出额定功率时的输入电流值。

④ 额定转矩 T_N。直流伺服电机在额定状态下轴上的输出转矩。

2. 交流伺服电机

（1）机械特性。

电动机的电磁转矩 T 与转差率 s（或转速 n）之间的关系。当控制电压一定时，可以做出不同转子电阻时的机械特性，如图 2.84 所示。

（2）调节特性。

为了能更清楚地表示转速随控制信号变化的关系，往往采用调节特性。调节特性就是在负载转矩一定的情况下，转速随有效信号系数 a 变化的关系。调节特性曲线如图 2.85 所示。

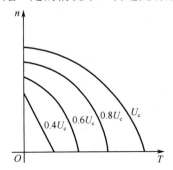

图 2.84　交流伺服电机的机械特性

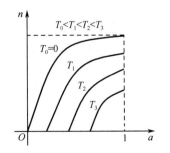

图 2.85　交流伺服电机的调节特性

（3）性能指标。

① 空载始动电压 U_{so}。在额定励磁电压和空载情况下，转子在任意位置开始连续转动所需的最小控制电压。U_{so} 越小，伺服电机的灵敏度越高。

② 机械特性非线性度 k_w。在额定励磁电压下，任意控制电压下的实际机械特性与现行机械特性在转矩 $T=T_d/2$（T_d 为电动机堵转转矩）时的转速偏差 Δn 与空载转速 n_0 之比的百分数。

③ 调节特性非线性度 k_v。在额定励磁电压和空载情况下，当有效信号系数 $\alpha=0.7$ 时，实际调节特性与线性调节特性的转速偏差 n 与 $\alpha=1$ 时的空载转速 n_0 之比的百分数。

④ 堵转特性非线性度 k_d。在额定励磁电压下，实际堵转特性与线性堵转特性的最大转矩偏差与 $\alpha_e=1$ 时的堵转转矩 T_{d0} 之比的百分数。

⑤ 机电时间常数 τ_j。其表达式为

$$\tau_j = \frac{JW_0}{T_{d0}} \qquad (2.80)$$

式中：J——转子的转动惯量；

$\quad\quad W_0$——对称状态下，空载时的角速度；

$\quad\quad T_{d0}$——对称状态下的堵转转矩。

2.5.3　伺服电机的驱动与控制

1. 直流伺服电机

直流伺服电机常采用晶闸管直流调速驱动和晶体管脉宽调制调速驱动两种方式。晶闸管直流调速驱动通过调节触发装置控制晶闸管的导通角来移动触发脉冲的相位，以改变整流电压的大小，使直流伺服电机电枢电压发生变化，从而实现平滑调速。晶体管脉宽调制调速驱动是在电枢回路中串联功率晶体管或晶闸管等，功率晶体管或晶闸管工作在开关状态，这样就在电动机电枢两端得到一系列矩形波，矩形波电压的平均值就是电动机的工作电压，改变矩形波的脉冲宽度和周期，就可以改变平均电压的大小，从而达到控制转速的目的。

直流伺服电机的控制方式有电枢控制和磁场控制两种。

（1）电枢控制。

电枢控制是保持励磁磁通不变，通过改变电枢绕组的电压来改变电动机的转速。当电动机的负载转矩不变时，升高电枢电压，电动机的转速就升高；反之就降低。电枢电压等于零时，电动机不转。改变电枢电压极性时，电动机反转。

（2）磁场控制。

磁场控制是保持电枢绕组电压不变，通过改变励磁回路的电压来改变电动机的转速。若电动机的负载转矩不变，当升高励磁电压时，励磁电流增加，主磁通增加，电动机转速就降低；反之，转速升高。改变励磁电压的极性，电动机的转向随之改变。

尽管磁场控制也可达到控制转速大小和旋转方向的目的，但励磁电流和主磁通之间是非线性关系，且随着励磁电压的减小其机械特性变软，调节特性也是非线性的，故实际上很少采用这种方式。

2. 交流伺服电机

（1）幅值控制。

幅值控制是指交流伺服电机定子两相绕组上电压的相位差恒定地保持在 90°，通过改变控制电压的大小来调节电动机的转速。幅值控制接线图如图 2.86 所示。

（2）相位控制。

相位控制是指交流伺服电机的励磁电压和控制电压均为额定值，通过改变两相电压的相位差来实现对伺服电机的控制。相位控制在实际控制系统中较少采用。相位控制接线图如图 2.87 所示。

（3）幅-相控制。

幅-相控制是指在励磁绕组中串联电容器，通过调节交

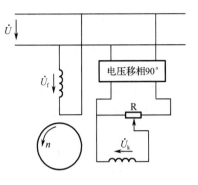

图 2.86　幅值控制接线图

流伺服电机控制电压 U_k 的大小及控制电压 U_k 和励磁电压 U_f 之间的相位差 β，来调节电动机的转速。幅-相控制接线图如图 2.88 所示。

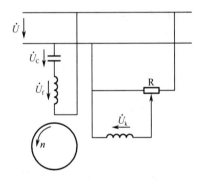

图 2.87　相位控制接线图　　　　　　图 2.88　幅-相控制接线图

当控制电压的幅值改变时，电动机转速发生改变，此时励磁绕组中的电路随之发生变化，引起励磁绕组中串联电容器端电压的变化，使控制电压和励磁电压之间的相位角发生变化。

幅-相控制的机械特性和调节特性不如幅值控制和相位控制，但由于其电路简单，不需要移相，因此在实际中应用较多。

2.6　直线电动机

2.6.1　直线电动机的分类和工作原理

直线电动机也称线性电动机、线性马达、直线马达、推杆马达。直线电动机是一种将电能直接转换成直线运动机械能，而不需要任何中间转换机构的传动装置。它可以视为将一台旋转电动机按径向剖开，并展成平面而成。最常用的直线电动机类型是平板式、U 形槽式和管式。线圈的典型组成是三相线圈，由霍尔元件实现无刷换相。它为实现精度高、响应快和

稳定性好的机电传动和控制开辟了新的领域。

直线电动机一般按工作原理可分为直线异步电动机、直线直流电动机和直线同步电动机三种。直线电动机与旋转电动机在原理上基本相同。本节主要介绍直线异步电动机。

1. 直线异步电动机的结构

直线异步电动机与鼠笼式异步电动机的工作原理完全相同，二者只是在结构形式上有所差别。直线异步电动机的定子一般为初级，而它的转子（动子）则为次级。在实际应用中，初级和次级不能做成完全相等的长度，而应该做成初、次级长短不等的结构，如图 2.89 所示。由于短初级结构比较简单，故一般常以短初级直线异步电动机为例来说明它的工作原理。

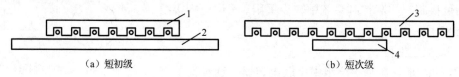

（a）短初级　　　　　　　　　　　　　　（b）短次级

1、3—初级；2、4—次级

图 2.89　直线异步电动机的初级和次级

2. 直线异步电动机的工作原理

直线电动机是由旋转电动机演变而来的，因而当初级的多相绕组通入多相电流后，也会产生一个气隙磁场，这个磁场的磁感应强度为 B_δ。按通电的相序顺序做直线移动（如图 2.90所示），该磁场称为行波磁场。显然行波的移动速度与旋转磁场在定子内圆表面的线速度是一样的，这个速度称为同步线速，用 v_s 表示，且

$$v_s = 2f\tau \tag{2.80}$$

式中，τ——极距（cm）；

f——电源频率（Hz）。在我国，交流电的频率均为 50Hz。

在行波磁场切割下，次级导条将产生感应电动势和电流，所有导条的电流和气隙磁场相互作用，产生切向电磁力 F。如果初级是固定不动的，那么，次级就顺着行波磁场运动的方向做直线运动。

直线异步电动机的推力公式与三相异步电动机转矩公式类似，即

$$F = KpI_2\Phi_m\cos\varphi_2 \tag{2.81}$$

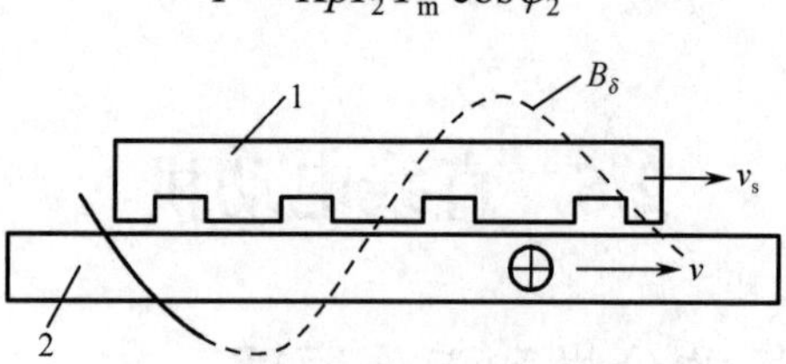

图 2.90　直线异步电动机的工作原理

式中，K——电动机结构常数；

p——初级磁极对数；

I_2——次级电流；

Φ_m——初级一对磁极的磁通量的幅值；

$\cos\varphi_2$——次级功率因数。

在推力 F 作用下，次级运动速度 v 应小于同步速度 v_s，则转差率 s 为

$$s = \frac{v_s - v}{v_s} \tag{2.82}$$

故次级运动速度

$$v = (1-s)v_s = 2f\tau(1-s) \tag{2.83}$$

式（2.83）表明，直线异步电动机的速度与电动机极距及电源频率成正比，因此，改变极距或电源频率都可改变电动机的速度。

与旋转异步电动机一样，改变直线异步电动机初级绕组的通电相序，就可改变电动机运动的方向，从而可使直线电动机作往复运动。

直线异步电动机的机械特性、调速特性等都与交流伺服电机相似，因此，直线异步电动机的启动和调速及制动方法与旋转异步电动机也相同。

2.6.2　直线电动机的特点

直线电动机与旋转电动机相比有下列优点。

① 直线电动机不需要中间传动机构，因而整个机构得到简化，提高了精度，减小了振动和噪声。

② 响应快速。用直线电动机拖动时，由于不存在中间传动机构的惯量和阻力矩的影响，因而加速和减速时间短，可实现快速启动和正反向运行。

③ 散热良好，额定值高，电流密度可取很大，对启动的限制小。

④ 装配灵活性大，往往可将电动机的定子和动子分别与其他机体合成一体。

与旋转电动机相比，直线电动机存在着效率和功率因数低、电源功率大及低速性能差等缺点。

直线电动机主要用于吊车传动、金属传送带、冲压式锻压机床及高速电力机车等。此外，它还可以用在悬挂式车辆传动、工件传送系统、机床导轨、门阀的开闭驱动装置等处。如将直线电动机作为机床工作台进给驱动装置，则可将初级（定子）固定在被驱动体（滑板）上，或将它固定在基座或床身上，也可将它应用在数控绘图机上。

2.6.3　直线电动机的运行特性与性能指标

1. 运行特性

与旋转电动机的转矩-转差率机械特性曲线相对应，直线电动机常用推力-转差率曲线描述其机械特性，图 2.91 所示为直线电动机与旋转电动机的机械特性比较。直线电动机的最大推力出现在高转差率处。

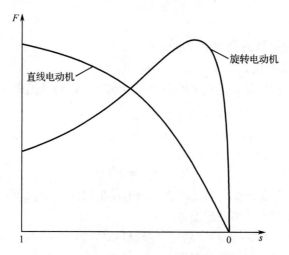

图 2.91　直线电动机与旋转电动机机械特性比较

　　另外，直线电动机的具体形状也与电动机的材料有关。由于不同材料所具有的导电率和导磁率不同，因此电动机的特性也不同。图 2.92 所示为次级采用不同单一材料的金属平板式电动机的推力-转差率特性曲线，通过选用合适的材料或复合材料，可使最大推力出现在 $s=1$ 附近，这会提高启动推力，同时在高速区域推力小，这样推力-转差率特性曲线近似为一条直线，具有较好的控制品质。

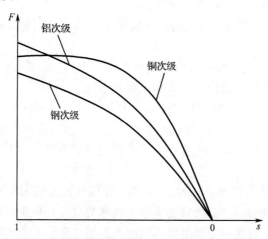

图 2.92　次级采用不同单一材料的推力-转差率特性

　　直线电动机的其他特性都与交流伺服电机相似，通常也是靠改变电源电压或频率来实现对速度的连续调节的。

2．性能指标

（1）推重比。

推重比是指直线电动机次级质量与直线电动机峰值推力的比值。它表示单位质量的最大出力，反映了直线电动机的加速度大小，是衡量直线电动机综合性能的重要指标之一，对于直线电动机的使用场合与负载都能产生重要的影响，在高频启动和停止时对直线电动机的加速度有比较严格的要求。

（2）推力波动。

直线电动机对外输出的量主要是推力，直线电动机由于本身结构方面的原因具有推力波动性。推力波动能够反映直线电动机的运行是否平稳。

（3）推力线性度。

由于直线电动机有推力波动，而推力波动较大是不能工作的，因此引入推力线性度的概念。推力线性度用来描述直线电动机的有效工作区间，也就是波动相对较小的区间——线性区间。

（4）速度出力线。

不同使用场合对直线电动机有着不同的速度要求。速度出力线用于测试不同负载下直线电动机的运行速度和电磁推力。从原理上说，速度和推力呈反比关系，即随着电动机运行速度的增加，电动机的出力会变小。

（5）电气时间常数。

电气时间常数是表征直线电动机动态性能的重要指标。电气时间常数就是电感和电阻的比值，它反映直线电动机系统变化的快慢。

2.6.4 直线电动机的驱动与控制

直线电动机与旋转电动机的工作原理相同，其演变过程如图 2.93 所示。

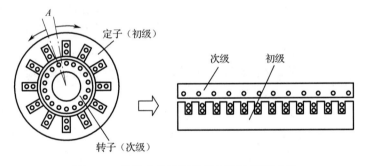

图 2.93 旋转电动机到直线电动机演变过程

由定子演变而来的一侧称为初级，由转子演变而来的一侧称为次级。在实际应用时，将初级和次级制造成不同的长度，以保证在所需行程范围内初级与次级之间的耦合保持不变。直线电动机可以是短初级长次级，也可以是长初级短次级。以直线感应电动机为例：当初级绕组通入交流电源时，便在气隙中产生行波磁场，次级在行波磁场切割下，将感应出电动势并产生电流，该电流与气隙中的磁场相作用就产生电磁推力。如果初级固定，则次级在推力作用下做直线运动；反之，则初级做直线运动。

在旋转电动机中，需要旋转轴承支撑动子以保证动子和定子相对运动部分的气隙。同样地，直线电动机需要直线导轨来保持动子在磁轨产生的磁场中的位置。和旋转伺服电机的编码器安装在轴上反馈位置一样，直线电动机需要反馈直线位置的反馈装置——直线编码器，它可以直接测量负载的位置，从而提高负载的位置精度。

对直线电动机控制技术的研究基本上可以分为三个方面：一是传统控制技术，二是现代控制技术，三是智能控制技术。传统的控制技术如 PID 反馈控制、解耦控制等在交流伺服系统中得到了广泛的应用。其中 PID 控制蕴含动态控制过程中的信息，具有较强的鲁棒性，是交流伺服电机驱动系统中最基本的控制方式。为了提高控制效果，往往采用解耦控制和矢量控制技术。在对象模型确定、不变化且是线性的，以及操作条件、运行环境是确定不变的条件下，采用传统控制技术是简单有效的。但是在高精度微进给的高性能场合，就必须考虑对象结构与参数的变化、各种非线性的影响、运行环境的改变及环境干扰等时变和不确定因素的影响，从而得到满意的控制效果。因此，现代控制技术在直线伺服电机控制的研究中引起了很大的重视。

最常用的直线电动机控制方法有自适应控制、滑模变结构控制、鲁棒控制及智能控制。目前主要是将模糊逻辑、神经网络与 PID 等现有的成熟的控制方法相结合，取长补短，以获得更好的控制性能。

2.7　自整角机

自整角机是一种能够对角度进行自动整步的电动机，在伺服或随动系统中有着广泛的应用和重要的地位。我们知道，在伺服或随动系统中必须要检测角度或位移，自整角机就是这样一种检测器件。在系统中自整角机一般成对使用，一个是发送机，一个是接收机，用来检测发送机和接收机之间的角度差值，由接收机输出与差值成正比的信号去控制伺服电机的转动。尽管目前已经有了光电编码盘等测角装置，自整角机仍然有其不可替代的作用。

同其他电动机一样，自整角机的结构也分定子和转子两部分。定子铁芯由冲片叠成，在其槽内安放定子绕组，一般为三相绕组，空间相差 120°。转子有凸极和隐极之分，转子绕组一般只有一相，这相绕组两个出线端通过滑环引出，结构上与普通同步电动机相近。

当发送机转子绕组通单相交流电后，其电压为 U_1，在绕组中会产生一个脉振磁动势。工作时，由外界的转动设备带动发送机转子不断旋转，因此在定子电枢绕组中会产生一个感应电动势，而且定子电枢为三相交流绕组，所以将产生三相对称的感应电动势，即

$$
\begin{aligned}
E_{D1} &= E\cos\theta_1 \\
E_{D2} &= E\cos(\theta_1 + 120°) \\
E_{D3} &= E\cos(\theta_1 + 240°)
\end{aligned}
\tag{2.84}
$$

式中，E——感应电动势的幅值。

在定子端，发送机与接收机的定子三相接线相互连接，发送机与接收机的定子中就会有电流流过。设定子绕组的阻抗为 Z，且发送机和接收机的绕组阻抗完全相等，则在发送机与接收机的定子绕组（整步绕组）中流过的电流为

$$
\begin{aligned}
I_{D1} &= \frac{E}{2Z}\cos\theta_1 = I\cos\theta_1 \\
I_{D2} &= I\cos(\theta_1 + 120°) \\
I_{D3} &= I\cos(\theta_1 + 240°)
\end{aligned}
\tag{2.85}
$$

这样，在接收机中由于有三相对称电流流过，也会产生一个圆形旋转磁场，其旋转磁动

势大小为每相脉振磁动势的 1.5 倍，即

$$F = \frac{3}{2} F_1 \tag{2.86}$$

接收机中产生了磁动势，这样在其转子励磁中也会产生感应电动势 E_2。根据不同的应用要求，我们可以将这个电动势适当处理，制成控制式或力矩式自整角机提供给控制系统。

2.8　旋转变压器

顾名思义，旋转变压器就是能够旋转的变压器，其原边、副边分别安置在电动机的定子、转子上，用来测量角度。工程上常把它简称为旋变。根据其输出电压与输入角度信号的函数关系不同，可以分为正弦与余弦旋转变压器和线性旋转变压器等。

1. 旋转变压器的结构与工作原理

如图 2.94 所示，旋转变压器的结构与普通的电动机类似，也分为定子和转子两部分。定子、转子的铁芯由硅钢片叠成，其上分布有齿槽，在齿槽上安放有相互正交的、结构相同的两个绕组。定子绕组的接线引出到接线盒上，转子绕组经由滑环引出到接线盒上。

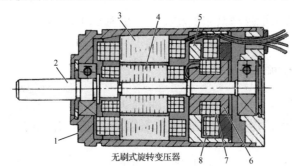

无刷式旋转变压器

1—壳体；2—转子轴；3—定子；4—转子；5—变压器定子；6—变压器转子；7—变压器副边线圈；8—变压器原边线圈

图 2.94　旋转变压器的结构

图 2.95 所示是旋转变压器的工作原理示意图。定子绕组为 $D_1 - D_2$ 和 $D_3 - D_4$，转子绕组为 $Z_1 - Z_2$ 和 $Z_3 - Z_4$。设在定子一相中加交流电压 U_1，则定子中产生一个励磁的脉振磁场 B_D。若转子绕组与定子绕组的轴线夹角为 θ，则转子上会产生感应电动势，于是有

$$
\begin{aligned}
E_{12} &= E_r \cos\theta \\
E_{34} &= E_r \cos(\theta + 90^\circ)
\end{aligned}
\tag{2.87}
$$

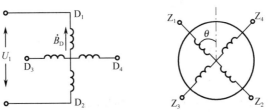

图 2.95　旋转变压器工作原理示意图

式中，E_r——定子和转子绕组轴线重合时的感应电动势。

若原边、副边（定子、转子绕组）的变比为 k，又设定子端的感应电动势为 E_s，则有

$$E_{12} = E_s \cos\theta$$
$$E_{34} = kE_s \cos(\theta + 90°) = -kE_s \sin\theta \tag{2.88}$$

如同普通变压器一样，如果忽略定子阻抗，则定子电动势与定子电压可以认为近似相等，则

$$E_{12} = kU_1 \cos\theta$$
$$E_{34} = -kU_1 \sin\theta \tag{2.89}$$

从式（2.89）可以看出，当定子端的电压维持恒定时，输出的电动势与定子电压保持正弦与余弦关系，因此这种旋转变压器叫做正弦与余弦旋转变压器。

在旋转变压器带上负载以后，输出的电压就不再与定子电压保持正弦与余弦关系，电压波形就会发生畸变。为了消除这种畸变就要进行补偿，补偿方法有原边（定子）补偿和副边（转子）补偿两种。

原边补偿主要是在原边的另一相绕组中接入一定的电阻，用以对交轴起到去磁作用，从而达到补偿波形畸变的目的，也有将原边的另一相绕组直接短接来进行补偿的。

副边补偿是在转子输出端再接一个与负载阻抗相等的阻抗，使交轴方向的磁通减弱或者消失，实现补偿。

线性旋转变压器是在正弦与余弦旋转变压器的基础上，经过一定的补偿和特殊连接方式，在一定角度范围内构成的一种测角装置。

2．旋转变压器在检测中的应用

旋转变压器在测量角度时经常成对使用，图 2.96 是使用一对旋转变压器进行角度测量的原理图。图中左端是用于发送的旋转变压器，右端是用于接收的旋转变压器，在实际使用中常将定子和转子互换使用。发送机的转子绕组加励磁，另一相进行短路补偿，发送机的定子与接收机定子各相相互连接。当发送机和接收机的轴线出现一个角度差 $(\theta_2 - \theta_1)$ 时，绕组 $Z_3'Z_4'$ 就会输出一个与差角的正弦与余弦函数成比例的电动势，在角度差不大的情况下，其输出的电动势与角度差近似成正比。其工作原理与自整角机的测角原理大致相同。

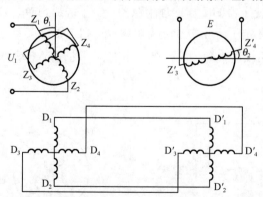

图 2.96　使用一对旋转变压器进行角度测量的原理图

旋转变压器除了可以作为角度检测元件，还可以用做控制系统的解算装置，用以进行三

角函数或反三角函数的运算。

旋转变压器是一种测量精度较高的控制电动机，其精度比自整角机的精度高，如果制成差动测角装置，精度还会进一步提高。但是当采用成对测角的旋转变压器进行检测时，必须有四条接线，比自整角机的接线多。因此，在精度要求一般的情况下，常使用自整角机进行测角，只有在高精度的控制系统中才使用旋转变压器或差动式旋转变压器进行测角的工作。

2.9　测速发电动机

测速发电动机是一种测量旋转机械装置的速度的电磁元件，一般用在控制系统中作为反馈回路的检测元件。它有直流测速发电动机和交流测速发电动机两种。

1. 直流测速发电动机

直流测速发电动机有两种形式：一种是微型的他励直流发电动机，也叫做电磁式直流发电动机；另一种是永磁式直流发电动机，其结构类型与直流发电动机大致相同。我们知道，在他励直流发电动机中电枢反电动势为

$$E_a = K_e \Phi n \tag{2.90}$$

式中，K_e——电动势系数；

　　　Φ——磁通；

　　　n——旋转机械的转动速度。

当电枢端外接其他负载时，有

$$U = E_a - I_a R_a = E_a - \frac{U}{R_L} R_a$$

移项整理得

$$U = \frac{E_a}{1 + \dfrac{R_a}{R_L}} = \frac{K_e \Phi n}{1 + \dfrac{R_a}{R_L}} = Kn \tag{2.91}$$

式中，K——测速发电动机的电压系数，即 $K = \dfrac{K_e \Phi}{1 + \dfrac{R_a}{R_L}}$ 　　　$\tag{2.92}$

由上式可以看出，测速发电动机的输出电压与转速成正比，从理论上讲，这是非常好的线性特性。直流测速发电动机在外界温度、电枢反应等的影响下，其输出特性尚不能保持严格的线性关系，会产生一定的误差。对于这些误差，可以根据其产生原因的不同，分别采用电路网络、结构改进和最高限速等方法对误差进行补偿。

2. 交流测速发电动机

交流测速发电动机的结构与交流异步伺服电机的结构类似，在定子端有两相绕组，转子有空心杯式转子，也有鼠笼式转子。鼠笼式转子的特性比较差，精度不高，其应用受到一定

的限制；空心杯式转子精度较高，惯量小，应用较为广泛。

　　交流测速发电动机的定子上安放有相互正交的两相绕组，如图 2.97 所示。图中，N_1 为励磁绕组，N_2 为输出绕组。当转子静止不动时，给励磁绕组上加单相励磁电压 U_1，绕组中有电流流过，其定子和转子气隙中就产生一个脉振磁场，其磁通为 Φ_{10}，磁通变化会产生感应电动势，感应电动势大小与磁通成正比，此时电动机转子静止，因此在输出绕组 N_2 上没有电压输出。

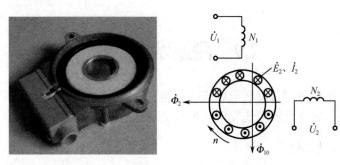

图 2.97　交流测速发电动机及其工作原理示意图

　　当外界机械拖动电动机转子转动时，转子中的导体就会做切割磁力线的运动，产生感应电动势 E_2 和感应电流 I_2，这部分感应电流不断变化又产生了磁场，其磁通为 Φ_2，磁通的大小又与电流 I_2 的大小成正比，也是一个交变的磁通。由电磁感应的基本原理可知，这个磁通与磁通 Φ_{10} 正交。电动机转子不断转动，在输出绕组 N_2 中又会产生一个感应电动势。这个感应电动势与磁通 Φ_2 成正比，而磁通又与转速和电流成正比，这样根据正比的传递关系，就可以得到，在输出绕组 N_2 上会产生一个与电动机转速成线性关系的电动势，将这个电动势引出，就得到了与速度相对应的电动势信号。

　　这是交流发电动机的理想工作情况，在实际应用中存在各种误差。这些误差主要包括非线性误差与相位误差。

　　非线性误差主要是指在理想情况下，交流测速发电动机的输出电压与转子的转速应该保持正比线性关系，但在实际的交流测速发电动机的输出特性中并不能保持这样的关系，而是与线性关系的直线之间有一个误差，这个误差就叫做非线性误差。交流测速发电动机的非线性误差主要是由于在电动机运行过程中，不能保证磁通 Φ_{10} 不变，从而影响输出电压与转子转速之间的线性关系。要减小交流测速发电动机的非线性误差，就必须减小励磁绕组的漏阻抗，并选用高电阻率材料制作电动机的转子。

　　一般来说，希望交流测速发电动机的输出电压与励磁电压同相位，但在实际的应用中，输出电压与励磁电压的相位却是有一定的相位差的。相位误差就是在一定的转速范围内，输出电压与励磁电压之间的相位差值。要减小交流测速发电动机的相位误差，主要通过在励磁绕组上串接一定的电容来进行补偿。此外，在交流发电动机带上一定的负载后，其输出的幅值与相位还会受到一定的影响，而且转速也不能超过一定的限度，否则输出的线性度也会受到一定的影响。

　　与直流测速发电动机相比，交流测速发电动机的结构简单，稳定性较好，而且不需要电刷和换向器，从而避免了换向带来的一系列问题；但是也存在一定的相位误差和剩余电压，输出特性与负载的性质有很大关系。在实际应用中，应根据工程的实际需要选择不同的测速发电动机。

思　考　题

图文：参考答案

2.1　并励直流发电动机正传时可以自励，反转时能否自励？

2.2　一台并励直流电动机的技术数据如下：P_N =5.5kW，U_N =110V，I_N =61A，额定励磁电流 I_N =2A，n_N =1500r/min，电枢电阻 R_a =0.2Ω，若忽略机械磨损和转子的铜耗、铁损，认为额定运行状态下的电磁转矩近似等于额定输出转矩，试绘出它近似的固有机械特性曲线。

2.3　为什么直流电动机直接启动时启动电流很大？

2.4　直流他励电动机启动时，为什么一定要先把励磁电流加上？若忘了先合励磁绕阻的电源开关就把电枢电源接通，这时会产生什么现象？（试从 T_L=0 和 T_L=T_N 两种情况加以分析）当电动机运行在额定转速下，若突然将励磁绕阻断开，此时又将出现什么情况？

2.5　直流串励电动机能否空载运行？为什么？

2.6　直流电动机的电动与制动两种运转状态的根本区别是什么？

2.7　在直流电动机中，为什么要用电刷和换向器，它们起到什么作用？

2.8　直流发电动机和直流电动机的电枢电动势的性质有何区别？它们是怎样产生的？直流发电动机和直流电动机的电磁转矩的性质有何区别？它们又是怎样产生的？

2.9　三相异步电动机正在运行时，转子突然被卡住，这时电动机的电流会如何变化？对电动机有何影响？

2.10　异步电动机的气隙为什么要做得很小？

2.11　三相异步电动机断了一根电源线后，为什么不能启动？而在运行时断了一根电源线，为什么仍能继续转动？这两种情况对电动机将产生什么影响？

2.12　有一台三相异步电动机，其技术数据见表 2.3。

表 2.3　三相异步电动机技术数据

型号	P_N/kW	U_N/V	满 载 时				I_{st}/I_N	T_{st}/T_N	T_m/T_N
			n_N/r · min^{-1}	I_N/A	$\eta_N \times 100$	cosΦ			
Y132S-6	3	220/380	960	12.8/7.2	83	0.75	6.5	2.0	2.0

试求：① 线电压为 380V 时，三相定子绕组应如何连接？

② 求 n_0，p，S_N，T_N，T_{st}，T_m 和 I_{st}；

③ 额定负载时电动机的输入功率是多少？

2.13　异步电动机有哪几种调速方法？各种调速方法有何优缺点？

2.14　什么叫恒功率调速？什么叫恒转矩调速？

2.15　同步电动机的工作原理与异步电动机的工作原理有何不同？

2.16　为什么可以利用同步电动机来提高电网的功率因数？

2.17　有一台交流伺服电机，若加上额定电压，电源频率为 50Hz，极对数 p=1，试问它的理想空载转速是多少？

2.18 何谓"自转"现象？交流伺服电机是怎样克服这一现象，使其当控制信号消失时能迅速停止的？

2.19 为什么多数数控机床的进给系统宜采用大惯量直流电动机？

2.20 一台直流测速发电动机，已知 $R_a=180\Omega$，$n=3000r/min$，$R_L=2000\Omega$，$U=50V$，求该转速下的输出电流和空载输出电压。

2.21 直线电动机与旋转电动机相比有哪些优缺点？

2.22 步进电机的运行特性与输入脉冲频率有什么关系？

2.23 步进电机对驱动电路有何要求？

2.24 使用步进电机需注意哪些主要问题？

2.25 步距角的含义是什么？一台步进电机可以有两个步距角，如 3°/1.5°，这是什么意思？什么是单三拍、单双六拍和双六拍？

2.26 一台五相反应式步进电机，采用五相十拍运行方式时，步距角为 1.5°，若脉冲电源的频率为 3000Hz，试问转速是多少？

FX 系列 PLC 硬件与基本逻辑指令

1. 了解 FX 系列 PLC 的编程语言及各自的优缺点；
2. 了解 FX 系列 PLC 梯形图中编程元件的作用及特点；
3. 掌握 FX 系列 PLC 指令系统及编程方法；
4. 掌握三菱 PLC 编程软件使用方法。

3.1　三菱 FX 系列 PLC

3.1.1　FX 系列 PLC 硬件及性能

FX 系列 PLC 是三菱公司从 F、F1、F2 系列发展起来的小型 PLC 系列产品，FX 系列产品包括 4 种基本类型（如图 3.1 所示）：FX_{1S}、FX_{1N}、FX_{2N}、FX_{3U}（早期还有 FX_0 系列），性能依次提高（见表 3.1）。FX 系列 PLC 适合大多数单机控制场合，是三菱公司 PLC 产品中用量最大的 PLC 系列产品。

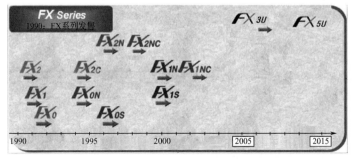

图 3.1　FX 系列 PLC 发展历史

FX_{1S} 系列 PLC 为超小型 PLC。该系列有 16 种基本模块，10～30 个 I/O 点，用户存储器

（EEPROM）容量为 2000 步。

FX$_{2N}$ 系列 PLC 的功能强，速度高。它的基本指令执行速度为 0.08μs/条，内置的用户存储器为 8K 步，可以扩展到 16K 步，最大可以扩展到 256 个 I/O 点，有多种特殊功能模块或功能扩展板，可以实现多轴定位控制。机内有实时时钟，PID 指令用于模拟量闭环控制。

FX$_{3U}$ 和 FX$_{3UC}$ 系列 PLC 是三菱公司为适应用户需求而开发出来的第三代微型 PLC，需要使用 V8.23Z 以上版本的 GX Developer 编程软件。

表 3.1　FX 系列 PLC 性能比较

系列名称	最大 I/O 点	可扩展性	最大程序容量（步）	内置存储器类型	是否需要电池
FX$_{0S}$	30	不可扩展	800	EEPROM	不需要
FX$_{1S}$	30	不可扩展	2000	EEPROM	不需要
FX$_{0N}$	128	可扩展	2000	EEPROM	不需要
FX$_{1N}$	128	可扩展	8000	EEPROM	不需要
FX$_{2N}$/FX$_{2NC}$	256	可扩展	8000（可加扩展存储盒）	RAM	需要
FX$_{3U}$/FX$_{3UC}$/FX$_{3G}$	256（FX$_{3U}$ 加 CC-LINK 384）	可扩展	FX$_{3U}$/FX$_{3UC}$: 64000 FX$_{3G}$: 3200（可加扩展存储盒）	RAM	需要
FX$_{5U}$	256（FX$_{5U}$ 加 CC-LINK 512）	可扩展	64000（128K 字节、快闪存储器）	RAM	不需要

1. FX 系列 PLC 命名体系

$$\underset{①}{\underline{FX_{3U}}} - \underset{②}{\underline{16}} \underset{③}{\underline{M}} \underset{④}{\underline{R}} / \underset{⑤}{\underline{ES}}$$

① 系列名称：0、2、0S、1S、0N、1N、2N、2NC、3U、5U 等。

② I/O（输入/输出）总点数：8、16、32、48、64 等。

③ 模块类型：

● M——基本模块；

● E——输入输出混合扩展模块；

● EX——扩展输入模块；

● EY——扩展输出模块。

④ 输出方式：

● R——继电器输出型。为有触点输出方式，用于接通或断开开关频率较低的直流负载或交流负载回路。

● S——晶闸管（可控硅）输出型。为无触点输出方式，用于接通或断开开关频率较高的交流电源负载。

● T——晶体管输出型。为无触点输出方式，用于接通或断开开关频率较高的直流电源负载。

⑤ 电源形式：

● 无——AC 电源，漏型输出；

● E——AC 电源，漏型输入、漏型输出；

● ES——AC 电源，漏型/源型输入、漏型/源型输出；

- ESS——AC 电源，漏型/源型输入、源型输出（仅晶体管输出）；
- UA1——AC 电源，AC 输入；
- D——DC 电源，漏型输入、漏型输出；
- DS——DS 电源，漏型/源型输入、漏型输出；
- DSS——DS 电源，漏型/源型输入、源型输出（仅晶体管输出）。

2．FX 系列 PLC 输入输出

（1）关于 PLC 输出的接线。

在 FX$_{2N}$ 之前，三菱 PLC 晶体管均为漏型输出，在 FX$_{3U}$ 之后，三菱 PLC 的输出既有源型输出又有漏型输出，关于两种输出形式的接线如图 3.2 所示。

COM 分组接线：相同性质（交、直流）、相同幅值电源设备可接同一个 COM，如图 3.2（a）所示。负载过大的要接继电器、接触器等放大功率。

同号接线：Y0——Y0，如图 3.2（b）所示。

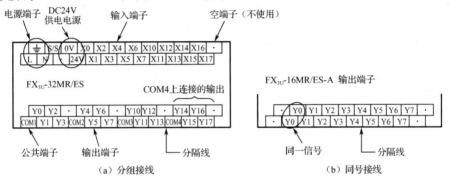

图 3.2　FX$_{3U}$ 系列 PLC 接线

（2）针对负载短路的保护回路。

当连接在输出端子上的负载短路时，有可能烧坏输出元器件或者印制电路板。在输出电路中加入起保护作用的熔丝。一般选用容量约为负载电流 2 倍的负载驱动用电源。

3.1.2　常用 FX 系列 PLC

1．FX$_{2N}$ PLC

FX$_{2N}$ PLC 的外形如图 3.3 所示。

图 3.3　FX$_{2N}$ PLC 的外形

FX$_{2N}$ PLC 的输入和输出性能见表 3.2 和表 3.3。

表 3.2　FX$_{2N}$ PLC 的输入技术指标

输入电压	DC 24V±10%	
元件号	X0～X7	其他输入点
输入信号电压	DC 24V±10%	
输入信号电流	DC 24V，5mA	DC 24V，7mA
输入开关电流 OFF→ON	>3.5mA	>4.5mA
输入开关电流 ON→OFF	<1.5mA	
输入响应时间	10ms	
可调节输入响应时间	X0～X17 为 0～60ms（FX$_{2N}$），其他系列约为 10ms	
输入信号形式	无电压触点，或 NPN 集电极开路输出晶体管	
输入状态显示	输入 ON 时 LED 灯亮	

表 3.3　FX$_{2N}$ PLC 的输出技术指标

项目		继电器输出	晶闸管输出（仅 FX$_{2N}$）	晶体管输出
外部电源		最大 240V AC 或 30V DC	85～242V AC	5～30V DC
最大负载	电阻负载	2A/点，8A/COM	0.3A/点，0.8A/COM	0.5A/点，0.8A/COM
	感性负载	80V·A，120/240V AC	36V·A/240V AC	12W/24V DC
	灯负载	100W	30W	0.9W/240V DC（FX$_{1S}$），其他系列 1.5W/24V DC
最小负载		电压<5V DC 时 2mA，电压<24V DC 时 5mA（FX$_{2N}$）	2.3V·A/240V AC	/
响应时间	OFF→ON	10ms	1ms	<0.2ms；<5μs（仅 Y0，Y1）
	ON→OFF	10ms	10ms	<0.2ms；<5μs（仅 Y0，Y1）
开路漏电流		/	2mA/240V AC	0.1mA/30V DC
电路隔离		继电器隔离	光电晶闸管隔离	光电耦合器隔离
输出动作显示		线圈通电时 LED 亮		

（1）接线端子。

外接电源端子：PLC 的外部电源端子 L（火线）、N（零线）、地，这部分端子用于外接 PLC 的外部电源（AC 220V）。

输入公共端子 COM：在外接传感器、按钮、行程开关等外部信号元件时必须接的一个公共端子。

+24V 电源端子：PLC 自身为外部设备提供的直流 24V 电源，多用于三端传感器。

X 端子：为输入（IN）继电器的接线端子，是将外部信号引入 PLC 的必经通道。

Y 端子：为输出（OUT）继电器的接线端子，是将 PLC 指令执行结果传递到负载侧的必经通道。当负载额定电流、功率超过接口指标时，用接触器、继电器等放大输出。

输出公共端子 COM：此端子为 PLC 输出公共端子，是 PLC 连接交流接触器线圈、电磁阀线圈、指示灯等负载时必须连接的一个端子。继电器输出控制设备既有直流电源又有交流电源时，可将相同性质、相同幅值电源设备接同一个 COM 端。切忌将不同电源设备接在同一个 COM 端。

（2）状态指示灯。

如图 3.4 所示，PLC 的状态指示灯指示 PLC 的运行状态，详细说明见表 3.4。

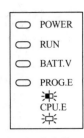

图 3.4　状态指示灯

表 3.4　状态指示灯说明

指示灯	指示灯的状态与当前运行的状态
POWER 电源指示灯（绿灯）	PLC 接通 220V 交流电源后，该灯点亮，正常时仅有该灯点亮，表示 PLC 处于编辑状态
RUN 运行指示灯（绿灯）	当 PLC 处于正常运行状态时，该灯点亮
BATT.V 内部锂电池电压低指示灯（红灯）	如果该指示灯点亮，说明锂电池电压不足，应更换。3.6V 锂电池不可充电，型号为 F2-40BL，寿命为 5 年（建议每 4～4.5 年更换一次），更换时请断开 PLC 电源（带 RAM 存储盒时为 3 年）
PROG.E（CPU.E）程序出错指示灯（红灯）	如果该指示灯闪烁，说明出现以下类型的错误： ① 程序有语法错误； ② 锂电池电压不足； ③ 定时器或计数器未设置常数； ④ 干扰信号使程序出错； 如果程序执行时间超出允许时间，则此灯连续亮。

（3）通信接口。

如图 3.5 所示，通信接口用于连接手编器或计算机。编程电缆与 PLC 的↓箭头对齐插入。

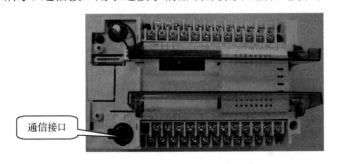

通信接口

动画视频：编程电缆连接

图 3.5　FX$_{2N}$ PLC 通信接口

2. FX$_{3U}$ PLC

（1）FX$_{3U}$ PLC 概述。

FX$_{3U}$ PLC 的外形及端子排列如图 3.6 所示，其基本指令执行速度达到了 0.065μs/条；内置了高达 64K 步的大容量 RAM 存储器，大幅增加了内部软元件的数量；强化了指令的功能，提供了多达 209 条的应用指令，包括与三菱变频器通信的指令、CRC 计算指令、随机数产生指令等。

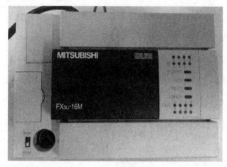

（a）外形   （b）端子排列

图 3.6   FX₃U PLC 的外形及端子排列

晶体管输出型 PLC 的基本模块内置了 3 轴独立、最高频率为 100kHz 的定位功能，并且增加了新的定位指令，包括带 DOG 搜索的原点回归指令（DSZR）、中断单速定位指令（DVIT）和表格设定定位指令（TBL），从而使定位控制功能更加强大，使用更加方便。此外，还内置可 6 点同时最高达 100kHz 频率输入的高速计数功能，双相计数时可以进行 4 倍频计数。

增强了通信功能，其内置的编程口可以达到 115.2kbps 的高速通信，而且最多可以同时使用 3 个通信口（包括编程口在内）。

新增了高速输入输出适配器、模拟量输入输出适配器和温度输入适配器，这些适配器不占用系统点数，使用方便，在 FX₃U 的左侧最多可以连接 10 台特殊适配器。其中通过使用高速输入适配器可以实现最多 8 路、最高频率为 200kHz 的高速计数；通过使用高速输出适配器可以实现最多 4 轴、最高频率为 200kHz 的定位控制。继电器输出型 PLC 的基本模块上也可以通过连接适配器进行定位控制。

通过 CC-Link 网络扩展可以实现最高 84 点（包括远程 I/O 在内）的控制。

可以选装高性能的显示模块（FX₃U-7DM），可以显示用户自定义的英文、数字和日文、汉字信息，最多能够显示半角 16 个字符（全角 8 个字符）×4 行。在该模块上可以进行软元件的监控、测试，时钟的设定，存储器卡盒与内置 RAM 间程序的传送、比较等操作。另外，还可以将该显示模块安装在控制柜的面板上。

FX₃U PLC 需要 GX Developer 8.23Z 以上版本编程软件。

（2）FX₃U PLC 与 FX₂N PLC 指令执行时间比较。

FX₃U PLC 与三菱第二代 FX₂N PLC 相比在基本指令和应用指令上实现了 4 倍以上的高速化，详见表 3.5。

表 3.5   FX₃U PLC 与 FX₂N PLC 指令执行时间比较

项　目	FX₃U	FX₂N
接点指令	0.065μs	0.08μs
定时器	0.706 μs	43μs
计数器	0.706 μs	26μs
应用指令	0.642 μs	1.52μs

（3）FX₃U PLC 面板。

FX₃U PLC 面板如图 3.7 所示。

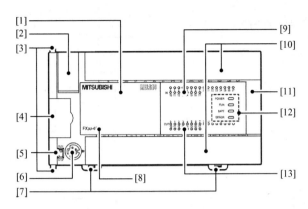

图 3.7　FX₃ᵤ PLC 面板

[1] 前盖；[2] 电池盖；[3] 特殊适配器连接用插孔（2 处）；[4] 功能扩展端口部虚拟盖板；[5] RUN/STOP 开关；[6] 外部设备连接用接口；[7] DIN 导轨安装用挂钩；[8] 型号显示（简称）；[9] 输入显示 LED（红）；[10] 端子台盖板；[11] 扩展设备连接用接口盖板；[12] 动作状态显示，具体为 POWER/绿在通电状态时亮灯，RUN/绿在运行中亮灯，BATT/红在电池电压过低时亮灯，ERROR/红在程序出错时闪烁，CPU/红在出错时亮灯；[13] 输出显示 LED（红）。

（4）漏型/源型输入。

由于输入输出扩展模块分为漏型/源型输入通用型和漏型输入专用型两种，所以选择时应格外注意。FX₃ᵤ PLC 的输入根据外部接线，漏型输入和源型输入都可使用。但是，[S/S]端子的接线一定要连接。[0V]、[24V]端子接线为短路连接。3 线式传感器与漏型/源型输入接线如图 3.8 所示，2 线式传感器与漏型/源型输入接线如图 3.9 所示。

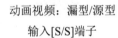

动画视频：漏型/源型输入[S/S]端子

● 漏型输入（日本）：电流从端口流入，又叫电流输入型；连接[24V]端子和[S/S]端子。
● 源型输入（中国）：电流从端口流出，又叫电流输出型；连接[0V]端子和[S/S]端子。

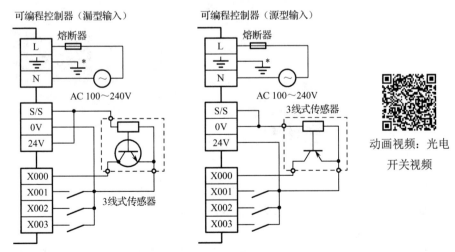

动画视频：光电开关视频

图 3.8　3 线式传感器与漏型/源型输入接线

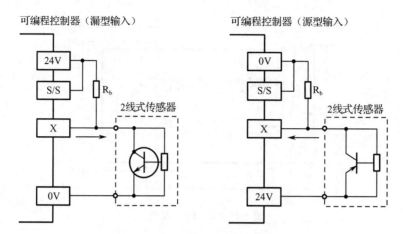

图 3.9　2 线式传感器与漏型/源型输入接线

（5）定位与计数功能。

FX_{3U} PLC 与之前的 FX 系列产品相比，其定位功能和计数功能得到了很大的提高。主要有以下几点：

- PLC 主体的脉冲输出由两个增加到三个；
- 定位指令增加；
- 可扩展高速脉冲输出模块 FX_{3U}-2HSY-ADP，用于定位；
- 可扩展定位模块 FX_{3U}-20SSC-H，用于定位；
- 可连接 FX 系列之前的定位模块。
- 内置可 6 点同时最高达 100kHz 频率输入的高速计数器，如图 3.10 所示。

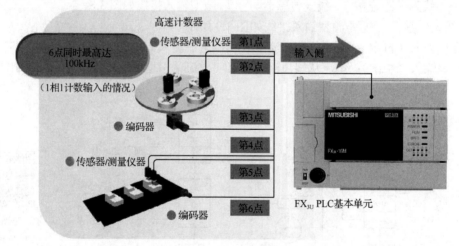

图 3.10　高速计数器

- 内置 3 轴独立、最高频率为 100kHz 的定位功能，如图 3.11 所示。

（6）伺服功能。

FX_{3U} PLC 增加了 FX_{3U}-20SSC-H 定位特殊功能模块，实现了通过微型 PLC 对伺服全系统的控制调节一体化。

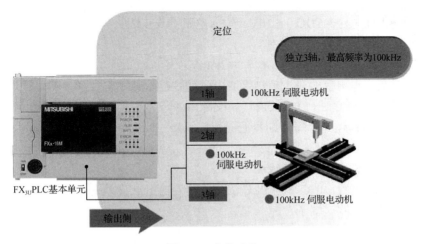

图 3.11　定位功能

3. FX₅ᵤ PLC

FX₅ᵤ PLC 的外形如图 3.12 所示。FX₅ᵤ 特性如下。

图 3.12　FX₅ᵤ PLC 的外形

（1）内置模拟量输入。

● 模拟量输入点数：2 点；

● 模拟量输入（电压）：DC 0～10V（输入电阻 115.7kΩ）；

● 数字输入：12 位无符号二进制；

● 数字输入为 0～4000；最大分辨率为 2.5mV；

● 精度（对数字输入值的最大值精度）：环境温度为 25±5℃时±0.5%以内（±20digit）；
环境温度为 0±55℃时±1.0%以内（±40digit）。

● 变换速度：30μs/通道（每周期数据更新速度）；

● 绝对最大输入：−0.5V，+15V；

● 绝缘方式：PLC 内部为非绝缘，输入端子间（通道间）为非绝缘；

● 输入输出占用点数：0 点（与 PLC 的最大输入输出点数无关）；

● 使用的端子台：欧式端子台。

（2）内置模拟量输出。

● 模拟量输出点数：1 点；

- 模拟量输出（电压）：DC 0～10V（输入电阻 115.7kΩ）；
- 数字输出：12 位无符号二进制；
- 数字输出为 0～4000；最大分辨率为 2.5mV。
- 精度（对数字输出值的最大值精度）：环境温度为 25±5℃时±0.5%以内（±20digit）；环境温度为 0±55℃时±1.0%以内（±40digit）。
- 变换速度：30μs/通道（每周期数据更新速度）；
- 绝对最大输入：-0.5V，+15V；
- 绝缘方式：PLC 内部为非绝缘；
- 输入输出占用点数：0 点（与 PLC 的最大输入输出点数无关）；
- 使用的端子台：欧式端子台。

（3）内置 RS-485 通信。

- 传送规格：RS-485/RS-422 规格标准；
- 数据传送速度：最大 115.2kbps；
- 通信模式：全双工/半双工；
- 最大传送距离：50m；
- 对应协议：MELSOFT 连接、MC 协议（3C/4C 帧）、无顺序通信、MODBUS RTU、INV 通信、简易 PC 间通信、通信支援协议；
- 电路绝缘：非绝缘；
- 终端电阻：内置（OPEN/110Ω/330Ω）；
- 使用的端子台：欧式端子台。

（4）内置 Ethernet 通信。

- 数据传送速度：100/10Mbps；
- 通信模式：全双工/半双工；
- 端口：RJ45 连接器；
- 传送方法：基带；
- 最大区段长（集线器与节点之间的长度）：100m；
- 级联连接段数：100BASE-TX 最大 2 段、10BASE-T 最大 4 段；
- 对应协议：MELSOFT 连接、SLMP（3E/4E 帧）、套接字通信、通信支援协议；
- 连接数：MELSOFT 连接、SLMP、套接字通信、通信支援协议合计为 8 个（1 个 CPU 模块上可同时登录的外部设备数最多为 8 台）；
- 电路绝缘：脉冲变压绝缘；
- 使用电缆：对于 100BASE-TX，Ethernet 标准对应电缆 5 类以上（STP 电缆）；对于 10BASE-T，Ethernet 标准对应电缆 3 类以上（STP 电缆）。

（5）内置定位控制。

- 控制轴数：独立 4 轴（2 轴同时启动的简易线性插补）（脉冲输出模式为 CW/CCW 模式时，可实现 2 轴控制）；
- 最大频率数：2147483647（脉冲换算为 200kpps）；
- 定位程序：PLC 程序，表格运行；
- 对应的 CPU 模块：晶体管输出型；

- 脉冲输出指令：1 种（PLSY）；
- 定位：8 种脉冲输出形式（DSZR，DVIT，TBL，PLSV，DRVI，DRVA，DRVTBL，DRVMUL）。

DSZR、DDSZR：16 位/32 位数据带狗搜索原点复位。指定了 FX₃ 兼容操作数的情况，指定近点狗信号、零点信号及软元件（Y）。在指定的软元件（Y）中输出脉冲，执行原点复位动作。指定了 FX₅ 操作数的情况，指定原点复位速度、蠕变速率及轴编号。在指定的轴编号中输出脉冲，执行原点复位动作。

DVIT、DDVIT：16 位/32 位数据中断定位。指定了 FX₃ 兼容操作数的情况，根据指定的移动量、速度、软元件（Y）进行中断定位。指定了 FX₅ 操作数，根据指定的移动量、速度、轴编号进行中断定位。

TBL：通过一个表格运行进行定位。指定了 FX₃ 兼容操作数的情况，从设置了参数的表格中将表格 1 通过指定的软元件（Y）进行脉冲输出。指定了 FX₅ 操作数的情况，从设置了参数的表格中将表格 1 通过指定的轴编号进行脉冲输出。

DRVTBL：通过多表格运行进行定位，从设置了参数的表格中将连续的多个表格通过指定的轴编号进行脉冲输出。

（6）内置高速计数。

高速计数种类：1 相 1 输入（S/W）、1 相 1 输入（H/W）、1 相 2 输入、2 相 2 输入[1 倍增]（最大频率 200kHz）、2 相 2 输入[3 倍增]（最大频率 100kHz）、2 相 2 输入[4 倍增]（最大频率 50kHz）。

中断输入：由相关参数设定；

高速计数指令：包括高速处理指令和高速当前值传送指令。

① 高速处理指令。

- 32 位数据比较置位（DHSCS）：（s2）中指定的 CH 的高速计数器当前值变为（s1）中指定的值时，（d）的位软元件将变为 ON。
- 32 位数据比较复位（DHSCR）：（s2）中指定的 CH 的高速计数器当前值变为（s1）中指定的值时，将（d）的位软元件置为 OFF。
- 32 位数据区间比较（DHSZ）：比较高速计数器的当前值是否在（s1）、（s2）中指定的值的范围内。
- 16 位/32 位数据高速输入输出功能开始/停止（HIOEN、HIOENP、DHIOEN、DHIOENP）：在指定的 CH 中选择要开始/停止的高速输入输出指令。

② 高速当前值传送指令。16 位/32 位数据高速当前值传送（HCMOV、HCMOVP、DHCMOV、DHCMOVP），传送高速输入输出指令的当前值。

（7）外部设备通信指令。

串行数据传送 2（RS2）：通过无协议通信收发数据。

MODBUS 指令（ADPRW）：MODBUS 串行通信的主站向从站发送功能码来进行读取和写入。

（8）变频器通信指令。

- 变频器的运行监视（IVCK）：从指定的变频器站号中读取对应的指令码内容。
- 变频器的运行控制（IVDR）：向指定的变频器站号写入对应的指令码内容。

- 读出变频器的参数（IVRD）：从指定的变频器站号中读取参数。
- 写入变频器的参数（IVWR）：向指定的变频器站号写入参数。
- 变频器参数的成批写入（IVBWR）：向指定的变频器站号成批写入指定的数据表范围。
- 变频器的多个指令（IVMC）：按照收发数据类型，对指定的变频器站号进行数据收发。

3.1.3 FX 系列 PLC 功能扩展

1. FX$_{2N}$ 系列 PLC 基本模块和特殊功能模块

基本模块或主机可通过扩展增加 I/O 点数，见表 3.6。

图文：扩展模块 8ER

表 3.6 FX$_{2N}$ 基本模块扩展

型　号	规　格		型　号	规　格	
	输　入	输　出		输　入	输　出
扩 展 模 块			输 入 模 块		
FX$_{2N}$-32ER	16 点	16 点	FX$_{2N}$-8EX	8 点	/
FX$_{2N}$-32ES			FX$_{2N}$-8EX-UA1/UL	16 点	/
FX$_{2N}$-32ET			FX$_{2N}$-16EX		
FX$_{2N}$-48ER	24 点	24 点	FX$_{2N}$-16EX-C		
FX$_{2N}$-48ET			FX$_{2N}$-16EXL-C		
FX$_{2N}$-48ER-D			FX$_{2NC}$-16EX-T		
FX$_{2N}$-48ET-D			FX$_{2NC}$-16EX		
FX$_{2N}$-48ER-UA1/UL			FX$_{2NC}$-32EX	32 点	/
FX$_{0N}$-40ER	24 点	16 点	输 出 模 块		
FX$_{0N}$-40ET			FX$_{2N}$-8EYR	/	8 点
FX$_{0N}$-40ER-D			FX$_{2N}$-8EYT		
输 入 输 出 混 合 模 块			FX$_{2N}$-8EYT-H	/	16 点
FX$_{2N}$-8ER	4 点	4 点	FX$_{2N}$-16EYR		
FX$_{2NC}$-64ET	32 点	32 点	FX$_{2N}$-16EYS		
			FX$_{2N}$-16EYT		
			FX$_{2N}$-16EYT-C		
			FX$_{2NC}$-16EYR-T		
			FX$_{2NC}$-16EYT		
			FX$_{2NC}$-32EYT	/	32 点

特殊功能单元又称特殊功能模块（见表 3.7），它没有中央处理器，不能单独使用，只能通过电缆与基本模块相连接，以拓宽其控制领域。三菱 FX 系列的特殊功能模块包括模拟量输入模块、模拟量输出模块、高速计数模块、脉冲发生器模块和定位控制模块等。

表 3.7　FX$_{2N}$ 特殊功能模块

名　称	型　号	名　称	型　号
模拟量输入模块	FX$_{2N}$-2AD	高速计数模块	FX$_{2N}$-1HC
模拟量输入模块	FX$_{2N}$-4AD	脉冲发生器模块	FX$_{2N}$-1PG
模拟量输入模块	FX$_{2N}$-8AD	定位控制模块	FX$_{2N}$-10GM
温度输入模块	FX$_{2N}$-4AD-PT	定位控制模块	FX$_{2N}$-20GM
温度输入模块	FX$_{2N}$-4AD-TC	通信接口	FX$_{2N}$-232-BD
模拟量输出模块	FX$_{2N}$-2DA	通信接口	FX$_{2N}$-485-BD
模拟量输出模块	FX$_{2N}$-4DA	通信接口	FX$_{2N}$-422-BD
温度控制模块	FX$_{2N}$-2LC	接口模块	FX$_{2N}$-2321F

（1）对于扩展模块的 X/Y，从基本模块开始顺次分配其编号即可，它们的使用方法与基本模块的 X/Y 相同。

（2）对于特殊功能模块，由基本模块开始，从左往右依次以 0、1、…、7 分配各模块的模块号。PLC 控制系统配置如图 3.13 所示。

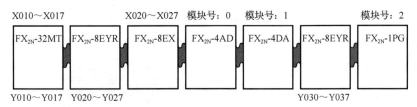

图 3.13　PLC 控制系统配置

在配置 PLC 控制系统时，必须遵循以下规则。

● 连接的扩展模块和特殊功能模块消耗的 5V 电源在基本模块能提供的 5V 容量以内；

● 基本模块 I/O 点数+扩展模块 I/O 点数+各特殊功能模块占用的 I/O 点数≤256 点；

● 特殊功能模块总数最大为 8 块。

2. FX$_{3U}$ 系列 PLC 基本模块和特殊功能模块

FX$_{3U}$ PLC 可以连接 FX$_{2N}$ 输入输出扩展模块和 FX$_{2N/0N}$ 特殊功能模块，见表 3.8。

表 3.8　FX$_{3U}$ PLC 可使用的低版本模块

名　称	型　号
输入扩展模块	FX$_{2N}$-8EX，FX$_{2N}$-8EX-UA1/UL FX$_{2N}$-16EX，FX$_{2N}$-16EX-C，FX$_{2N}$-16EXL-C
输出扩展模块	FX$_{2N}$-8EYR，FX$_{2N}$-8EYT，FX$_{2N}$-8EYT-H FX$_{2N}$-16EYR，FX$_{2N}$-16EYT，FX$_{2N}$-16EYT-C，FX$_{2N}$-16EYS
输入/输出扩展模块	FX$_{2N}$-8ER，FX$_{2N}$-32ER，FX$_{2N}$-32ES，FX$_{2N}$-32ET FX$_{2N}$-48ER，FX$_{2N}$-48ET，FX$_{2N}$-48ER-UA1/UL

续表

名　称	型　号
模拟量输入特殊功能模块	FX$_{2N}$-2AD，FX$_{2N}$-4AD，FX$_{2N}$-8AD
模拟量输出特殊功能模块	FX$_{2N}$-2DA，FX$_{2N}$-4DA
模拟量混合特殊功能模块	FX$_{0N}$-3A，FX$_{2N}$-5A
温度输入特殊功能模块	FX$_{2N}$-4AD-TC，FX$_{2N}$-4AD-PT，FX$_{2N}$-8AD
温度控制特殊功能模块	FX$_{2N}$-2LC
定位控制特殊功能模块	FX$_{2N}$-1HC，FX$_{2N}$-1PG，FX$_{2N}$-10PG FX$_{2N}$-1RM-SET，FX$_{2N}$-10GM，FX$_{2N}$-20GM
通信/网络特殊功能模块	FX$_{2N}$-232IF，FX$_{2N}$-32CCL，FX$_{2N}$-16CCL-M FX$_{2N}$-16CL-M，FX$_{2N}$-32ASI-M

FX$_{3U}$ PLC 可同时使用最大 10 台特殊适配器和 CNV 功能扩展板；可同时使用最大 9 台特殊适配器和 RS-422/RS-485/RS-232/USB 扩展板，如图 3.14 所示。

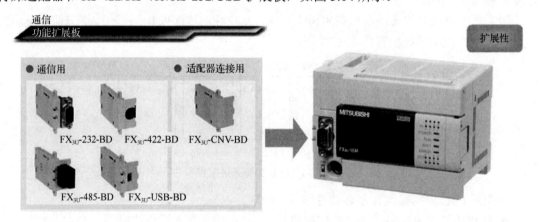

图 3.14　FX$_{3U}$ PLC 的扩展

FX$_{3U}$ PLC 可使用的外围设备见表 3.9。

表 3.9　FX$_{3U}$ PLC 可使用的外围设备

区　分	机　型	指 令 范 围
现有的外围设备	FX$_2$ 或 FX$_{2N}$	在被选机型和 FX$_{3U}$ 都有的指令范围
GX Developer Ver. 8.23Z	FX$_{3U}$	FX$_{3U}$ 所有软元件和指令
GOT 1000	FX 系列	FX$_{3UC}$ 的指令范围
GOT（F900/A900）	FX 系列	FX$_{2N}$ 和 FX$_{3U}$ 都有的指令范围

3．FX$_{5U}$ 系列 PLC 基本模块和特殊功能模块

FX$_{5U}$ PLC 的扩展模块见表 3.10。

表 3.10　FX₅U PLC 的扩展模块

名　称	型　号
输入扩展模块	FX₅-8EX/ES、FX₅-16EX/ES（端子台连接） FX₅-C32EX/D、FX₅-C32EX/DS（连接器连接）
输出扩展模块	FX₅-8EYR/ES、FX₅-8EYT/ES、FX₅-8EYT/ESS、FX₅-16EYR/ES、FX₅-16EYT/ES、FX₅-16EYT/ESS（端子台连接） FX₅-C32EYT/D、FX₅-C32EYT/DSS（连接器连接）
输入/输出扩展模块	FX₅-32ER/ES、FX₅-32ET/ES、FX₅-32ET/ESS（端子台连接） FX₅-C32ET/DSS、FX₅-C32ET/D（连接器连接）
模拟量输入特殊功能模块	FX₅-4AD-ADP
模拟量输出特殊功能模块	FX₅-4DA-ADP
其他特殊功能模块	FX₅-40SSC-S：简单的运动/定位模块，4 轴（FX₅UC 连接时必须用 FX₅-CNV-IFC） FX₅-CNV-BUS：总线转换模块 FX₅-232-BD：RS-232C 通信板，只用于 FX₅U，最多连 1 台 FX₅-232ADP：RS-232C 通信接口，可用于 FX₅U、FX₅UC，最多连 2 台 FX₅-485-BD：RS-485 通信板，只用于 FX₅U，最多连 1 台 FX₅-485ADP：RS-485 通信接口，可用于 FX₅U、FX₅UC，最多连 2 台 FX₅-1PSU-5V：FX₅ 扩展电源模块，内部 DC 5V/1.2A，DC 24V/0.3A

3.2　FX 系列 PLC 编程元件的编号及功能

不同厂家、不同系列的 PLC，其内部软继电器的功能和编号都不相同，因此在编制程序时，必须熟悉所选用 PLC 的软继电器的功能和编号。FX 系列产品内部的编程元件，也就是支持该机型编程语言的软元件，按通俗叫法分别称为继电器、定时器、计数器等，但它们与真实元件有很大的差别，所以一般又称它们为"软继电器"。FX 系列 PLC 软继电器编号由字母和数字组成，其中输入继电器和输出继电器用八进制数字编号，其他软继电器均采用十进制数字编号。

一般情况下，X 代表输入继电器，Y 代表输出继电器，M 代表辅助继电器，SPM 代表专用辅助继电器，T 代表定时器，C 代表计数器，S 代表状态继电器，D 代表数据寄存器，MOV 代表传输等。

常数用 K、H 表示，其中 K 代表十进制常数，H 代表十六进制常数。指针包括分支和子程序用的指针（P）以及中断用的指针（I）。

1. 输入/输出继电器（X/Y）

（1）输入继电器（X）。

PLC 的输入端子是从外部开关接收信号的窗口，PLC 内部与输入端子连接的输入继电器 X 采用光电隔离的电子继电器，它们的编号与接线端子编号一致（按八进制输入），线圈的吸合或释放只取决于 PLC 外部触点的状态。内部有常开、常闭两种触点，供编程时随时使用，且使用次数不限。输入电路的时间常数一般小于 10ms。各基本模块都是按八进制输入的，输入为 X000～X007，X010～X017，X020～X027……它们一般位于机器的上端，如图 3.15 所示。

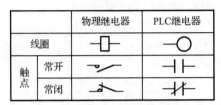

（a）梯形图继电器符号说明

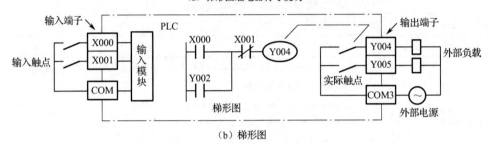

（b）梯形图

图 3.15 输入继电器与输出继电器

（2）输出继电器（Y）。

PLC 的输出端子是向外部负载输出信号的窗口。输出继电器的线圈由程序控制，输出继电器的外部输出主触点接到 PLC 的输出端子上供外部负载使用，其余常开、常闭触点供内部程序使用。输出继电器的常开、常闭触点使用次数不限。输出电路的时间常数是固定的。各基本模块都是按八进制输出的，输出为 Y000～Y007，Y010～Y017，Y020～Y027……它们一般位于机器的下端，如图 3.15 所示。

2. 辅助继电器（M）

PLC 内有很多的辅助继电器，其线圈与输出继电器一样，由 PLC 内各软元件的触点驱动。辅助继电器也称中间继电器，它没有向外的任何联系，只供内部编程使用。它的常开、常闭触点使用次数不受限制。但是，这些触点不能直接驱动外部负载，外部负载的驱动必须通过输出继电器来实现。

（1）通用辅助继电器（M0～M499）。

FX$_{2N}$ 系列 PLC 共有 500 点通用辅助继电器。通用辅助继电器在 PLC 运行时，如果电源突然断电，则全部线圈均为 OFF。当电源再次接通时，除了因外部输入信号而变为 ON 的线圈，其余的仍将保持 OFF 状态，它们没有断电保持功能。通用辅助继电器常在逻辑运算中用于辅助运算、状态暂存、移位等。根据需要可通过程序设定，将 M0～M499 变为断电保持辅助继电器。

（2）断电保持辅助继电器（M500～M3071）。

FX$_{2N}$ 系列 PLC 有 M500～M3071 共 2572 个断电保持辅助继电器。与普通辅助继电器相比，断电保持辅助继电器具有断电保持功能，即能记忆电源中断瞬时的状态，并在重新通电后再现其状态。它之所以能在电源断电时保持其原有的状态，是因为电源中断时用 PLC

中的锂电池保持它们映像寄存器中的内容。其中 M500～M1023 可由软件设定为通用辅助继电器。

3. 特殊辅助继电器（M8000～M8255）

特殊辅助继电器是 PLC 厂家提供给用户的具有特定功能的辅助继电器，通常可分为以下两大类。

① 只能利用其触点的特殊辅助继电器，线圈由 PLC 自动驱动，用户只利用其触点。

M8000：运行监控用，PLC 运行时 M8000 接通，与 M8001 逻辑相反；

M8002：初始脉冲（仅在运行开始瞬间接通）；

M8012：产生 100ms 时钟脉冲（M8011～M8014：10ms，100ms，1s，1min）。

② 可驱动线圈型特殊继电器，用于驱动线圈时，PLC 作特定动作。

M8030：锂电池电压指示灯特殊继电器；

M8033：PLC 停止时输出保持特殊辅助继电器；

M8034：线圈得电，全部输出停止；

M8039：按设定的扫描时间工作。

4. 数据寄存器（D）

数据寄存器在模拟量检测与控制及位置控制等场合用来存储数据和参数，数据寄存器为 16 位（最高位为符号位），两个数据寄存器合并起来可以存放 32 位数据。

（1）通用数据寄存器。

当 M8033 为 ON 时，D0～D199 有断电保持功能；当 M8033 为 OFF 时，它们无断电保持功能，这种情况下 PLC 由 RUN→STOP 或停电时，数据全部清零。

（2）保持型数据寄存器。

共 7800 点（D200～D7999），其中 D200～D511（共 312 点）有断电保持功能，可以利用外部设备的参数设定改变通用数据寄存器与有断电保持功能数据寄存器的分配；D490～D509 供通信用；D512～D7999 的断电保持功能不能用软件改变，但可用指令清除它们的内容。根据参数设定，可以将 D1000 以上作为文件寄存器。

（3）特殊数据寄存器。

共 256 点（D8000～D8255）。特殊数据寄存器用于监控 PLC 的运行状态，如扫描时间、电池电压等。未加定义的特殊数据寄存器，用户不能使用。

（4）文件寄存器。

文件寄存器以 500 点为单位，可以被外部设备读取。文件寄存器实际上可以被设置为 PLC 的参数区。文件寄存器与保持型数据寄存器是重叠的，可以保证数据不会丢失。

（5）外部调整寄存器。

FX1S 和 FX1N 有两个设置参数用的定位器，可以改变指定的数据寄存器 D8030 或 D8031 的值（0～255）。

（6）变址寄存器。

FX2N 系列 PLC 有 V0～V7 和 Z0～Z7 共 16 个变址寄存器，它们都是 16 位的寄存器。变址寄存器 V/Z 实际上是一种特殊用途的数据寄存器，其作用相当于微机中的变址寄存器，用于改变元件的编号（变址），例如 V0=5，则执行 D20V0 时，被执行的编号为 D25（即 D20+5）。变址寄存器可以用来修改常数的值，例如当 Z0=21 时，K48Z0 相对于常数 69（即 21+48=69）。

变址寄存器可以像其他数据寄存器一样进行读写，需要进行 32 位操作时，可将 V、Z 串联使用（Z 为低位，V 为高位）。

5. 定时器（T）和计数器（C）

（1）定时器。

PLC 中的定时器相当于继电器系统中的时间继电器。它有一个设定值寄存器（一个字长）、一个当前值寄存器（一个字长）和一个用来存储其输出触点状态的映像寄存器（占二进制的一位）。编程实例如图 3.16 所示。

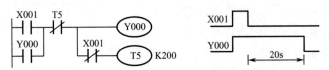

图 3.16　延时停止输出定时器

① 通用定时器，其设定值为 1～32767。通用定时器没有保持功能，在输入电路断开或停电时被复位。

② 累积型定时器，不受断电、线圈断开影响，具有保持功能。

不同系列 PLC 定时器比较见表 3.11。PLC 内定时器是根据时钟脉冲累积计时的，时钟脉冲有 1ms、10ms、100ms 三种，当计时时间到达设定值时，输出触点动作。定时器可以用用户程序存储器内的常数 K 作为设定值，也可以用数据寄存器 D 的内容作为设定值。

表 3.11　定时器比较

系列 定时器	FX₁N，FX₂N/FX₂NC	FX₃U	备　注
100ms 普通定时器	T0～T199	T0～T199 （其中 T192～T199 为子程序调用， 中断程序用）	0.1～3276.7s
10ms 普通定时器	T200～T245	T200～T245	
1ms 普通定时器	/	T256～T511	
1ms 累积型定时器	T246～T249	T246～T249	
100ms 累积型定时器	T250～T255	T250～T255	

（2）计数器。

① 内部计数器（设定值为 0～32767）。用来对 PLC 的内部信号 X、Y、M、S 等计数。内部输入信号的接通和断开时间应比 PLC 的扫描周期稍长。FX₂N 和 FX₃U 计数器比较见表 3.12。

表 3.12　计数器比较

系 列 计 数 器	FX$_{2N}$	FX$_{3U}$
16 位向上计数的普通计数器	C0～C99	C0～C99
16 位向上计数的断电保持型计数器	C100～C199	C100～C199
32 位可逆计数的普通计数器（双向）	C200～C219	C200～C219
32 位可逆计数的断电保持型计数器	C220～C234	C220～C234
高速计数器	C235～C255	C235～C255 C235～C245，单相 1 双向 32 位 C246～C250，单相 2 双向 32 位 C251～C255，双相双向 32 位

● 16 位增计数器。以 FX$_{2N}$ 系列 PLC 为例，C0～C199，共 200 点，其中 C0～C99 为通用型，C100～C199 共 100 点为断电保持型。这类计数器为递加计数，应用前先对其设置一个设定值，当输入信号（上升沿）个数累加到设定值时，计数器动作，其常开触点闭合、常闭触点断开。计数器的设定值为 1～32767（16 位二进制数），设定值除了可以用常数 K 设定，还可以通过指定数据寄存器间接设定。编程实例如图 3.17 所示。

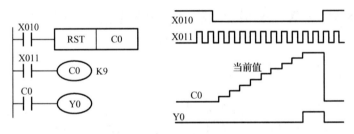

图 3.17　16 位增计数器

● 32 位增/减计数器。以 FX$_{2N}$ 系列 PLC 为例，C200～C234，共 35 点，其中 C200～C219（共 20 点）为通用型，C220～C234（共 15 点）为断电保持型。这类计数器与 16 位增计数器除了位数不同，还在于它能通过控制实现加/减双向计数。设定值范围均为 -214783648～+214783647（32 位）。C200～C234 是增计数还是减计数，分别由特殊辅助继电器 M8200～M8234 设定。对应的特殊辅助继电器被置为 ON 时为减计数，置为 OFF 时为增计数。计数器的设定值与 16 位计数器一样，可直接用常数 K 或间接用数据寄存器 D 的内容作为设定值。在间接设定时，要使用编号紧连在一起的两个数据计数器。

② 高速计数器（中断方式计数）。高速计数器与内部计数器相比，除了允许输入的频率高，应用也更为灵活。高速计数器均有断电保持功能，通过参数设定也可变成非断电保持型。以 FX$_{2N}$ 系列 PLC 为例，C235～C255，共 21 点。适合用来作为高速计数器输入的 PLC 输入端口有 X0～X7。X0～X7 不能重复使用，即某一个输入端已被某个高速计数器占用，它就不能再用于其他高速计数器，也不能用作它用。

FX$_{3U}$ 系列 PLC 禁止重复使用输入端子。输入端子 X0～X7 可用于高速计数器、输入中断、脉冲捕捉以及 SPD、ZRN、DSZR、DVIT 指令和通用输入。因此，请勿重复使用输入端子。

如图 3.18 所示，使用 C251 时 X0、X1 被占用了，所以[C235、C236、C241、C244、C246、C247、C249、C252、C254]、[输入中断指针 I000、I101]、[脉冲捕捉用触点 M8170、M8171]，以及[使用相应输入的 SPD、ZRN、DSZR、DVIT 指令]都不可以使用。

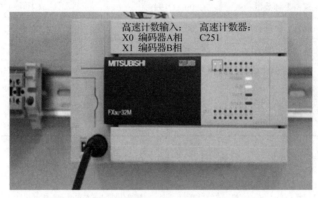

图 3.18　计数器应用实例

3.3　FX 系列 PLC 指令系统及编程方法

3.3.1　FX₂N 系列 PLC 指令

FX 系列 PLC 有基本顺控指令 20 条或 27 条、步进梯形图指令 2 条、应用（功能）指令 100 多条（不同系列有所不同），详见表 3.13。基本逻辑指令是 PLC 中最基本的编程语言，掌握了它也就初步掌握了 PLC 的使用方法，各种型号 PLC 的基本逻辑指令大同小异，这里我们以 FX₂N 系列 PLC 为例，逐条学习其指令的功能和使用方法。

表 3.13　FX 系列 PLC 基本指令一览表

助 记 符	名 称	功 能	回路表示和对象软元件
LD	取	运算开始 a 触点	
LDI	取反	运算开始 b 触点	
LDP	取脉冲	上升沿检出运算开始	
LDF	取脉冲	下降沿检出运算开始	
AND	与	串联连接 a 触点	
ANI	与非	串联连接 b 触点	
ANDP	与脉冲	上升沿检出串联连接	
ANDF	与脉冲	下降沿检出串联连接	
OR	或	并联连接 a 触点	
ORI	或非	并联连接 b 触点	

续表

助 记 符	名 称	功 能	回路表示和对象软元件
ORP	或脉冲	上升沿检出并联连接	
ORF	或脉冲	下降沿检出并联连接	
ANB	回路块与	回路块之间串联连接	
ORB	回路块或	回路块之间并联连接	
OUT	输出	线圈驱动指令	
SET	置位	线圈动作保持指令	
RST	复位	解除线圈动作保持指令	
PLS	上升沿脉冲	线圈上升沿输出指令	
PLF	下降沿脉冲	线圈下降沿输出指令	
MC	主控	公共串联触点用线圈指令	
MCR	主控复位	公共串联触点解除指令	
MPS	进栈	运算存储	
MRD	读栈	存储读出	
MPP	出栈	存储读出和复位	
INV	反转	运算结果取反	
NOP	空操作	无动作	消除程序或留出空间
END	结束	程序结束	程序结束，返回到 0 步
STL	步进梯形图	步进梯形图开始	
RET	返回	步进梯形图结束	

1．输入/输出指令（LD、LDI、OUT）

LD 与 LDI 指令可用于与母线相连的触点，还可用于分支电路的起点。

OUT 指令是线圈的驱动指令，可用于输出继电器、辅助继电器、定时器、计数器、状态寄存器等，但不能用于输入继电器。输出指令用于并行输出，能连续使用多次。输入/输出指令使用示例如图 3.19 所示。

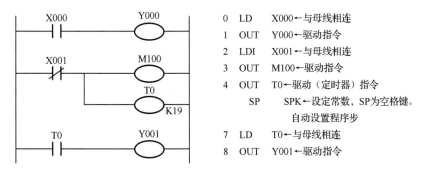

图 3.19　输入/输出指令使用示例

2. 触点串联指令（AND、ANDI）、并联指令（OR、ORI）

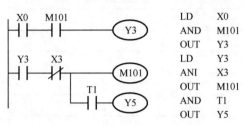

```
LD     X0
AND    M101
OUT    Y3
LD     Y3
ANI    X3
OUT    M101
AND    T1
OUT    Y5
```

图 3.20　AND 与 ANI 指令使用示例

AND、ANDI 指令用于触点的串联，但串联触点的数量不限，这两个指令可连续使用。触点串联指令使用示例如图 3.20 所示。

OR、ORI 是用于触点并联的连接指令。

3. 电路块的并联和串联指令（ORB、ANB）

含有两个以上触点串联连接的电路称为"串联电路块"，串联电路块并联连接时，支路的起点以 LD 或 LDNOT 指令开始，而支路的终点要用 ORB 指令。ORB 指令是一种独立指令，其后不带操作元件，因此，ORB 指令不表示触点，可以看作电路块之间的一段连接线。如果需要将多个电路块并联连接，则应在每个并联电路块之后使用一个 ORB 指令，用这种方法编程时并联电路块的个数没有限制；也可将所有要并联的电路块依次写出，然后在这些电路块的末尾集中写出 ORB 指令，但这时 ORB 指令最多使用 7 次。

将分支电路（并联电路块）与前面的电路串联连接时使用 ANB 指令，各并联电路块的起点使用 LD 或 LDNOT 指令。与 ORB 指令一样，ANB 指令也不带操作元件，如果需要将多个电路块串联连接，则应在每个串联电路块之后使用一个 ANB 指令，用这种方法编程时串联电路块的个数没有限制。若集中使用 ANB 指令，则最多使用 7 次。

4. 置位/复位（SET、RST）

SET 置位指令使执行对象动作保持。执行对象可以是 Y，M，S。

RST 复位指令使执行对象清除动作保持，当前值及寄存器清零。RST 执行对象可以是 Y，M，S，T，C，D，V，Z。

置位/复位指令使用示例如图 3.21 所示。

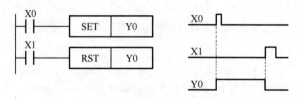

图 3.21　置位/复位指令使用示例

注意：置位指令 SET 只适用于位软元件，而复位指令 RST 适用于位软元件及字软元件，使用置位指令 SET 时，被置位的位软元件线圈会一直保持接通，应在合适的状态下，把位软元件复位。

5. 脉冲指令（PLS、PLF）

PLS 为脉冲上升沿指令，PLF 为脉冲下降沿指令。脉冲指令的使用示例如图 3.22 所示。使用 PLS 指令时，仅在条件从 OFF→ON 的瞬间结果输出一个扫描周期。

使用 PLF 指令时，仅在条件从 ON→OFF 的瞬间结果输出一个扫描周期。

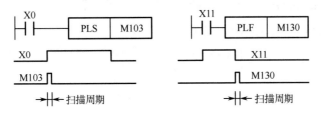

图 3.22　脉冲指令的使用示例

6. 主控指令

MC（Master Control）为主控指令，也称公共触点串联连接指令。MC 指令只能用于输出继电器 Y 和辅助继电器 M。

MCR（Master Control Reset）为主控复位指令，它是 MC 指令的复位指令。主控指令的使用示例如图 3.23 所示。

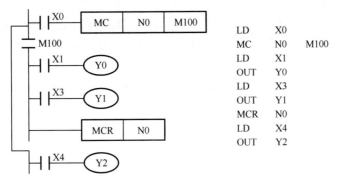

图 3.23　主控指令的使用示例

7. 栈存储器与多重输出指令

MPS（Point Store）、MRD（Read）、MPP（Pop）分别是进栈、读栈和出栈指令，它们用于多重输出电路。栈存储器与多重输出指令的使用示例如图 3.24 所示。

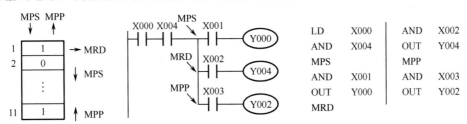

图 3.24　栈存储器与多重输出指令的使用示例

- 进栈指令 MPS 的功能：将该时刻的运算结果压入堆栈存储器的最上层，而堆栈存储器原来存储的数据依次向下自动移一层。
- 读栈指令 MRD 的功能：将堆栈存储器中最上层的数据读出。执行 MRD 指令后，堆栈存储器中的数据不发生任何变化。

● 出栈指令 MPP 的功能：将堆栈存储器中最上层的数据取出，堆栈存储器原来存储的数据依次向上自动移一层。

使用二层堆栈的分支电路示例如图 3.25 所示。

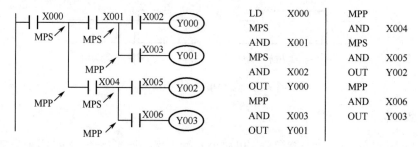

图 3.25　使用二层堆栈的分支电路示例

8. 取反指令

INV（Inverse）指令用于将执行该指令之前的运算结果取反。如果运算结果为 0，则将它变为

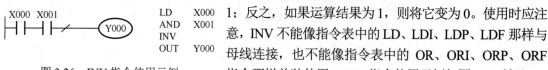

图 3.26　INV 指令使用示例

1；反之，如果运算结果为 1，则将它变为 0。使用时应注意，INV 不能像指令表中的 LD、LDI、LDP、LDF 那样与母线连接，也不能像指令表中的 OR、ORI、ORP、ORF 指令那样单独使用。INV 指令使用示例如图 3.26 所示。

9. NOP 与 END 指令

NOP（Non Processing）：空操作指令。

END（End）：结束指令，表示程序结束。

在程序结束处写上 END 指令，PLC 只执行第一步至 END 之间的程序，并立即输出处理结果。若不写 END 指令，PLC 将从程序存储器的第一步执行到最后一步，因此，使用 END 指令可以缩短扫描周期。另外，在调试程序时，可以将 END 指令插在各程序段之后，分段检查各程序段的动作，确认无误后，再依次删去插入的 END 指令。

10. 边沿检测触点指令

LDP、ANDP 和 ORP 是用作上升沿检测的触点指令，它们仅在指定位元件的上升沿（由 OFF→ON 变化时）接通一个扫描周期。指令中的 LD、AND 和 OR 分别表示开始、并联和串联的触点。LDF、ANDF 和 ORF 是用作下降沿检测的触点指令。边沿检测触点指令使用示例如图 3.27 所示。

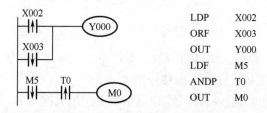

图 3.27　边沿检测触点指令使用示例

11．STL 和 RET 指令

STL 指令：步进接点指令，其功能是将步进接点接到左母线。

RET 指令：其功能是使临时左母线回到原来左母线的位置。

12．RS 指令

RS 指令：串行数据传送通信指令，RS 指令的参数为发送数据帧的起始地址、数目和接收数据帧的起始地址、数目。

示例：RS D100 K8 D300 K18，是指发送 D100～D107 中的数据，并接收数据，将其存储在 D300～D317 中。

3.3.2　FX₃ᵤ 系列 PLC 新增指令

1．指令变化

与 FX₂ₙ 系列 PLC 相比，FX₃ᵤ 系列 PLC 增加了 75 个指令，详见表 3.14。

表 3.14　FX₃ᵤ 系列 PLC 指令增加情况

主 要 项 目	概　　　要
更加便捷的基本指令	位元件的变址修正、字元件的位指定等
强化了浮点运算指令	增加了指数运算、自然对数运算、常用对数运算、SIN-1、COS-1、TAN-1 等指令
扩大了高速比较指令的同时驱动点数	可以同时驱动 32 个高速比较指令（DHSCS、DHSCR 和 DHSZ）
硬件高速计数器读取当前值	随时可以用硬件高速计数器读取当前值
减少了字符串控制的程序容量	增加了字符串的连接、读取、替换、传送等应用指令
将特殊功能模块的数据作为直接应用指令	无须 FROM/TO 指令，使用应用指令便可进行数据传送
减少了模块数据处理的程序量	只需一个指令就可以连续进行寄存器的加/减法和内容对比
表格设定定位	根据 GX Developer 的设定内容，可以进行定位运行
内置变频器控制指令	使用 RS-485，最多可以连接 8 台变频器
其他指令	增加了量程指令、产生随机数指令、CRC 计算指令、时间换算指令等

2．定位指令变化

FX 系列晶体管输出型 PLC 的基本模块内置了高速脉冲输出功能，可以进行简单的定位控制。其脉冲的输出格式为：脉冲+方向。

● FX₁ₛ、FX₂ₙ 系列：2 路（Y0，Y1），最大 100kHz（10Hz～100kHz）。

● FX₃ᵤ、FX₃ᵤᴄ 系列：3 路（Y0，Y1，Y2），最大 100kHz（10Hz～100kHz）。

● 在 FX₃ᵤ PLC 上使用 2 个 FX₃ᵤ-2HSY-ADP 时：4 路（Y0，Y1，Y2，Y3），最大 200kHz。

可通过开关进行脉冲输出格式（脉冲+方向和正/反向脉冲）的切换。

FX₃ᵤ 系列晶体管输出型 PLC 配有专门的定位指令，见表 3.15，编程实例如图 3.28 所示。

表 3.15　FX$_{3U}$ 系列晶体管输出型 PLC 内置定位指令

定 位 指 令	说　　明	备　注
DSZR	带 DOG 搜索的原点回归	仅 FX$_{3U (C)}$
ABS	读取 ABS 当前值	
DRVI	相对定位	
DRVA	绝对定位	
PLSV	可变速脉冲输出	
DVIT	中断定位	仅 FX$_{3U (C)}$
DTBL	表格设定定位	仅 FX$_{3U (C)}$

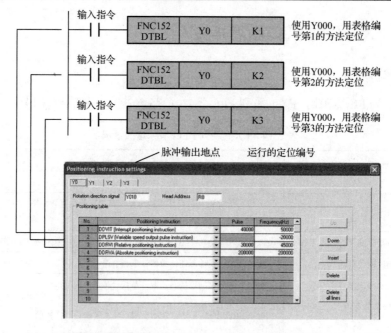

图 3.28　使用第一轴（Y000）进行 3 种定位运行

3．内置三菱变频器控制指令

与三菱变频器通信（FX$_{2N}$-ROM-E1 型功能扩展存储盒）：该存储盒用于向 FX$_{2N}$（Ver3.00 以上，序列号 15****以上）PLC 中增加与变频器通信指令（EXTR: FNC180）。其优点是比用 RS 指令编程方便。

FX$_{2N}$ PLC 可以通过使用 EXTR K10～K13 指令（见表 3.16）以通信方式（RS-485）控制三菱变频器（1 台 PLC 最多可以控制 8 台变频器，如图 3.29 所示）。由于 FX$_{3U}$ PLC 和 FX$_{3UC}$ PLC 可以扩展 2 个 485 口，所以最多可以连接 16 台三菱变频器。FX$_{5U}$ PLC 通过内置 RS-485 通信端口，最多可以连接 16 台三菱变频器。

表 3.16　变频器控制指令

FX$_{2N}$ 指令		FX$_{3U}$ 指令	说　　明
EXTR	K10	IVCK	监控变频器运行

续表

FX_{2N} 指令		FX_{3U} 指令	说　　明
EXTR	K11	IVDR	控制变频器运行
EXTR	K12	IVRD	读取变频器参数
EXTR	K13	IVWR	写入变频器参数
/		IVBWR	成批写入变频器参数

图 3.29　以通信方式实现变频器控制

3.4　三菱 PLC 编程软件

三菱 PLC 的软件包括以下几种，如图 3.30 所示。

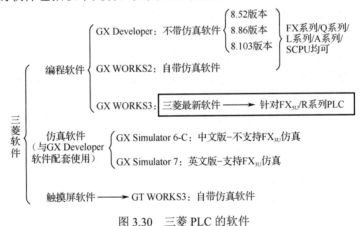

图 3.30　三菱 PLC 的软件

① GX Developer 编程软件，主要用于程序开发、维护、参数设定、项目数据管理、在线监控、诊断及各种网络设定等。

② GX WORKS 编程软件，三菱综合 PLC 编程软件，用于 PLC 设计、调试、维护的编程工具。与传统的 GX Developer 软件相比，提高了功能及操作性能，变得更加容易使用。

③ GX Simulator 仿真软件，主要用于通过计算机上的虚拟 CPU 进行程序的模拟、元件的动作测试（位软元件、字软元件），以及通过模拟输入信号进行程序模拟等。

④ GT WORKS 触摸屏软件，集成化人机界面创建软件，支持 GOT 1000、GOT 2000 系列等触摸屏，支持计算机代替触摸屏运行可视化监控系统。

3.4.1　GX Developer 8

GX Developer 是一款通用性较强的编程软件，它能够完成 Q 系列、QnA 系列、A 系列（包括运动控制 CPU）、FX 系列 PLC 的梯形图、指令表、SFC 等的编辑。该编程软件能够将编辑的程序转换成 GPPQ、GPPA 格式的文档，当选择 FX 系列时，还能将程序存储为 FXGP（DOS）、FXGP（WIN）格式的文档，以实现与 FX-GP/WIN-C 软件的文件互换。该编程软件能够将 Excel、Word 等软件编辑的说明性文字、数据，通过复制、粘贴等简单操作导入程序中，使软件的使用、程序的编辑更加便捷。

1．GX-Developer 程序输入与调试（模拟调试）步骤

（1）启动 GX-Developer 软件，单击"新建"按钮，在弹出的"创新新工程"对话框中选择所使用的 PLC 系列和 PLC 类型，程序类型为"梯形图"，设置工程名及路径。

（2）在"梯形图"显示窗口中，将光标定位于左上角，选择功能图上的各种元件，开始自左向右、由上而下的编制梯形图程序。

（3）程序编辑完毕后，执行"变换"菜单中的"变换"命令，对编好的程序进行转换；若想查看与梯形图对应的指令表，可在"显示"菜单下选择"列表显示"命令，即可看到对应指令显示在指令表视图中。

（4）执行"在线"菜单下的"远程操作"命令，出现远程操作界面，选择 PLC "STOP"，或直接拨动 PLC 主机面板上的"RUN/STOP"开关到"STOP"状态，使 PLC 处于停止运行状态。

（5）执行"在线"菜单下的"清除 PLC 内存"命令，将 PLC 存储器清空。

（6）执行"在线"菜单下的"PLC 写入"命令，选择写入的数据类型，将程序下载到PLC 中。

（7）执行"在线"菜单下的"远程操作"命令，出现远程操作界面，选择 PLC "RUN"，或直接拨动 PLC 主机面板上的"RUN/STOP"开关到"RUN"状态，使 PLC 处于运行状态。

（8）执行"在线"菜单下的"监视"命令，单击"监视开始"按钮，可在屏幕中看到运行过程中各触点的接通与断开状态。

（9）执行"在线"菜单下的"调试"命令，单击"软元件测试"按钮，在对话框中输入元件名，选择"强制 ON"或"强制 OFF"等，进行模拟输入操作，并观察输出结果。也可利用外接按钮及指示灯进行程序调试。

（10）若要修改程序，执行"在线"菜单下的"监视"命令，单击"监视停止"按钮，退出监控模式；再执行"编辑"菜单下的"写入模式"命令，即可对程序进行重新编辑。此后重复执行步骤（3）～（9）。

2．GX Developer 编程实例（以 FX$_{2N}$ PLC 为例）

启动 GX Developer 软件，单击"新建"按钮，在弹出的"创建新工程"对话框中选择所使用的 PLC 系列为"FXCPU"，PLC 类型为"FX2N（C）"，如图 3.31 所示。

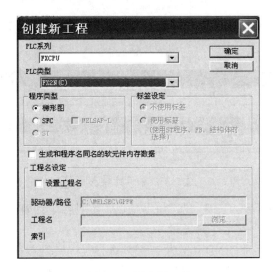

动画视频：GX Developer
的使用

图 3.31　创建新工程

　　单击"确定"按钮后出现如图 3.32 所示画面，在画面中可以清楚地看到，最左边是母线，蓝色框表示现在可写入区域，上方有菜单，只要任意单击其中的元件，就可得到所需要的线圈、触点等。

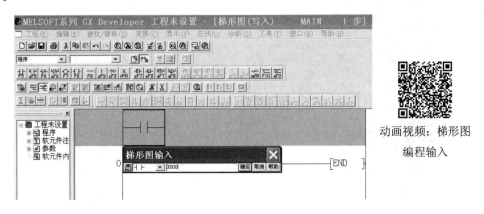

动画视频：梯形图
编程输入

图 3.32　编辑梯形图

　　如果想在某处输入 X000，只要把蓝色光标移动到需要输入的地方，然后在菜单上选中 ┤├ 触点，再输入 X000，即可完成写入 X000，如图 3.33 所示。

图 3.33　输入 X000

　　如要输入一个定时器，则先选中线圈，再输入一些数据，如图 3.34 所示。

图 3.34　输入定时器

对于计数器，因为它有时要用到两个输入端，所以在操作上既要输入线圈部分，又要输入复位部分，如图 3.35 所示。

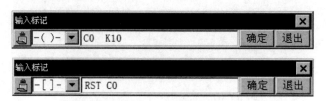

图 3.35　输入计数器

如果需要画梯形图中的其他一些线、输出触点、定时器、计时器、辅助继电器等，在菜单上都能方便地找到，再输入元件编号即可。

编写完梯形图，最后写上 END 语句后，必须进行程序转换。在程序转换过程中，如果程序有错，它会显示。只有当梯形图转换完毕后，才能进行程序的传送。传送前，必须将 FX$_{2N}$ 面板上的开关拨至 STOP 状态，再打开"在线"菜单，进行传输设置，如图 3.36 所示。

动画视频：GX Developer 编程设置

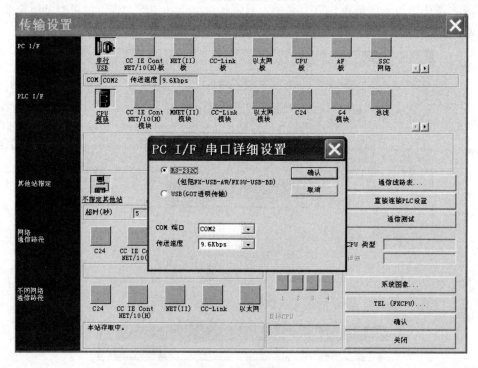

图 3.36　传输设置

如图 3.36 所示，只有确定 PLC 与计算机是通过哪个 COM 端口连接的，才能进行设置选择（在系统的设备管理器中查找，确定 COM 端口编号）。编写完梯形图后，选择"在线"菜单，选中"PLC 写入（W）"命令，会出现如图 3.37 所示的画面。

由图 3.37 可以看出，在执行读取及写入前必须先选中 MAIN、PLC 参数，否则不能执行对程序的读取、写入。

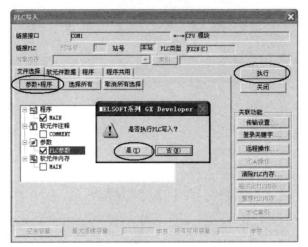

动画视频：GX Developer
程序下载

图 3.37 PLC 写入

3.4.2 SFC 编程

SFC 编程的实现方式如下。

（1）步进梯形图指令（STL、RET）编程，如图 3.38 所示。

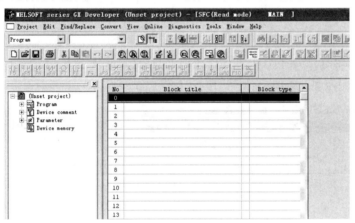

图文：GX Developer V8
操作手册（SFC）

图 3.38 步进梯形图指令编程

（2）SFC 图直接编程，如图 3.39 所示。

图 3.39 SFC 图直接编程

初始步：SFC 的起始步必须是 S0～S9 中的一个，Block 0 的内置梯形图如图 3.40 所示。步的内置梯形图如图 3.41 所示。

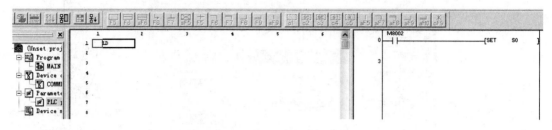

图 3.40　Block 0 的内置梯形图

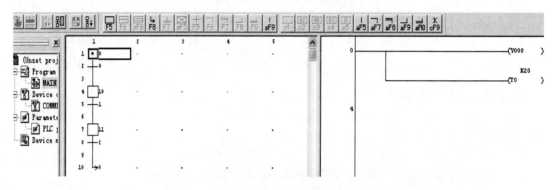

图 3.41　步的内置梯形图

转移条件：当转移条件成立时，从上一步转移到下一步，同时不再执行上一步内的程序，转移条件的内置梯形图如图 3.42 所示。

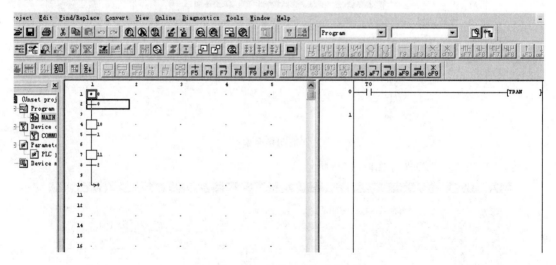

图 3.42　转移条件的内置梯形图

3.4.3　将 FX$_{3U}$ PLC 程序转换为 FX$_{5U}$ PLC 程序

转换工程的操作方法：使用 GX Works3 将 FX$_{3U}$/FX$_{3UC}$ 的工程转换为 MELSECiQ-F 的工

程，转换工程时，对软件的版本有要求，要求如下。

● GX Works3 版本：1.020W 以上（只支持 FX_{3U}/FX_{3UC} 的 GX Works2 格式的工程）；
● GX Works2 版本：1.519R 以上（转换 FX_{3U}/FX_{3UC} 以外的工程数据时，先使用 GX Works2 更改 FX_{3U}/FX_{3UC} 为 PC 类型，确认程序中没有错误后，使用 GX Works3 转换为 MELSECiQ-F）。

操作步骤具体如下。

（1）启动 GX Works3 软件。

（2）打开 FX_{3U}/FX_{3UC} 的工程，此时会显示"是否读取 GX Works2 格式工程，并将机型更改为 FX_{5U} CPU？"。确认内容后单击"OK"按钮，显示信息"已读取 GX Works2 格式工程，并将机型更改为 FX_{5U} CPU。请确认输出窗口的机型更改结果。"

（3）转换后的程序被保存在"扫描"里，（当 GX Works3 版本为 1.025B 以上时，会将转换后的程序保存在"扫描"里），若转换后的程序被存储在"无执行类型指定"中，则使用下述任意方法将程序保存在"扫描"里。

① 使用"导航窗口"设定时，用鼠标拖住，移动至"扫描"。

② 通过参数设定保存在"扫描"里时，依次执行"CPU 参数"→"程序设置"→"详细设置"→"程序名"。

（4）设定系统参数中 CPU 的型号，依次执行"系统参数"→"I/O 分配设置"→"型号"。

（5）执行转换，依次执行"转换"→"全部转换"。

思　考　题

图文：参考答案

3.1　什么是应用指令中的连续执行方式和脉冲执行方式？

3.2　对 PLC 接地有何要求？

3.3　简述 FX_2 系列 PLC 的主要元器件及其编号。

3.4　PLC 中 CPU 的作用是什么？

3.5　操作数 K2Y10 表示几组位元件？是由哪些软元件组成的几位数据？

3.6　什么是位元件？"K2M0"表示什么意思？

3.7　试根据图 3.42 所示的梯形图画出 M0、M1、Y0 的时序图。

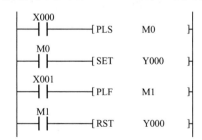

图 3.42　梯形图

第4章

PLC 程序设计方法

4.1　梯形图程序设计

4.1.1　梯形图的基本电路

1. 启-保-停电路（自锁电路，自保持电路）

X000 为启动按钮，X001 为停止按钮。图 4.1（a）、（c）是利用 Y010 常开触点实现自锁保持的，而图 4.1（b）、（d）是利用 SET、RST 指令实现自锁保持的。

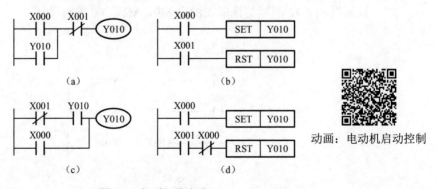

动画：电动机启动控制

图 4.1　起-保-停电路

2．互锁电路

线圈互锁电路如图 4.2 所示，输出 Y001 和 Y002 串联了对方的常闭触点，按钮互锁不是必需的，Y001 和 Y002 串联了对方启动按钮的常闭触点。

动画：电动机正
反转互锁控制

3．闪烁（振荡）电路

如图 4.3 所示为闪烁（振荡）电路。

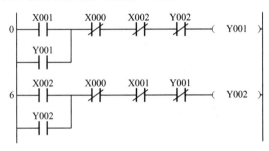

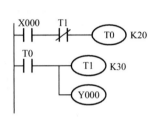

图 4.2　互锁电路　　　　　　　图 4.3　闪烁（振荡）电路

4．定时关断电路

如图 4.4 所示，X000 接通时 Y000 接通，定时器 T0 开始计时，10s 后（X000 已断开）T0 常闭触点断开，Y000 断开。

5．顺序启动控制电路

如图 4.5 所示，Y000 的常开触点串联在 Y001 的控制回路中，Y001 的接通是以 Y000 的接通为条件的。因此，只有 Y000 接通才允许 Y001 接通。Y000 关断后 Y001 也关断停止，而且在 Y000 接通的条件下，Y001 可以自行接通和停止。X000、X002 为启动按钮，X001、X003 为停止按钮。

动画：多台电动
机顺序控制

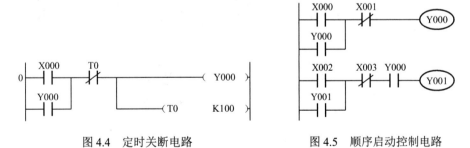

图 4.4　定时关断电路　　　　　　图 4.5　顺序启动控制电路

6．自动与手动控制电路

如图 4.6 所示，输入信号 X001 是选择开关，选其触点为联锁型。当 X001 为 ON 时，执行 MC 与 MCR 之间主控指令，系统运行自动控制程序，自动控制有效，同时系统执行功能指令 CJ P63，直接跳过手动控制程序，手动调整控制无效。当 X001 为 OFF 时，主控指令不执行，自动控制无效，跳转指令也不执行，手动控制有效。MC 连接 M100～M177 触点。

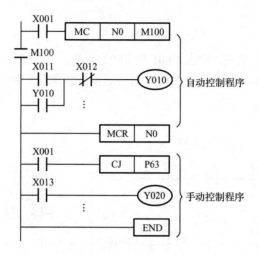

图 4.6　自动与手动控制电路

4.1.2　梯形图编程原则

（1）输入/输出继电器、内部辅助继电器、定时器、计数器等器件的触点可以多次重复使用，无须使用复杂的程序结构来减少触点的使用次数。

（2）梯形图中每一行都是从左母线开始的，线圈终止于右母线。触点不能放在线圈的右边，如图 4.7 所示。

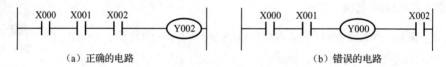

图 4.7　电路比较

（3）除步进程序外，任何线圈、定时器、计数器、高级指令等不能直接与左母线相连。

（4）在程序中，不允许同一编号的线圈输出两次（双线圈输出）。如图 4.8 所示梯形图是不允许的。

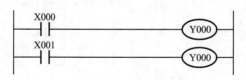

图 4.8　不允许的梯形图

（5）不允许出现桥式电路，如图 4.9 所示。

（6）程序应按自上而下、从左至右的顺序编写。为了减少程序的执行步数，程序应为左大右小、上大下小，如图 4.10 和图 4.11 所示。

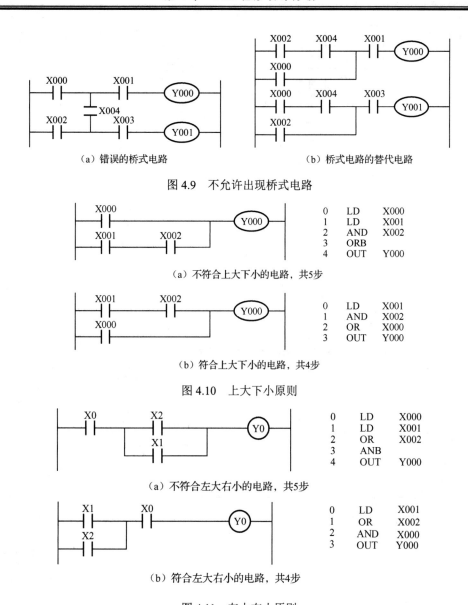

（a）错误的桥式电路　　　　　　　　　　（b）桥式电路的替代电路

图 4.9　不允许出现桥式电路

（a）不符合上大下小的电路，共5步

（b）符合上大下小的电路，共4步

图 4.10　上大下小原则

（a）不符合左大右小的电路，共5步

（b）符合左大右小的电路，共4步

图 4.11　左大右小原则

（7）输入设备尽可能用常开触点。

（8）PLC 程序设计常采用经验设计法。在传统继电器－接触器控制电气原理图和 PLC 典型控制电路的基础上，依据积累的经验进行翻译、修改和完善，得到最终的控制程序。

4.1.3　梯形图设计实例

1．电动机正反转控制

如图 4.12 所示，按下正转启动按钮 SB1，KM1 线圈得电，电动机正转运行；按下反转启动按钮 SB2，KM1 线圈失电，KM2 线圈得电，电动机反转运行；按下停止按钮 SB3，KM1 或 KM2 线圈失电，电动机停止正转或反转。

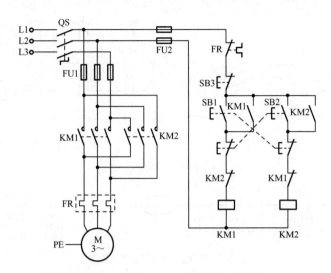

图 4.12　电动机正反转控制电气原理图

改用 PLC 进行控制，设定 I/O 分配表，见表 4.1。

表 4.1　I/O 分配表

输 入 信 号		输 出 信 号	
元 件 名 称	输 入 编 号	元 件 名 称	输 出 编 号
正转启动按钮 SB1	X000	正转控制接触器 KM1	Y000
反转启动按钮 SB2	X001	反转控制接触器 KM2	Y001
停止按钮 SB3	X002		
热继电器触点 FR	X003		

根据 I/O 分配表，绘制 PLC 控制电动机正反转电气原理图和接线原理图，如图 4.13 所示。

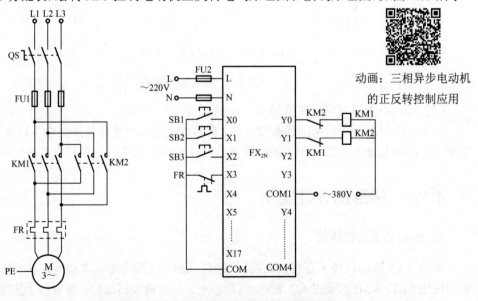

动画：三相异步电动机
的正反转控制应用

图 4.13　PLC 控制电动机正反转电气原理图和接线原理图

控制方法一（如图 4.14 所示）：继电控制线路翻写梯形图。

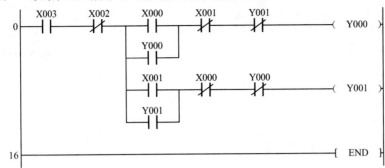

图 4.14　控制方法一

控制方法二（如图 4.15 所示）：主控方式控制正反转电路。

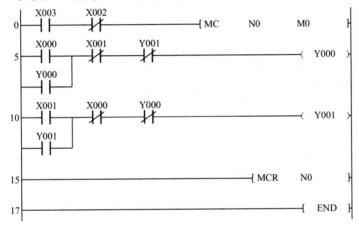

图 4.15　控制方法二

2．抢答器控制

在各种知识竞赛中，经常用到抢答器，现有一个四人抢答器，通过 PLC 实现控制。如图 4.16 所示，输入 X001～X004 与 4 个抢答按钮相连，对应 4 个输出 Y001～Y004 继电器。只有最早按下按钮的人才有输出，后续者无论是否有输入均不会有输出。当组织人按下复位按钮后，输入 X000 接通，抢答器复位，进入下一轮抢答。

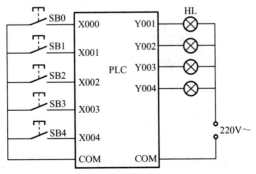

图 4.16　四人抢答器控制电路图

根据图 4.16 所示控制电路图，绘制 PLC 控制程序，如图 4.17 所示。

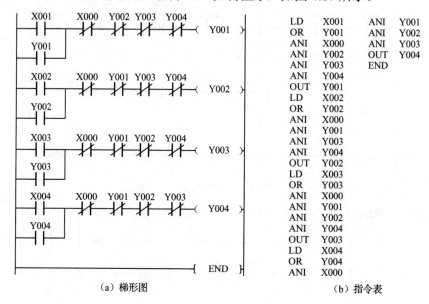

LD X001	ANI Y001
OR Y001	ANI Y002
ANI X000	ANI Y003
ANI Y002	OUT Y004
ANI Y003	END
ANI Y004	
OUT Y001	
LD X002	
OR Y002	
ANI X000	
ANI Y001	
ANI Y003	
ANI Y004	
OUT Y002	
LD X003	
OR Y003	
ANI X000	
ANI Y001	
ANI Y002	
ANI Y004	
OUT Y003	
LD X004	
OR Y004	
ANI X000	

（a）梯形图　　　　　　　（b）指令表

图 4.17　抢答器控制程序

3. 自动门控制

用 PLC 控制一个车库大门自动打开和关闭，以便让一个接近大门的物体（如车辆）进入或离开车库。控制要求：采用一台 PLC，把一个超声开关和一个光电开关作为输入设备，其信号被送入 PLC。PLC 输出信号用于控制门电动机旋转。PLC 控制自动门示意图如图 4.18 所示。

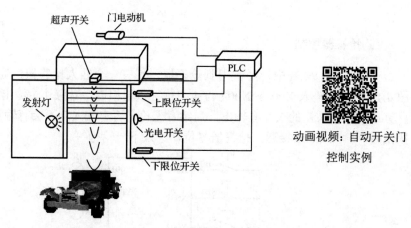

动画视频：自动开关门控制实例

图 4.18　PLC 控制自动门示意图

根据图 4.18，画出 PLC 控制接线图，编制 PLC 程序，如图 4.19 所示。当超声开关检测到门前有车辆时，X000 动合触点闭合，升门信号 Y000 被置位，升门动作开始；当升门到位时，门顶上限位开关动作，X002 动合触点闭合，升门信号 Y000 被复位，升门动作完成；当车辆进入到大门遮断光电开关的光束时，光电开关 X001 动作，其动断触点断开，车辆继续行进驶入大门后，接收器重新接收到光束，其动断触点 X001 恢复原始状态闭合，此时这个由断到通的信号驱动 PLS 指令使 M100 产生一脉冲信号，M100 动合触点闭合，降门信号 Y001 被置位，降门动作开始；当降门到位时门底下限位开关动作，X003 动合触点闭合，降门信号 Y001 被复位，降门动作完成。

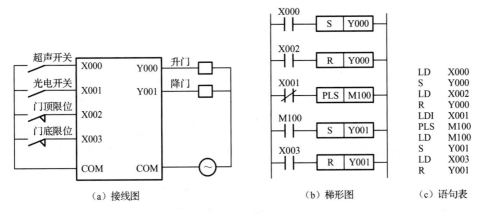

（a）接线图　　　　　（b）梯形图　　　（c）语句表

图 4.19　PLC 控制接线图及程序

4．开关控制

输入信号为光电开关或行程开关，如果有信号，则输出报警。开关控制程序如图 4.20 所示。

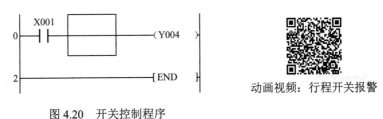

动画视频：行程开关报警

图 4.20　开关控制程序

4.2　步进指令及状态转移图

4.2.1　步进指令及状态转移图编程方法

步进指令是利用状态转移图来设计梯形图的一种指令，状态转移图可以直观地表达工艺流程。状态转移图中的每个状态表示顺序工作的一个操作，因此步进指令常用于控制时间和位移等顺序操作的过程。采用步进指令设计的梯形图不仅简单直观，而且使顺序控制变得比较容易，大大地缩短了程序的设计时间。

FX$_{2N}$ 系列 PLC 中有两条步进指令：STL（步进触点指令）和 RET（步进返回指令）。

（1）指令格式及梯形图表示方法见表 4.2。

表 4.2　步进指令格式及梯形图表示方法

指　　令	名　　称	功　　能	梯形图表示	操 作 元 件
STL	步进开始	步进开始	├─❑❑─┤	S
RET	返回	步进结束	└─[RST]─┘	

（2）状态元件。

状态元件是构成状态转移图的基本元素，是可编程控制器的软元件之一。FX_{2N} 系列 PLC 共有 1000 个状态元件，见表 4.3。

表 4.3　FX_{2N} 系列 PLC 的状态元件

类　　别	元 件 编 号	个　　数	用途及特点
初始状态	S0～S9	10	用做 SFC 的初始状态
返回状态	S10～S19	10	在多运行模式控制中，用作返回原点的状态
一般状态	S20～S499	480	用作 SFC 的中间状态
掉电保持状态	S500～S899	400	具有停电保持功能，在停电恢复后需继续执行的场合，可用这些状态元件
信号报警状态	S900～S999	100	用作报警元件

使用说明：

① STL 触点是与左侧母线相连的常开触点，某 STL 触点接通，则对应的状态为活动步；

② 与 STL 触点相连的触点应用 LD 或 LDI 指令，只有执行完 RET 指令后才返回左侧母线；

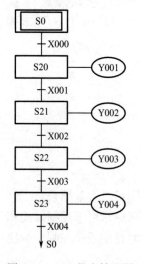

图 4.21　SFC 状态转移图

③ STL 触点可以直接驱动或通过其他的触点驱动 Y、M、S、T 等元件的线圈；

④ 由于 PLC 只执行活动步对应的电路块，所以使用 STL 指令时允许双线圈输出（顺控程序在不同的步可多次驱动同一线圈）；

⑤ STL 触点驱动的电路块中不能使用 MC 和 MCR 指令，但可以用 CJ 指令；

⑥ 在中断程序和子程序内，不能使用 STL 指令。

在状态转移图 SFC 中，每一状态提供 3 个功能：驱动负载、指定转换条件、置位新状态。如图 4.21 所示，当状态 S20 有效时，输出继电器 Y001 线圈接通。这时，S21、S22 和 S23 的程序都不执行。当 X001 接通时，新状态置位，状态从 S20 转到 S21，执行 S21 中的程序。这就是步进转换作用，图中 X001 是一个状态转换条件。转到 S21 后，输出 Y002 接通，这时 Y001 复位。其他状态继电器之间的状态转换过程以此类推。对应的梯形图及语句表如图 4.22 所示。

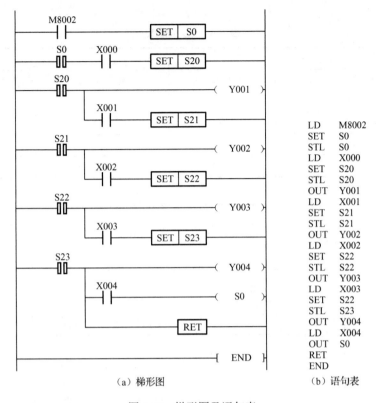

LD	M8002
SET	S0
STL	S0
LD	X000
SET	S20
STL	S20
OUT	Y001
LD	X001
SET	S21
STL	S21
OUT	Y002
LD	X002
SET	S22
STL	S22
OUT	Y003
LD	X003
SET	S22
STL	S23
OUT	Y004
LD	X004
OUT	S0
RET	
END	

（a）梯形图　　　　　　（b）语句表

图 4.22　梯形图及语句表

4.2.2　步进指令编程实例

某一冷加工自动生产线上有一个钻孔动力头（简称钻头），该钻头的钻削加工过程示意图如图 4.23 所示。

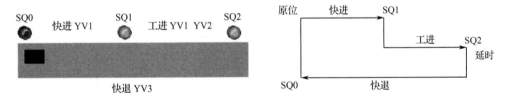

图 4.23　钻削加工过程示意图

（1）钻头在原位，并加以启动信号，这时接通电磁阀 YV1，钻头快进。

（2）钻头碰到限位开关 SQ1 后，接通电磁阀 YV1 和 YV2，钻头由快进转为工进，同时钻头电动机转动（由 KM1 控制）。

（3）钻头碰到限位开关 SQ2 后，开始延时 3s。

（4）延时时间到，接通电磁阀 YV3，钻头快退。

（5）钻头回到原位并停止。

I/O 分配表见表 4.4，步进梯形图如图 4.24 所示。

表 4.4　I/O 分配表

输　　入		输　　出	
输 入 设 备	输 入 编 号	输 出 设 备	输 出 编 号
启动按钮 S01	X000	电磁阀 YV1	Y000
限位开关 SQ0	X001	电磁阀 YV2	Y001
限位开关 SQ1	X002	电磁阀 YV3	Y002
限位开关 SQ2	X003	接触器 KM1	Y003

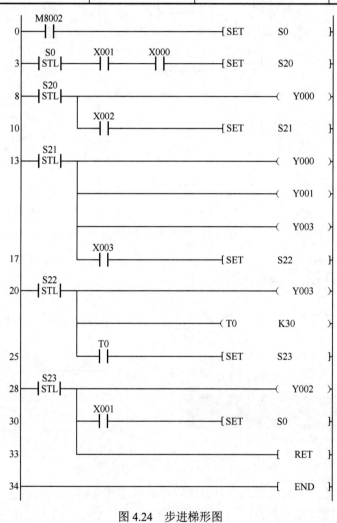

图 4.24　步进梯形图

4.3　FX 系列可编程控制器功能指令

　　FX$_{2N}$ 系列 PLC 除了基本指令、步进指令，还有丰富的功能指令（也称应用指令）。FX$_{2N}$ 系列 PLC 功能指令采用梯形图和指令助记符相结合的形式。

如图 4.25 所示，这是一条加法指令，功能是当 X000 接通时，将 D10 的内容与 D12 的内容相加，将它们的和放到 D14 中。D10 和 D12 是源操作数，D14 是目标操作数，X000 是执行条件。

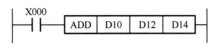

图 4.25　功能指令示例

4.3.1　功能指令概述

（1）基本格式。

操作码（指令助记符）：表示指令的功能。

操作数：指明参与操作的对象。

源操作数 S：执行指令后数据不变的操作数，两个或两个以上时为 S1、S2。

目标操作数 D：执行指令后数据被刷新的操作数，两个或两个以上时为 D1、D2。

其他操作数 m、n：补充注释的常数，用 K（十进制数）和 H（十六进制数）表示，两个或两个以上时为 m1、m2、n1、n2。

（2）数据格式。

位元件：只处理开关（ON/OFF）信息的元件，如 X、Y、M、D、S。

字元件：处理数据的元件，如 D。

位元件组合表示数据：4 个位元件一组，代表 4 位 BCD 码，也表示 1 位十进制数；用 KnMm 表示，K 为十进制数，n 为十进制位数，也是位元件的组数，M 为位元件，m 为位元件的首地址。例如，K2X0 对应 X000～X007；K3X0 对应 X000～X011；K4X0 对应 X000～X015。

（3）数据长度，如图 4.26 所示。

16 位数据长度：参与运算的数据默认为 16 位二进制数据。

32 位数据长度：对于 32 位数据，在操作码前面加 D（Double）。

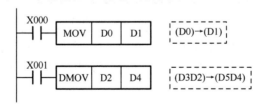

图 4.26　数据长度

（4）执行方式。

连续执行方式：每个扫描周期都重复执行一次。

脉冲执行方式：只在信号 OFF→ON 时执行一次，在指令后加 P（Pulse）。

（5）功能指令执行结果的标志。

M8020：零标志。

M8021：借位标志。

M8022：进位标志。

M8029：执行完毕标志。

M8064：参数出错标志。

M8065：语法出错标志。

M8066：电路出错标志。

M8067：运算出错标志。

4.3.2　程序流程指令

条件跳转指令	FNC00	CJ
子程序调用与返回指令	FNC01	CALL
	FNC02	SRET
中断指令	FNC03	IRET
	FNC04	EI
	FNC05	DI
主程序结束指令	FNC06	FEND
警戒时钟指令	FNC07	WDT
循环指令	FNC08	FOR
	FNC09	NEXT

1．条件跳转指令（FNC00）

（1）指令格式说明见表 4.5。

表 4.5　条件跳转指令格式说明

CJ　FNC00	操作元件：指针 P0～P63
（16）	程序步数：CJ 和 CJ（P）　　3 步
条件跳转	标号 P×× 　　1 步

说明：助记符 CJ（P）后面的（P）符号表示脉冲执行，该指令只在执行条件由 OFF 变为 ON 时执行。如 CJ 指令后无（P），则表示连续执行，只要执行条件为 ON 状态，该指令在每个扫描周期都被执行。条件跳转指令用于在某条件下跳过某一部分程序，以减少扫描时间。

（2）举例说明。

如图 4.27 所示，当 X000 为 ON 时，程序跳到标号 P10 处。如果 X000 为 OFF，则跳转不执行，程序按原顺序执行。

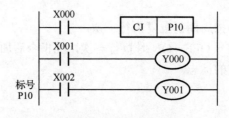

图 4.27　CJ 指令的使用

2．子程序调用与返回指令（FNC01、FNC02）

（1）指令格式说明见表 4.6。

表 4.6　子程序调用与返回指令格式说明

CALL　FNC01 （P）　（16） 子程序调用	操作元件：指针 P0～P62 程序步数：CALL 和 CALL（P）　3 步 标号 P××　1 步
SRET　FNC02 子程序返回	操作元件：无 程序步数：1 步

说明：被调用子程序的标号应写在程序结束指令 FEND 之后。标号范围为 P0～P62，同一程序中同一标号不能重复使用。

（2）举例说明，如图 4.28 所示。

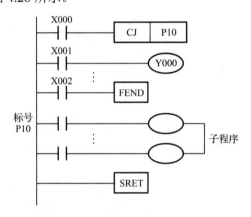

图 4.28　CALL 和 SRET 指令的使用

3．中断指令（FNC03、FNC04、FNC05）

（1）指令格式说明见表 4.7。

表 4.7　中断指令格式说明

IRET　FNC03 中断返回	操作元件：无 程序步数：1 步
EI　FNC04 允许中断	操作元件：无 程序步数：1 步
DI　FNC05 禁止中断	操作元件：无 程序步数：1 步

说明：允许中断指令 EI 和禁止中断指令 DI 之间的程序段为允许中断区间。当程序处理到该区间并出现中断信号时，停止执行主程序，去执行相应的中断子程序。处理到中断返回指令 IRET 时返回断点，继续执行主程序。

（2）举例说明，如图 4.29 所示。

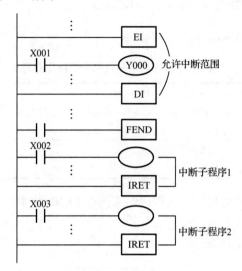

图 4.29　中断指令的使用

4．主程序结束指令（FNC06）

指令格式说明见表 4.8。

表 4.8　主程序结束指令格式说明

FEND　FNC06	操作元件：无
主程序结束	程序步数：1 步

说明：主程序结束指令 FEND 表示主程序结束。程序执行到 FEND 时，进行输出处理、输入处理、监视定时器刷新，完成以后返回第 0 步。子程序及中断程序必须写在 FEND 指令与 END 指令之间。

5．警戒时钟指令（FNC07）

（1）指令格式说明见表 4.9。

表 4.9　警戒时钟指令格式说明

WDT　FNC07	操作元件：无
监视定时器	程序步数：1 步

说明：警戒时钟指令 WDT 用来刷新监视定时器，如果扫描时间（0～END 及 FEND 指令执行时间）超过监视定时器设定时间，则 PLC 将报警并停止运行。

（2）举例说明，如图 4.30 所示。

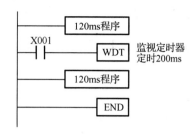

图 4.30　WDT 指令的使用

6．循环指令（FNC08、FNC09）

（1）指令格式说明见表 4.10。

表 4.10　循环指令格式说明

FOR　　FNC08 （16） 循环开始指令	操作元件：K、H、KnX、KnY、KnM、KnS、T、C、D 等
	程序步数：3 步
NEXT　FNC09 循环结束指令	操作元件：无
	程序步数：1 步

说明：在程序运行时，位于 FOR 和 NEXT 之间的程序重复执行 n 次（由操作元件指定）后，再执行 NEXT 指令后的程序。

（2）举例说明，如图 4.31 所示。

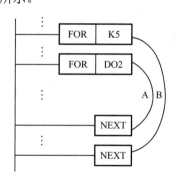

图 4.31　FOR…NEXT 指令的使用

4.3.3　传送与比较指令

比较指令　　　FNC10　CMP
区间比较指令　FNC11　ZCP
传送指令　　　FNC12　MOV
移位传送指令　FNC13　SMOV
取反传送指令　FNC14　CML

块传送指令　　FNC15　BMOV
多点传送指令 FNC16　FMOV
数据交换指令 FNC17　XCH
变换指令　　　FNC18　BCD
　　　　　　　FNC19　BIN

1．比较指令（FNC10）

（1）指令格式说明见表 4.11。

表 4.11　比较指令格式说明

CMP　FNC10	操作元件：K、H、KnX、KnY、KnM、KnS、T、C、D 等
（P）　　（16/32）	程序步数：CMP 和 CMP（P）　　7 步
比较	（D）CMP 和（D）CMP（P）　　13 步

说明：比较指令 CMP 是将源操作数进行比较，将结果送到目标操作数。

（2）举例说明，如图 4.32 所示。

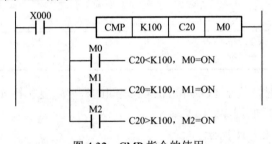

图 4.32　CMP 指令的使用

2．区域比较指令（FNC11）

（1）指令格式说明见表 4.12。

表 4.12　区域比较指令格式说明

ZCP　FNC11	操作元件：K、H、KnX、KnY、KnM、KnS、T、C、D 等
（P）　　（16/32）	程序步数：ZCP 和 ZCP（P）　　9 步
区域比较	（D）ZCP 和（D）ZCP（P）　　17 步

说明：区域比较指令 ZCP 是将一个数据与两个源操作数进行比较，将结果送到目标操作数。

（2）举例说明，如图 4.33 所示。

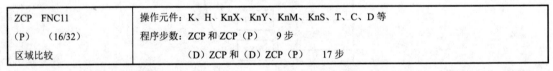

图 4.33　ZCP 指令的使用

3. 传送指令（FNC12）

（1）指令格式说明见表 4.13。

表 4.13　传送指令格式说明

MOV　FNC12 （P）　　（16/32） 传送	操作元件：K、H、KnX、KnY、KnM、KnS、T、C、D 等 程序步数：MOV 和 MOV（P）　　5 步 　　　　　　（D）MOV 和（D）MOV（P）　　9 步

说明：传送指令 MOV 是将源操作数传送到指定的目标操作数。

（2）举例说明，如图 4.34 所示。

图 4.34　传送指令 MOV 的使用

4. 移位传送指令（FNC13）

（1）指令格式说明见表 4.14。

表 4.14　移位传送指令格式说明

SMOV　FNC13 （P）　　（16/32） 移位传送	操作元件：K、H、KnX、KnY、KnM、KnS、T、C、D 等 程序步数：MOV 和 MOV（P）　　11 步

说明：移位传送指令 SMOV 是将数据重新分配或组合。

（2）举例说明，如图 4.35 所示。

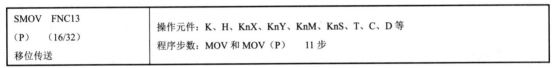

图 4.35　移位传送指令的使用

5. 取反传送指令（FNC14）

（1）指令格式说明见表 4.15。

表 4.15　取反传送指令格式说明

CML　FNC14 （P）　　（16/32） 取反传送	操作元件：K、H、KnX、KnY、KnM、KnS、T、C、D 等 程序步数：CML 和 CML（P）　　5 步 　　　　　　（D）CML 和（D）CML（P）　　9 步

说明：取反传送指令 CML 是将源操作数取反并传送到指定的目标操作数。

（2）举例说明，如图 4.36 所示。

图 4.36　取反传送指令的使用

6．块传送指令（FNC15）

（1）指令格式说明见表 4.16。

表 4.16　块传送指令格式说明

BMOV　FNC15 （P）　（16/32） 块传送	操作元件：K、H、KnX、KnY、KnM、KnS、T、C、D 等 程序步数：BMOV 和 BMOV（P）　　7 步

说明：块传送指令 BMOV 是将源操作数指定的元件开始的 n 个数组成的数据块传送到指定的目标操作数。

（2）举例说明，如图 4.37 所示。

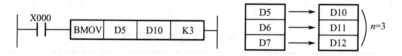

图 4.37　BMOV 指令的使用

7．多点传送指令（FNC16）

（1）指令格式说明见表 4.17。

表 4.17　多点传送指令格式说明

FMOV　FNC16 （P）　（16/32） 多点传送	操作元件：K、H、KnX、KnY、KnM、KnS、T、C、D 等 程序步数：FMOV 和 FMOV（P）　　7 步

说明：多点传送指令 FMOV 是将源元件中的数据传送到指定目标开始的 n 个元件中。

（2）举例说明，如图 4.38 所示。

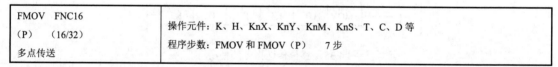

图 4.38　多点传送指令的使用

8．数据交换指令（FNC17）

（1）指令格式说明见表 4.18。

表 4.18　数据交换指令格式说明

XCH　FNC17 （P）　（16/32） 交换	操作元件：K、H、KnX、KnY、KnM、KnS、T、C、D 等
	程序步数：XCH 和 XCH（P）　　5 步
	（D）XCH 和（D）XCH（P）　　9 步

说明：数据交换指令 XCH 是将数据在指定的目标元件之间交换。

（2）举例说明，如图 4.39 所示。

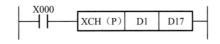

图 4.39　数据交换指令的使用

9. BCD 变换指令（FNC18）

（1）指令格式说明见表 4.19。

表 4.19　BCD 变换指令格式说明

BCD　FNC18 （P）　（16/32） 二进制变换成 BCD 码	操作元件：K、H、KnX、KnY、KnM、KnS、T、C、D 等
	程序步数：BCD 和 BCD（P）　　5 步
	（D）BCD 和（D）BCD（P）　　9 步

说明：BCD 变换指令是将源元件中的二进制数转换成 BCD 码送到目标元件中。BCD 变换指令可用于将 PLC 中的二进制数变换成 BCD 码输出以驱动七段数据显示器。

（2）举例说明，如图 4.40 所示。

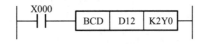

图 4.40　BCD 变换指令的使用

当 X0=ON 时，源元件 D12 中的二进制数变换成 BCD 码，被送到 Y0～Y7 的目标元件中去。

10. BIN 变换指令（FNC19）

（1）指令格式说明见表 4.20。

表 4.20　BIN 变换指令格式说明

BIN　FNC19 （P）　（16/32） BIN 变换	操作元件：KnX、KnY、KnM、KnS、T、C、D 等
	程序步数：BIN 和 BIN（P）　　5 步
	（D）BIN 和（D）BIN（P）　　9 步

说明：BIN 变换指令是将源元件中的 BCD 码转换成二进制数送到目标元件中。

（2）举例说明，如图 4.41 所示。

图 4.41　BIN 变换指令的使用

4.3.4　四则运算和逻辑运算指令

加法	FNC20	ADD
减法	FNC21	SUB
加 1	FNC24	INC
减 1	FNC25	DEC
逻辑与	FNC26	WAND
逻辑或	FNC27	WOR
逻辑异或	FNC28	WXOR

1．加法指令（FNC20）

（1）指令格式说明见表 4.21。

表 4.21　加法指令格式说明

ADD　FNC20	操作元件：K、H、KnX、KnY、KnM、KnS、T、C、D 等
（P）　　（16/32）	程序步数：ADD 和 ADD（P）　　7 步
BIN 加法运算	（D）ADD 和（D）ADD（P）　　13 步

说明：ADD 指令是将指定的源元件中的二进制数相加，将结果送到指定的目标元件中去。

（2）举例说明，如图 4.42 所示。

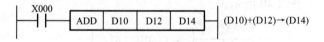

图 4.42　加法指令 ADD 的使用

2．减法指令（FNC21）

（1）指令格式说明见表 4.22。

表 4.22　减法指令格式说明

SUB　FNC21	操作元件：K、H、KnX、KnY、KnM、KnS、T、C、D 等
（P）　　（16/32）	程序步数：SUB 和 SUB（P）　　7 步
BIN 减法运算	（D）SUB 和（D）SUB（P）　　13 步

说明：SUB 指令是将指定的源元件中的二进制数相减，将结果送到指定的目标元件中去。

（2）举例说明，如图 4.43 所示。

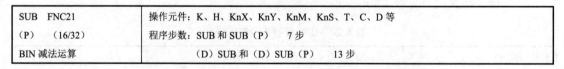

图 4.43　减法指令的使用

3. 乘法指令（FNC22）

（1）指令格式说明见表 4.23。

表 4.23 乘法指令格式说明

MUL FNC22	操作元件：K、H、KnX、KnY、KnM、KnS、T、C、D 等
（P） （16/32）	程序步数：MUL 和 MUL（P） 7 步
BIN 乘法运算	（D）MUL 和（D）MUL（P） 13 步

说明：MUL 指令是将指定的源元件中的二进制数相乘，将结果送到指定的目标元件中去。16 位数相乘积为 32 位，32 位数相乘积为 64 位。

（2）举例说明，如图 4.44 所示。

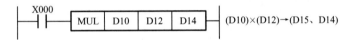

图 4.44 乘法指令的使用

4. 除法指令（FNC23）

（1）指令格式说明见表 4.24。

表 4.24 除法指令格式说明

DIV FNC23	操作元件：K、H、KnX、KnY、KnM、KnS、T、C、D 等
（P） （16/32）	程序步数：DIV 和 DIV（P） 7 步
BIN 除法运算	（D）DIV 和（D）DIV（P） 13 步

说明：DIV 指令是将指定的源元件中的二进制数相除，将结果送到指定的目标元件中去。

（2）举例说明，如图 4.45 所示。

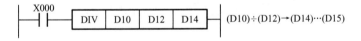

图 4.45 除法指令的使用

5. 逻辑与指令（FNC26）

（1）指令格式说明见表 4.25。

表 4.25 逻辑与指令格式说明

AND FNC26	操作元件：K、H、KnX、KnY、KnM、KnS、T、C、D 等
（P） （16/32）	程序步数：AND 和 AND（P） 7 步
逻辑与	（D）AND 和（D）AND（P） 13 步

（2）举例说明，如图 4.46 所示。

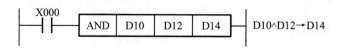

图 4.46　逻辑与指令的使用

6. 逻辑或指令（FNC27）

（1）指令格式说明见表 4.26。

表 4.26　逻辑或指令格式说明

OR　FNC27	操作元件：K、H、KnX、KnY、KnM、KnS、T、C、D 等
（P）　（16/32）	程序步数：OR 和 OR（P）　　7 步
逻辑或	（D）OR 和（D）OR（P）　　13 步

（2）举例说明，如图 4.47 所示。

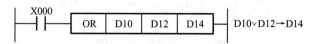

图 4.47　逻辑或指令的使用

7. 逻辑异或指令（FNC28）

（1）指令格式说明见表 4.27。

表 4.27　逻辑异或指令格式说明

XOR　FNC28	操作元件：K、H、KnX、KnY、KnM、KnS、T、C、D 等
（P）　（16/32）	程序步数：XOR 和 XOR（P）　　7 步
逻辑或	（D）XOR 和（D）XOR（P）　　13 步

（2）举例说明，如图 4.48 所示。

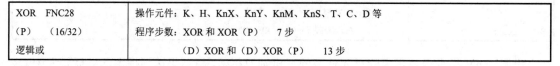

图 4.48　逻辑异或指令的使用

8. 求补指令（FNC29）

求补指令是把二进制数各位取反再加 1 后，送入目标操作数中。实际上是绝对值不变的变号操作。

PLC 的负数以二进制数的补码形式表示，其绝对值可以通过求补指令求得。

（1）指令格式说明见表 4.28。

表 4.28　求补指令格式说明

NEG　FNC29	操作元件：K、H、KnX、KnY、KnM、KnS、T、C、D 等
（P）　（16/32）	程序步数：NEG 和 NEG（P）　　3 步
求补	（D）NEG 和（D）NEG（P）　　5 步

（2）举例说明，如图 4.49 所示。

图 4.49　求补指令的使用

思 考 题

图文：参考答案

4.1　M8002 的功能是什么？通常用在何处？

4.2　什么叫双线圈输出？在什么情况下允许双线圈输出？

4.3　用 X0 控制 8 个彩灯 Y0～Y7 的移位，控制要求如下：每隔 1s 移一位，用 X1 控制左移或右移，用 MOV 指令将彩灯的初值设定为十六进制数 H0F（Y3～Y0 为 1）。试设计梯形图。

4.4　用 ALT 指令设计用按钮 X0 控制 Y0 的电路，实现用 X0 输入 4 个脉冲，从 Y0 输出一个脉冲。

4.5　试用梯形图设计一个控制电路，实现一台电动机正反转连续运行、点动运行及停止的控制，并编写语句表。

4.6　将如图 4.50 所示 SFC 状态转移图转变成梯形图。

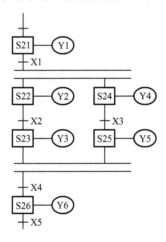

图 4.50　SFC 状态转移图

4.7　有一个指示灯，控制要求如下：按下启动按钮后，亮 5s，灭 3s，重复 5 次后停止工作。试设计梯形图。

第 5 章

触摸屏应用及组态

教学目的及要求

1. 了解触摸屏的类型、功能、操作面板及使用方法；
2. 了解触摸屏的应用开发流程；
3. 了解组态软件的整体结构及功能；
4. 掌握人机界面编程方法。

5.1　图形操作终端 GOT

触摸屏包括显示模块、感压模块、通信模块等。显示模块用于显示用户的数据和图形；感压模块用于接收用户对于显示器的操作；通信模块连接上位机，用于设计和调试程序，也可以在正常工作状态时用于连接 PLC 执行机内程序，作为 PLC 的输入和输出终端，如图 5.1 所示。

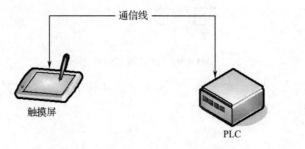

图 5.1　触摸屏与 PLC 的连接

图文：触摸屏界面

触摸屏具有开发快、稳定性高（工业级）、成本低、通用性好、形象化等特点。

HMI（Human Machine Interface，人机界面）实现数据存取终端（DU）

图文：GOT1000

到图形、数据显示操作终端 GOT（Graphic Operation Terminal，以下简称"图形操作终端"）的交互和信息交换，满足人机信息交流需求。

市场上主要使用的三菱触摸屏有以下系列。

（1）GOT1000，又分为 GT11 和 GT15 两个系列，其中，GT11 主要面向低端市场，屏幕尺寸有 10.4 英寸、8.4 英寸和 5.7 英寸；GT15 主要面向高端市场，适应网络等广泛应用的扩展功能，它支持 65536 色显示，高亮度，色彩更加真实自然，标准内置为 9MB，最大可扩展至 57MB，其屏幕尺寸有 15 英寸、12.1 英寸、10.4 英寸和 8.4 英寸。

（2）GOT2000，为后续机种，主要有 GT27、GT25、GT23 和 GT21 系列。

（3）GS（GOT Simple），为经济型触摸屏，主要有 GS2107-WTBD（7 英寸）和 GS2110-WTBD（10 英寸）两款，达到了 800 像素×480 像素，内置 Ethernet、USB、RS-422、RS-232 接口。

三菱触摸屏下载线 GT09-C30USB-5P 用于个人计算机（USB）与 GOT（USB mini-B）之间的连接。

三菱触摸屏的应用开发流程具体如下。

● 熟悉开发目的，确认设计方向，确认是否适合使用触摸屏。

● 编写并调试 PLC 程序，决定触摸屏与 PLC 通信所需的资源。

● 设计触摸屏界面和通信协议，决定最终用户界面。

● 联机调试 PLC 和触摸屏，实现现场应用。

5.1.1　GOT 功能模式

图形操作终端按安装方式分为装置式和手持式两类，如图 5.2 所示，装置式 GOT 安装在控制面板或操作面板上，手持式 GOT 吊装在操作现场。通过 GOT 画面可以监视设备的各种运行情况并改变 PLC 的数据。GOT 内置了几个画面（系统画面），可以提供各种功能，用户还可以创建用户定义画面。

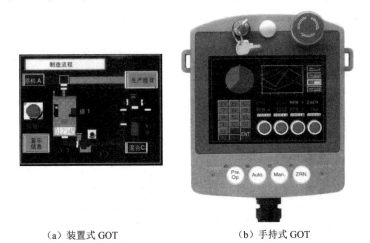

（a）装置式 GOT　　　　　　　　（b）手持式 GOT

图 5.2　GOT 按安装方式分类

GOT 除了与 PLC 连接，还可根据需要连接其他外部设备。

- GOT 与 PLC 连接：RS-422 或 RS-232C 通信。
- GOT 与计算机连接：RS-232C 通信，用绘图软件创建用户画面。
- GOT 与打印机、条形码阅读机连接：RS-232C 通信，用以打印采样数据、报警记录、报警消息和硬拷贝信息。
- GOT 与 EPROM 写入器连接：扩展接口，保存用户画面。

GOT 的功能分为 6 个模式，通过选择模式可使用相应的功能。

1．用户画面模式

在用户画面模式下，GOT 不仅显示用户创建的画面，并且显示报警信息。在一个显示画面上，可以显示字符、直线、长方形、圆等，这些对象根据其功能分类，可组合显示。如果有两个或更多用户画面，则可以用 GOT 上的触摸键或 PLC 切换这些画面（用户可以设置要切换画面的条件和随后要显示的画面）。用户画面模式下的功能概要见表 5.1。

表 5.1　用户画面模式下的功能概要

功　能	功　能　概　要
字符显示	显示字母和数字
绘图	显示直线、圆和长方形
灯显示	在屏幕指定区域根据 PLC 中位元件的 ON/OFF 状态反转（明暗）显示
图形显示	可以以棒图、线形图和仪表面板的形式显示 PLC 中字元件的设定值和当前值
数据显示	可以以数字的形式显示 PLC 中字元件的设定值和当前值
数据改变	可以改变 PLC 中字元件的当前值和设定值
开关功能	控制 PLC 中位元件的 ON/OFF 状态。控制形式可以是瞬时、交替和置位/复位
画面切换	可以用 PLC 或触摸键切换显示画面
数据成批传送	GOT 中存储的数据可以被成批传送到 PLC
安全功能	只有在输入正确密码后才能显示画面（该功能在系统画面中也可以使用）

2．HPP 模式

在 HPP（Handy Programming Panel）模式下，用户可将 GOT 用作手持式编程器。HPP 模式下的功能概要见表 5.2。

表 5.2　HPP 模式下的功能概要

功　能	功　能　概　要
程序清单	可以以指令表的形式读、写和监视程序
参数	可以读写程序容量、锁存寄存器范围的参数
BFM 监视	可以监视特殊模块的缓冲存储器（BFM），也可以改变它们的设定值
元件监视	可以用元件编号和注释表达式监测位元件的 ON/OFF 状态及字元件的当前值和设定值
当前值/设定值改变	可以用元件编号和注释表达式改变字元件的当前值和设定值
强制 ON/OFF	PLC 中的位元件可以强制变为 ON 或 OFF

续表

功　能	功　能　概　要
状态监视	处于 ON 状态的状态继电器（S）编号被自动显示用于监视
PLC 诊断	读取和显示 PLC 的错误信息

3. 采样模式

在采样模式下，可以以固定的时间间隔（固定周期）或在满足位元件的 ON/OFF 条件（触发器）时获得连续改变的寄存器的内容。获得的数据可以以图形或列表的形式显示，也可以在 GOT 的"其他模式"下由用户画面创建软件打印。采样模式可以用来管理机器操作速率和产品状态的数据。采样模式下的功能概要见表 5.3。

表 5.3　采样模式下的功能概要

功　能	功　能　概　要
条件设置	可设置多达四个要采样元件的条件、采样开始/停止时间等
结果显示	可以以清单或图形形式显示采样结果
数据清除	清除采样结果

4. 报警模式

在报警模式下，可将报警信息指定到 PLC 中多达 256 个连续的位元件。如果画面创建软件设置的报警元件变为 ON，则在用户画面模式和报警模式（系统画面时）中可以显示相应的报警信息并输出到打印机。报警功能可以显示报警信息和当前报警清单，可以存储报警历史，监控机器状态，并使排除故障变得更加容易。报警模式下的功能概要见表 5.4。

表 5.4　报警模式下的功能概要

功　能	功　能　概　要
清单（状态显示）	在清单中以发生的顺序显示当前报警
历史	报警历史和事件时间（以时间顺序）一起被存储在清单中
频率	存储每个报警的事件数量
历史清除	删除报警历史

5. 测试模式

在测试模式下，可以显示用户画面清单，可以编辑数据文件，还可以执行调试，以确认键操作。测试模式下的功能概要见表 5.5。

图文：触摸屏调试

表 5.5　测试模式下的功能概要

功　能	功　能　概　要
画面清单	以画面编号的顺序显示用户画面
数据文件	可以改变在配方功能（数据文件传送功能）中使用的数据

续表

功　能	功　能　概　要
调试操作	检测用户画面上触摸键操作、画面切换操作等是否被正确执行
通信监视	监测与之连接的 PLC 的通信状态

6. 其他模式

在其他模式中提供了时间开关、数据传输、打印机输出和系统设定等功能。其他模式下的功能概要见表 5.6。

表 5.6　其他模式下的功能概要

功　能	功　能　概　要
时间开关	在指定时间将指定元件设为 ON/OFF
数据传送	可以在 GOT 和画面创建软件之间传送用户画面、采样数据和报警历史
打印机输出	可以将采样结果和报警历史输出到打印机
密码	可以登记进入密码保护 PLC 中的程序
环境设置	允许进行操作 GOT 所需要的系统设置，可以指定系统语言、连接的 PLC、串行通信参数、开机屏幕、主菜单调用、当前时间、背光灯熄灭时间、蜂鸣音量、LCD 对比度、画面数据清除等初始设置

5.1.2　GT Designer 人机界面编程步骤

如今，人机界面已经成为高级设备控制终端的流行装置，它可以方便地将 CPU 的内部寄存器和继电器展示出来，并且加以编辑及控制。它使工控设备的操作和控制变得更加容易，充分体现了现代高科技的便利。

三菱 GT Works2 主要包含 GT Designer2 画面设计软件和 GT Simulator2 仿真软件。GT Simulator2 可在一台个人计算机上对 GOT 的画面进行仿真，以调试该画面。如果调试的结果说明必须修改画面，则此更改可用 GT Designer2 来完成，并可立即用 GT Simulator2 进行测试，这样可大幅缩短调试时间。

图文：GT Designer2 版本 2 使用手册

三菱 GT Works3 于 2013 年发布，是集成化人机界面创建软件，支持 GOT 1000、GOT 2000 系列触摸屏，支持用计算机代替触摸屏运行可视化监控系统。GT Works3 的主要组成部分具体如下。

- DataTransfer——读写全系列 GOT 的工程数据。
- GT Designer3——创建人机界面工程。
- GT Simulator3——仿真调试和监控 PLC。
- GT SoftGOT1000——用计算机代替 GOT1000 运行监控画面。
- GT SoftGOT2000——用计算机代替 GOT2000 运行监控画面。

图文：GT Designer3 画面设计手册（公共篇）

1. 人机界面触摸屏

（1）主菜单。

显示应用程序中可以设置的菜单项。触摸各菜单项后，会显示相应的设置画面或下一个选择项目画面，如图 5.3 所示。

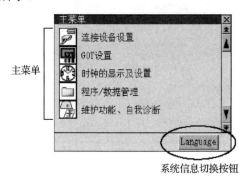

图 5.3　主菜单

（2）系统信息切换按钮。

用来切换应用程序上的语言和系统报警语言的按钮。在图 5.3 中，触摸按钮后，在弹出的画面中选择"中文"，GOT 将重新启动，应用程序上的语言将被切换为中文。

2．安装触摸屏软件

找到关于人机界面 GOT 的文件夹，里面有个"GT Designer2"软件，在安装之前先打开"EnvMEL"文件夹，如图 5.4 所示，安装运行环境，运行"EnvMEL"里的"Setup.exe"，安装软件所需的运行环境。

安装完运行环境后，再回到"GT Designer2"文件夹下，运行"GTD2-C.exe"，如图 5.4所示，等弹出欢迎画面后，选择"GT Designer2 安装"，按照提示将软件安装完毕。

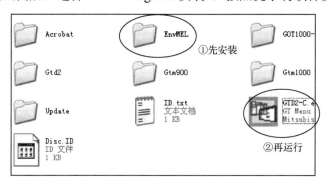

图 5.4　软件安装过程

3．GT1155 简要设置与操作

将计算机（COM 端口）和触摸屏（RS-232 端口）用三菱下载线相连。单击"新建"按钮，出现"新建工程向导"画面，如图 5.5 所示，可以对触摸屏的系统、连接机器和画面进行设置。如果不勾选"显示新建工程向导"，则新建工程时就不会出现如图 5.5 所示画面。

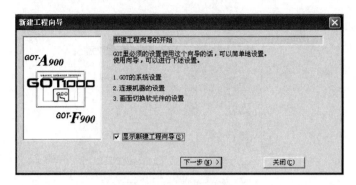

图 5.5　新建工程向导

4．系统设置

设置触摸屏的型号，通过下拉列表选择支持的触摸屏型号，如图 5.6 所示。如设备配置的是 GT1155-QSBD-C，只需选择"GT11**－V－C（640×480）"。在"颜色设置"框中选择颜色深度。

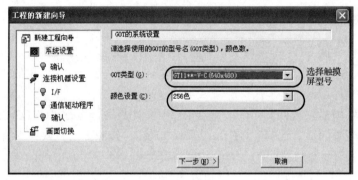

图 5.6　系统设置

5．连接机器设置

连接机器设置如图 5.7 所示，用于设置人机界面触摸屏监控的外设。常用设备注解具体如下。

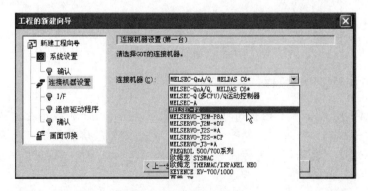

图 5.7　连接机器设置

MELSEC－FX：三菱 FX 系列 PLC；

MELSEC－QnA/Q：三菱 QnA 及 Q 系列 PLC；

MELSEC－A：三菱 A 系列 PLC；

欧姆龙－C：欧姆龙 C 系列 PLC；

松下—FP：松下 FP0、FP1 系列 PLC；

SIEMENS－S7 300：西门子 S7-300 系列 PLC；

SIEMENS－S7 200：西门子 S7-200 系列 PLC；

FREQROL：三菱变频器。

6."IF"设置和"通信驱动程序"设置

通过"I/F"设置，确定外部设备的连接口。如果 GOT 是通过 RS-422 端口与 PLC 等外设进行通信的，则将此项设置成"标准 RS-422"。单击"下一步"按钮后，在"通信驱动程序"的设置画面中设置通信驱动程序。如果选择 PLC 设备，则将此项设置成"Melsec-FX"即可。再单击"下一步"按钮进行确认。

7. 设置画面基本属性

指示灯、数值显示等输入状态或数据是通过属性中的软元件设置的。定义了基本画面的软元件之后，就可以确认并结束向导的设置（默认不用改变，定义软元件 GD100 即可）。

新建完基本画面后，就要设置它的属性。

① 画面编号：在整个工程中，画面编号是唯一的，可以通过这个编号对画面进行索引。

② 标题：画面的名称，帮助编程人员理解和归类，如果画面是主控画面，则输入"主界面"，便于记忆和管理。

③ 指定背景色：利用此功能设置画面的背景颜色。其中"图样前景色"和"图样背景色"互为补充。如果"填充图样"选择为□，则背景主要显示"图样前景色"，如果"填充图样"选择为■，则背景主要显示"图样背景色"，如图 5.8 所示。

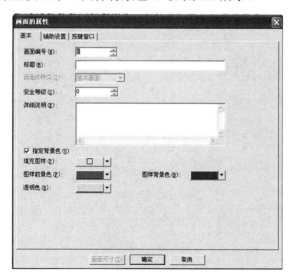

图 5.8　指定背景色

8. "OS" 的安装

如果触摸屏在开机后显示没有安装 OS（Operation System），或者无法调出中文操作菜单，则需要在"跟 GOT 的通信"[①]中选择安装相关的 OS。

在 GT Designer2 软件的菜单栏里，选择"通信"→"跟 GOT 的通信"，可弹出"跟 GOT 的通信"对话框。先在"通信设置"里设置通信端口和传输速度，然后单击"测试"按钮，如图 5.9 所示。如果连线已接好，则会弹出"与 GOT 连接成功"的对话框。

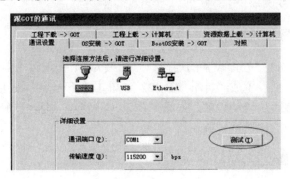

图 5.9　测试

连接成功后，选择"OS 安装—>GOT"标签卡，然后在对话框中选择"中文（简体）"，其他选项会随之自动出现，如图 5.10 所示。然后单击"安装"按钮，触摸屏就进入与计算机通信中，此时不能关闭 GOT 电源或者拔出 GOT 通信线。

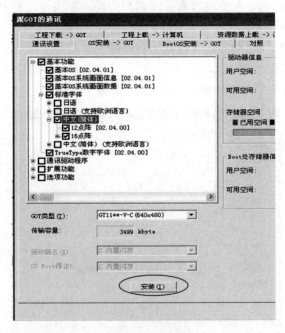

图 5.10　安装 OS

---

① 本书软件图中的"通讯"应为"通信"，为保证与软件操作界面一致，未做修改。

9. 工程画面下载

根据不同的 GOT 型号，GOT 传送有 3 种方法。

① 使用 UBS 电缆和 RS-232C 电缆传送；

② 使用 UBS 存储器传送；

③ 使用 CF 卡传送。

当工程画面编辑完毕后，先执行菜单栏中的"通信"→"跟 GOT 的通信"命令，再选择"工程下载—>GOT"标签卡，如图 5.11 所示，在"基本画面"里选择需要下载的画面名称，在名称前打勾，选择完毕后单击"下载"按钮，就可以进行数据下载。在下载过程中禁止关闭触摸屏电源和移动 GOT 通信线。

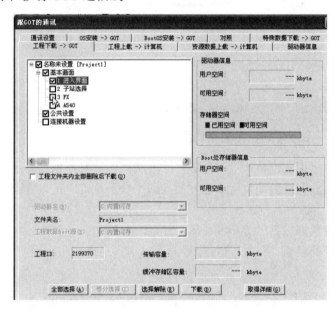

图 5.11　工程下载

5.1.3　GT Designer 触摸屏窗口编程实例

设计要求：制作 4 个窗口，分别为主窗口、窗口 1、窗口 2 和窗口 3；能够实现窗口之间自由切换，并且没有"死胡同"，即 4 个窗口均有上、下翻页和返回功能。窗口链接的目的是实现在触摸屏中不同画面之间的切换，以便完成多项监控功能。一般使用"画面切换开关"作为链接的切换键，如图 5.12 所示，通过选择菜单栏中的"对象"→"开关"→"画面切换开关"命令实现窗口切换。

图 5.12　窗口切换菜单

1. 建立 4 个画面窗口

如图 5.13 所示，在菜单栏中依次执行"画面"→"新建"→"基本画面"命令，根据前述基本操作设置名称、颜色等属性。先建立 1 个名称为"主界面"的窗口，再建立 3 个窗口，在"标题"中分别输入"窗口 1""窗口 2""窗口 3"。

图 5.13　建立 4 个画面窗口

2. 在"主界面"中放置切换按键（切换到第 2 页）

在主界面的菜单栏中依次执行"对象"→"开关"→"画面切换开关"命令，此时光标变成十字状，在需要放置按键的位置单击左键，即可放置按键。可以连续放置，直至右击鼠标取消放置。

放置完毕后，调整好按键的大小和位置，然后双击按键，会弹出按键属性设置对话框。由于是画面切换方面的设置，所以在属性设置对话框中只出现了与画面切换相关的属性设置，如图 5.14 所示。

图 5.14　放置切换按键

在"基本"标签卡中设置以下属性。

● 在"切换画面种类"区域选择"基本画面";

● 在"切换到"区域中"固定画面"选择画面编号"2",或者下拉选择窗口标题"窗口1";

● 在"显示方式"区域可以设置按键的背景色和前景色,通过选择"OFF"或"ON"来决定按钮开与关时的颜色;

● 在"图形"中可以根据按键功能需要或客户需要来选择按键的风格,单击"其他"可以选择更多外形,如圆形、方形、立体等。

如图 5.15 所示,选择"文本/指示灯"标签卡,可以设置按键上的文字在"ON"或"OFF"两种状态时的颜色和字体。在"文本"框中输入按键的名称,如"下一页"。

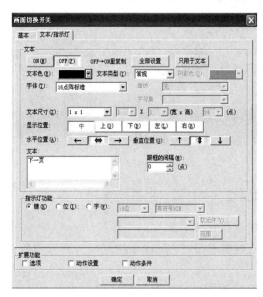

图 5.15　文本/指示灯标签卡设置

注意,文本的颜色要与按键的底色区分开。例如,按键处于"OFF"状态时为深色,则文本为浅色,按键处于"ON"状态时为浅色,则文本为深色,这样的设计会使按键有更好的效果。

3. 重复设置窗口

以类似的方法在窗口 1、窗口 2、窗口 3 中做出"上一页"、"下一页"和"返回"的按钮。将编辑好的画面下载到 GOT 中进行验证。

5.1.4　GT Designer 触摸屏开关量编程实例

设计要求:制作一个主窗口,在其中放入五个按键"开关"。其中按键开关"X0"用来控制及监控 PLC 位 X0 的状态;按键开关"Y0(置位)"与"Y0(复位)"分别用来控制 PLC 位 Y0 的开与闭状态;按键开关"Y1(交替)"用来交替控制 PLC 位 Y1 的开与闭状态;按键开关"Y2(点动)"用来点动控制 Y2 的开与闭状态。

1. 新建一个工程（参考前面的 GT1155 简要设置与操作）

新建基本画面即"主界面"，在菜单栏中依次执行"画面"→"新建"→"基本画面"命令，根据前述基本操作设置名称、颜色等属性，如图 5.16 所示。

图 5.16 主界面属性设置

2. 在"主界面"中放置位开关按键（用来控制 PLC 开关量）

在主界面的菜单栏中依次执行"对象"→"开关"→"位开关"命令，当光标变成十字状时，在需要放置按键的位置单击左键（后面采用同样的方式放置按键）。可以连续放置，直至右击鼠标取消放置。

放置完毕后，调整好按键的大小和位置，然后双击按键（以位开关按键"Y0（置位）"为例），弹出"位开关"按键属性设置对话框，如图 5.17 所示。

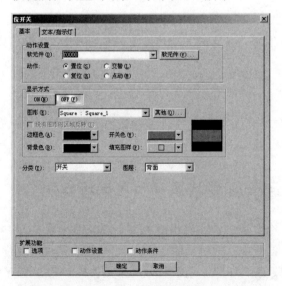

图 5.17 "位开关"按键属性设置对话框

在位开关"基本"标签卡中设置以下属性。

● 将"动作设置"区域软元件设为"Y0000"，动作设为"置位"；

● 在"显示方式"区域中可以设置按键的背景色和前景色，通过选择"OFF"或"ON"来决定按钮开与关时的颜色。

3．设置其他开关按键

用类似的方法在"主界面"中设置其他四个位开关按键，其中按键开关"Y0（复位）"的"动作设置"区域软元件设为"Y0"，动作设为"复位"；按键开关"Y1（交替）"的"动作设置"区域软元件设为"Y1"，动作设为"交替"；按键开关"Y2（点动）"的"动作设置"区域软元件设为"Y2"，动作设为"点动"；按键开关"X0"的"文本/指示灯"标签卡中的指示灯功能设为"位"。画面最终效果如图 5.18 所示。

图 5.18　画面最终效果

4．下载验证

将编辑好的画面下载到 GOT 中进行验证。

5.1.5　GT Designer 触摸屏数据量编程实例

设计要求：通过触摸屏的触摸键间接改变（通过 PLC 开关量）PLC 内部的数据寄存器（D0）的值，通过触摸屏的"数值输入"对象直接改变 PLC 内部的数据寄存器（D0）的值。其中，触摸键"X0（D0-5）"与"X1（D0+5）"分别表示对数据寄存器（D0）进行减 5、加 5 操作；触摸键"X2（D0=0）"对数据寄存器（D0）清零；"数值显示"、"面板仪器"和"液位"三个对象分别以数字和图形方式表示数据寄存器 D0 的值。

1．新建工程

新建基本画面即"主界面"，在菜单栏中依次执行"画面"→"新建"→"基本画面"命令，根据前述基本操作设置名称、颜色等属性，如图 5.19 所示。

2．在"主界面"中放置位开关按键

在主界面的菜单栏中依次执行"对象"→"开关"→"位开关"命令，当光标变成十字

状时，在需要放置按键的位置单击左键（以后采用相同方式放置按键）。可以连续放置，直至右击鼠标取消放置。

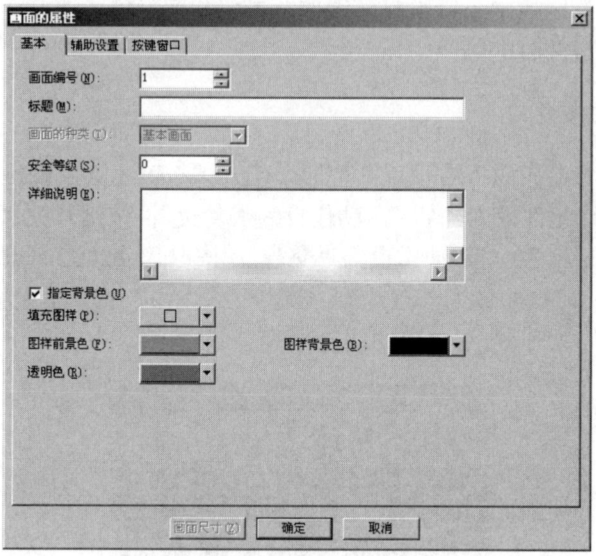

图 5.19　画面属性设置

采用类似的方法在"主界面"中设置其他两个位开关按键，其中按键开关"X0（D0-5）"的"动作设置"区域软元件设为"X0"，动作设为"点动"；按键开关"X2（D0=0）"的"动作设置"区域软元件设为"X2"，动作设为"点动"。

放置完毕后，调整好按键的大小和位置，然后双击按键（以位开关按键"X1（D0+5）"为例），弹出"位开关"按键属性设置对话框，如图 5.20 所示。

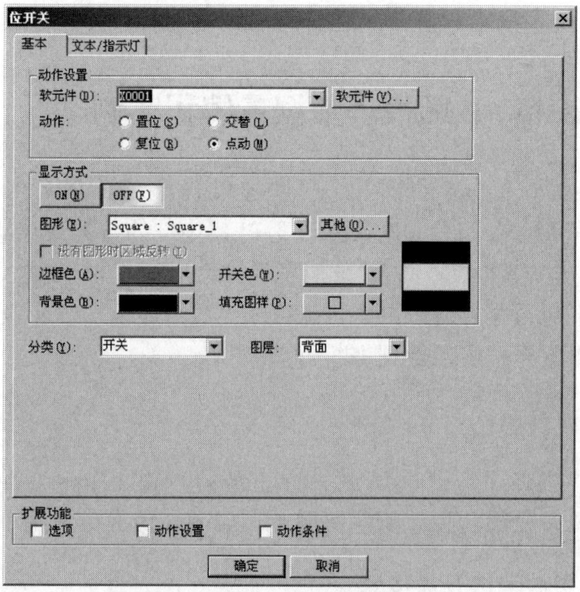

图 5.20　"位开关"按键属性设置对话框

在位开关"基本"标签卡中设置以下属性。

● 将"动作设置"区域软元件设为"X1"，动作设为"点动"；

● 在"显示方式"区域可以设置按键的背景色和前景色，通过选择"OFF"或"ON"来决定按钮开与关时的颜色。

3．在"主界面"中放置"数值输入"对象

"数值输入"对象用来直接改变 PLC 内部的数据寄存器（D0）的值。在主界面的菜单栏中依次执行"对象"→"数值输入"命令，当光标变成十字状时，在需要放置该对象的位置单击左键。

放置完毕后，调整好按键的大小和位置，然后双击"数值输入"对象，弹出"数值输入"对象基本属性设置对话框，如图 5.21 所示。

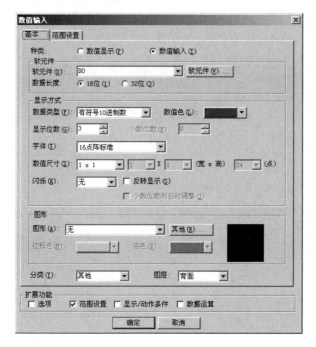

图 5.21　"数值输入"对象基本属性设置对话框

在"数值输入"对象的基本属性标签卡中设置以下属性。

● 将"软元件"区域中的软元件设为"D0"；

● 在"显示方式"区域可以设置数值对象的颜色、数值尺寸及数值闪烁效果；

● 在"扩展功能"区域勾选"范围设置"后出现"范围设置"标签卡，如图 5.22 所示。在范围（$W:软元件值或数据运算后的值或输入值）中设置数据寄存器（D0）的值的范围，这里设置为 0≤$W≤100。

4．在"主界面"中放置"数值显示"对象

"数值显示"对象用来显示 PLC 内部的数据寄存器（D0）的值。在主界面的菜单栏中依次执行"对象"→"数值显示"命令，当光标变成十字状时，在需要放置该对象的位置单击左键。

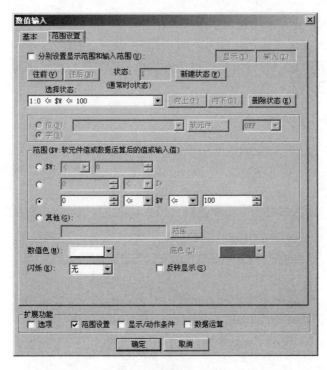

图 5.22 "范围设置"标签卡

放置完毕后，调整好按键的大小和位置，然后双击"数值显示"对象，弹出"数值显示"对象基本属性设置对话框，如图 5.23 所示。

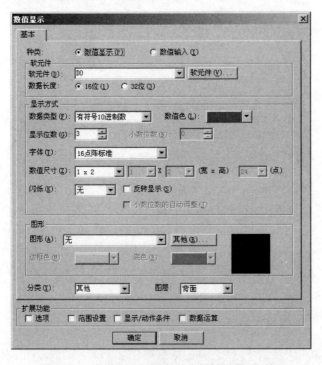

图 5.23 "数值显示"对象基本属性设置对话框

在"数值显示"对象的基本属性标签卡中设置以下属性。

● 将"软元件"区域中的软元件设为"D0"；

● 在"显示方式"区域可以设置数值对象的颜色、数值尺寸及数值闪烁效果。

5. 在"主界面"中放置"面板仪表"对象

"面板仪表"对象用来以图形方式表示数据寄存器 D0 的值。在主界面的菜单栏中依次执行"对象"→"面板仪表"命令，当光标变成十字状时，在需要放置该对象的位置单击鼠标左键。

放置完毕后，调整好按键的大小和位置，然后双击"面板仪表"对象，弹出"面板仪表"对象基本属性设置对话框，如图 5.24 所示。

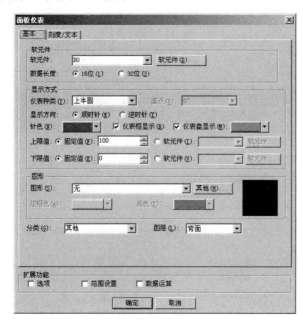

图 5.24　"面板仪表"对象基本属性设置对话框

在"面板仪表"对象的"基本"属性标签卡中设置以下属性。

● 将"软元件"区域中的软元件设为"D0"，数据长度选择 16 位；

● 将"显示方式"区域中的仪表种类设为"上半圆"，显示方向选择"顺时针"，上限值设为 100，下限值设为 0；在"面板仪表"对象的"刻度/文本"属性标签卡中设置以下属性：将"刻度"区域刻度显示中的"刻度数"设为 10，刻度色设为白，如图 5.25 所示。

6. 在"主界面"中放置"液位"对象

"液位"对象用来以图形方式表示数据寄存器 D0 的值。在主界面的菜单栏中依次执行"对象"→"液位"命令，当光标变成十字状时，在需要放置该对象的位置单击鼠标左键。

放置完毕后，调整好按键的大小和位置，然后双击"液位"对象，弹出"液位"对象基本属性设置对话框，如图 5.26 所示。

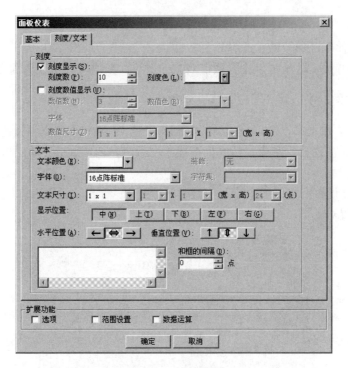

图 5.25 刻度显示

图 5.26 "液位"对象基本属性设置对话框

在"液位"对象的"基本"属性标签卡中设置以下属性。

● 将"软元件"区域中的软元件设为"D0",数据长度选择 16 位；

● 在"显示方式"区域将上限值设为 100，下限值设为 0；显示方向设为"向上"，并设置好相关颜色。

7. "主界面"的最终效果

"主界面"的最终效果如图 5.27 所示。

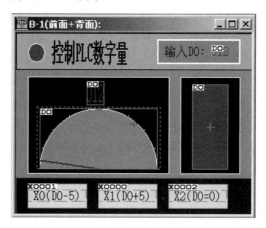

图 5.27　"主界面"的最终效果

5.2　组态软件

5.2.1　组态软件介绍

组态软件是上位机软件的一种，又称组态监控系统软件，译自英文 SCADA，即 Supervisory Control and Data Acquisition（数据采集与监视控制）。它是用于数据采集与过程控制的专用软件。组态软件的应用领域很广，包括电力、给水、石油、化工等。

组态软件在国内是一个约定俗成的概念，并没有明确的定义，它可以理解为"组态式监控软件"。"组态（Configure）"的含义是"配置""设定""设置"等，是指用户通过类似"搭积木"的简单方式来完成自己所需的软件功能，而不需要编写计算机程序，它有时也被称为"二次开发平台"。"监控（Supervisory Control）"即监视和控制，是指通过计算机对自动化设备或过程进行监视、控制和管理。

组态软件大都支持各种主流工控设备和标准通信协议，并且通常提供分布式数据管理和网络功能。组态软件还是一个使用户能快速建立自己的 HMI 的软件工具或开发环境。

通用组态软件的主要特点如下。

（1）延续性和可扩充性。用通用组态软件开发的应用程序，当现场（包括硬件设备和系统结构）或用户需求发生改变时，无须做很多修改就可以方便地完成软件的更新和升级。

（2）封装性。通用组态软件所能完成的功能都用一种方便用户使用的方法包装起来，对于用户，无须掌握太多的编程知识（甚至不需要编程知识），就能很好地完成一个复杂工程所要求的所有功能。

（3）通用性。每个用户根据工程实际情况，利用通用组态软件提供的底层设备（PLC、智能仪表、智能模块、板卡、变频器等）的 I/O Driver、开放式的数据库和画面制作工具，就能完成一个具有动画效果、实时数据处理能力、历史数据和曲线并存、多媒体功能和网络功能的工程，不受行业限制。

5.2.2　常见的组态软件

1. 国外组态软件

（1）InTouch：Wonderware（万维公司）是全球工业自动化软件的领先供应商。Wonderware 的 InTouch 软件是最早进入中国的组态软件之一。在 20 世纪 80 年代末、90 年代初，基于 Windows 3.1 的 InTouch 软件曾让人们耳目一新，并且 InTouch 提供了丰富的图库。但是，早期的 InTouch 软件采用 DDE 方式与驱动程序通信，性能较差，最新的 InTouch7.0 版本软件已经完全基于 32 位的 Windows 平台，并且提供 OPC 支持。

（2）IFix：Interllution 公司以 Fix 组态软件起家，1995 年被艾默生收购，现在是爱默生集团的全资子公司，Fix6.x 软件提供工控人员熟悉的概念和操作界面，并提供完备的驱动程序（需单独购买）。20 世纪 90 年代末，Interllution 公司重新开发内核，并将重新开发的新产品系列命名为 iFiX。iFiX 提供了强大的组态功能，将 Fix 原有的 Script 语言改为 VBA（Visual Basic For Application），并且在内部集成了微软的 VBA 开发环境。Interllution 的产品与 Microsoft 的操作系统、网络进行了紧密的集成。Interllution 是 OPC（OLE for Process Control）组织的发起成员之一。iFiX 的 OPC 组件和驱动程序同样需要单独购买。目前，iFiX 等原 Interllution 公司的产品均归 GE 智能平台（GE-IP）。

（3）Citech：Citect（悉雅特集团）是世界领先的工业自动化系统、设施自动化系统、实时智能信息和新一代 MES 的独立供应商。该公司的 Citech 软件也是较早进入中国市场的产品之一。Citech 软件具有简洁的操作方式，但其操作方式主要面向程序员，而不是工控用户。Citech 提供了类似 C 语言的脚本语言进行二次开发，但与 iFix 不同的是，Citech 的脚本语言并非是面向对象的，这无疑为用户进行二次开发增加了难度。

（4）WinCC：西门子自动化与驱动集团（A&D）是西门子股份公司中最大的集团之一，是西门子工业领域的重要组成部分。SIEMENS 的 WinCC 是一套完备的组态开发环境，提供类似 C 语言的脚本，包括一个调试环境。WinCC 内嵌 OPC 支持，并可对分布式系统进行组态。但 WinCC 的结构较复杂，用户最好经过 SIEMENS 公司的培训以掌握 WinCC 的应用。

2. 国内品牌

（1）紫金桥 Realinfo：由紫金桥软件技术有限公司开发，该公司是由中石油大庆石化总厂出资成立的。

（2）HMIBuilder：由北京昆仑纵横科技发展有限公司开发，该软件实用性强，性价比高，主要搭配该公司的硬件使用。

（3）世纪星：由北京世纪长秋科技有限公司开发，产品自 1999 年开始销售。

（4）三维力控：由北京三维力控科技有限公司开发，核心软件产品初创于 1992 年。

（5）组态王 KingView：由北京亚控科技发展有限公司开发，该公司成立于 1997 年。1991 年开始创业，1995 年推出组态王 1.0 版本，目前在市场上广泛使用的是 KingView6.53、KingView6.55 版本，每年销量在 10，000 套以上，在国产软件市场中市场占有率第一。

（6）MCGS：由北京昆仑通态自动化软件科技有限公司开发，分为通用版、嵌入版和网络版，其中嵌入版和网络版是在通用版的基础上开发的，在市场上主要搭配该公司的硬件销售。

（7）态神：由南京新迪生软件技术有限公司开发，核心软件产品初创于 2005 年，是首款 3D 组态软件。

（8）uScada：uScada 是国内著名的免费组态软件，uScada 包括常用的组态软件功能，如画面组态、动画效果、通信组态、设备组态、变量组态、实时报警、控制、历史报表、历史曲线、实时曲线、棒图、历史事件查询、脚本控制、网络等功能，可以满足一般的小型自动化监控系统的要求。软件的特点是小巧、高效、使用简单。uScada 也向第三方提供软件源代码进行二次开发，但是源码需收费。

（9）QTouch：由著名的 QT 类库开发而成，完全具有跨平台和统一工作平台特性，可以跨越多个操作系统，如 Unix、Linux、Windows 等，可同时在多个操作上实现统一工作平台，即可以在 Windows 上开发组态，在 Linux 上运行等。QTouch 是 HMI/SCADA 组态软件，提供嵌入式 Linux 平台的人机界面产品。

5.2.3　LabVIEW 与组态软件

LabVIEW 是一种程序开发环境，由美国国家仪器（NI）公司研制开发，类似于 C 语言和 BASIC 语言开发环境，但是 LabVIEW 与其他计算机语言的显著区别是，其他计算机语言大都采用基于文本的语言产生代码，而 LabVIEW 使用的是图形化编辑语言 G 编写程序，产生的程序是框图的形式。LabVIEW 提供很多外观与传统仪器（如示波器、万用表）类似的控件，可方便地创建用户界面，如图 5.28 所示。用户界面在 LabVIEW 中被称为前面板，用户可以使用图标和连线，再通过编程对前面板上的对象进行控制。

LabVIEW 的主要特点如下。

● 尽可能地采用了通用的硬件，各种仪器的差异主要是软件。

● 可充分发挥计算机的能力，有强大的数据处理功能，可以创造出功能更强的仪器。

图文：LabVIEW
快速入门

● 用户可以根据自己的需要定义和制造各种仪器。

LabVIEW 集成了与满足 GPIB、VXI、RS-232 和 RS-485 协议的硬件及数据采集卡通信的全部功能。它还内置了便于应用 TCP/IP、ActiveX 等软件标准的库函数。LabVIEW 是一个功能强大且灵活的软件，利用它可以方便地建立自己的虚拟仪器，其图形化的界面使得编程及使用过程都生动有趣。所有的 LabVIEW 应用程序，即虚拟仪器（VI），均包括前面板、流程图及图标/连接器三部分。在 LabVIEW 的用户界面上，它提供的操作模板有工具模板、控制模板和函数模板，这些模板集中反映了该软件的功能与特征。

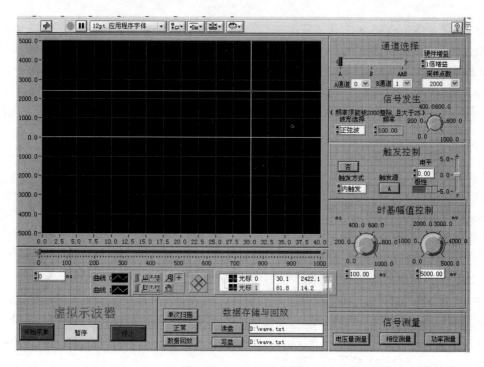

图 5.28　LabVIEW 界面

5.2.4　LabVIEW 与三菱 FX₃U PLC 通信实例

LabVIEW 通过 NI OPC 与三菱 FX_{3U} PLC 通信。

软件环境：LabVIEW 2014，OPC Servers 2013。

硬件条件：三菱 FX_{3U} PLC 通过编程下载线与计算机相连，端口为 COM5，用三菱 PLC 编程软件确认通信线路连接正常。

1. 使用 OPC 服务器建立 PLC 标签

（1）启动 NI OPC 服务器，单击"Click to add a channel"新建一个通道，如图 5.29 所示，通道名默认为 Chanel1。

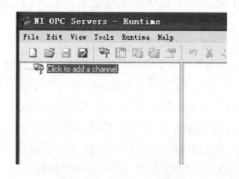

图 5.29　新建一个通道

（2）选择三菱 FX 系列 PLC，如图 5.30 所示，单击"下一步"按钮。

图 5.30　选择三菱 FX 系列 PLC

（3）设置通信端口及通信参数，将波特率设置为 9600bps，其余参数采用默认设置，单击"下一步"按钮，直至完成，如图 5.31 所示。

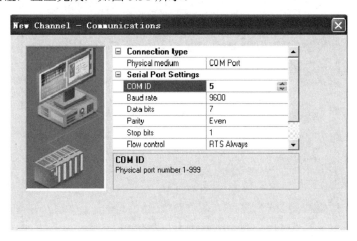

图 5.31　参数设置

（4）在 Chanel1 通道新建一个设备：单击"下一步"，设备名默认为 Device1。选择设备模式，这里使用 FX3U，其余参数采用默认设置，单击"下一步"，直至完成，如图 5.32 所示。

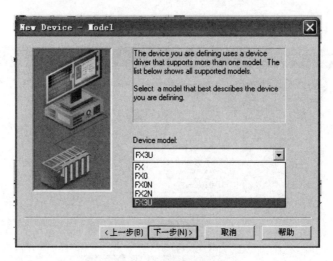

图 5.32 选择设备模式

（5）单击"Devicel"建立与 PLC 关联的标签，如图 5.33 所示。输入地址后单击后面的
"√"按钮，数据类型自动变更，设置好其读写及扫描速率，单击"确定"按钮，如图 5.34
所示。

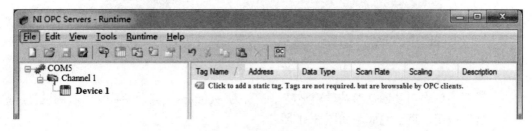

图 5.33 建立关联标签

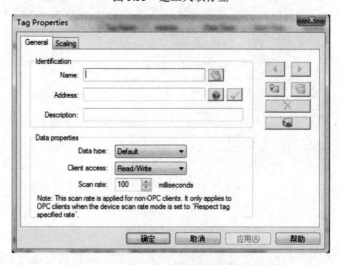

图 5.34 设置读写及扫描速率

（6）单击工具栏上最后一个按钮 Quick Client，预览通信是否正确，如图 5.35 所示。若
Quality 栏显示 Good，则说明通信正常，至此完成标签的设置。

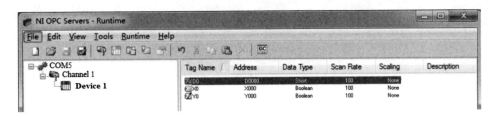

图 5.35　预览通信

2．使用建立好的 PLC 标签

（1）打开 LabVIEW 2014 新建一个项目，单击"My Computer"创建新 I/O Server，选择"OPC Client"，如图 5.36 所示。

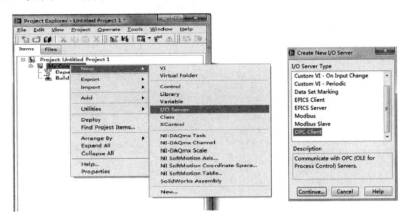

图 5.36　新建项目

（2）单击"Continue…"按钮，选择"National Instruments. NIOPCServers. V5"，单击"OK"按钮，如图 5.37 所示。

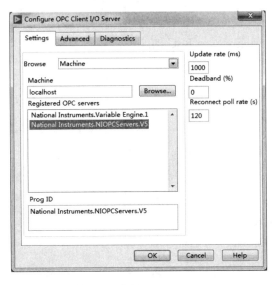

图 5.37　选择 NIOPCServer

（3）单击"OPC"，建立绑定变量，如图 5.38 所示。

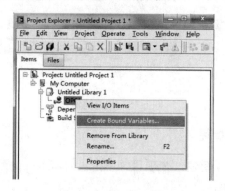

图 5.38　建立绑定变量

（4）单击"Add"按钮将建立的标签添加到项目，添加完成后单击"OK"按钮，如图 5.39 所示。

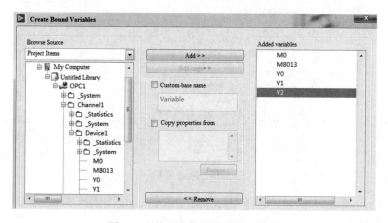

图 5.39　将建立的标签添加到项目

（5）新建一个 VI，将变量拖入 VI，程序框图如图 5.40 所示。单击运行按钮，测试通信是否正常，如通信正常，则完成了与 PLC 的通信，如图 5.41 所示。

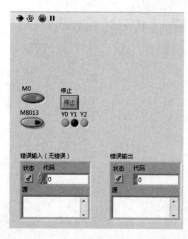

图 5.40　程序框图

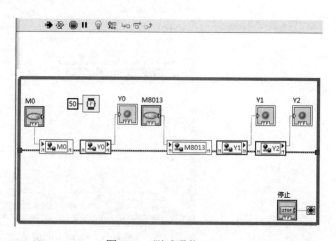

图 5.41　测试通信

5.2.5　WinCC 与三菱 FX$_{3U}$ PLC 通信实例

WinCC 从 V7 SP2 版本开始增加了三菱以太网驱动程序，支持和三菱 FX$_{3U}$ 系列、Q 系列 PLC 进行以太网通信。三菱 FX$_{3U}$ 系列 PLC 的 CPU 不带以太网口，需要扩展以太网模块才能和 WinCC 通信，下面以 FX$_{3U}$-ENET-L 模块为例介绍一下组态过程。

FX$_{3U}$-ENET-L 模块需要专门的组态工具（FX$_{3U}$-ENET-L Configuration Tool）来配置。打开 FX$_{3U}$-ENET-L Configuration Tool，选择 FX$_{3U}$-ENET-L 模块所在位置，如图 5.42 所示。

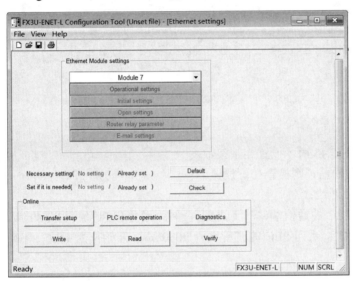

图 5.42　打开 FX$_{3U}$-ENET-L Configuration Tool

在图 5.42 中单击"Operational settings"选项，按图 5.43 所示进行参数设置。

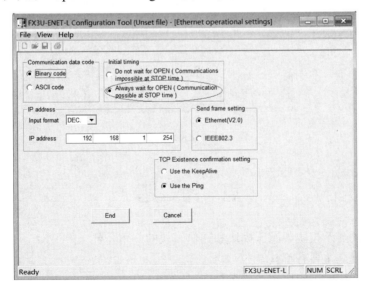

图 5.43　设置参数

注意:

● IP 地址应根据实际情况自己设置;

● Initial timing 项选择"Always wait for OPEN(Communication possible at STOP time)",
否则通信连接不上。在 FX₃U-ENET-L Configuration Tool 初始页面中单击"Open
settings"选项,按图 5.44 设置协议。

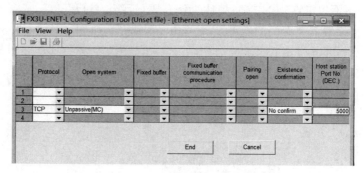

图 5.44　设置协议

WinCC 按照图 5.45 所示设置连接参数。

如果不能正常通信,则检查如下设置。

● 网线要用直通线;

● 端口号为 PLC 的通信端口(十进制),网络编号和 PC 编号采用默认设置即可。

● 设置三菱 FX₃U 系列 PLC 的波特率为 9600bps,开始位为 1 位,停止位为 1 位。选择
TCP 通信。

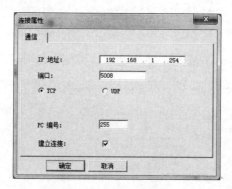

图 5.45　设置连接参数

思 考 题

5.1　触摸屏的显示模块、感压模块和通信模块的作用是什么?

5.2　三菱触摸屏主要有哪些?

5.3　三菱触摸屏的工作原理是什么?

5.4　如何理解组态软件?

图文:参考答案

第6章

FX 系列 PLC 特殊功能模块

教学目的及要求

1. 了解特殊功能模块的性能规格、端子接线方法及其缓冲存储器（BFM）的分配；

2. 了解 PLC 通信网络的概念，掌握 PLC 通信网络的建立方法；

3. 了解变频器的运行操作模式及使用条件；掌握变频器参数设定、接线及编程方法；

4. 掌握 FX 系列 PLC 功能模块应用指令；掌握 FX 系列 PLC AD 模块、DA 模块、位置控制模块、计数控制模块的参数设定与编程方法。

6.1 PLC 功能扩展

6.1.1 PLC 通信网络简介

在 PLC 及其网络中存在两类通信：一类是并行通信，另一类是串行通信。并行通信一般发生在可编程序控制器的内部，它指的是多处理器 PLC 中多台处理器之间的通信，以及 PLC 中 CPU 单元与智能模块的 CPU 之间的通信。前者是在协处理器的控制与管理下，通过共享存储区实现多处理器之间数据交换的；后者则是经过背板总线（公用总线）通过双口 RAM 实现通信的。

PLC 网络包括 PLC 控制网络与 PLC 通信网络，这两种网络的功能是不同的。

● PLC 控制网络是指只传送 ON/OFF 开关量，且一次传送的数据量较少的网络，如 PLC 的远程 I/O 控制。这种网络的特点是 PLC 对设备的控制不受距离限制，操作简单方便。

● PLC 通信网络又称高速数据公路，此网络既可传送开关量又可传送数字量，且数据量较大。其类似于普通局域网，如西门子的 SINEC-H1 网。

三菱 FX$_{2N}$ 系列 PLC 的编程接口采用 RS-422 标准，而计算机的串行口采用 RS-232 标准。RS-232 标准与 RS-422 标准在信号的传送、逻辑电平等方面均不相同。因此，作为实现 PLC 与计算机通信的接口电路，必须配备将 RS-422 标准转换成 RS-232 标准的电缆。FX$_{2N}$ 系列

PLC 与通信设备之间的数据交换，由特殊寄存器 D8120 的内容指定，交换数据的点数、地址用 RS 指令设置，并通过 PLC 的数据寄存器和文件寄存器实现数据交换。三菱 PLC 常用通信电缆和通信模块见表 6.1。

图文：FX 系列特殊功能模块用户手册

表 6.1　三菱 PLC 常用通信电缆和通信模块

编　号	用　途
USB-SC09	USB 接口的三菱 PLC 编程电缆，采用 USB/RS-422 接口，用于三菱 FX 系列和 A 系列 PLC，带通信指示灯，通信距离达 2 千米，3 米
USB-SC09-FX	USB 接口的三菱 PLC 编程电缆，采用 USB/RS-422 接口，仅用于三菱 FX 系列 PLC，带通信指示灯，3 米
SC-09（白色）	RS-232 接口的三菱 PLC 编程电缆，采用 RS-232/RS-422 接口，用于三菱 FX 系列和 A 系列 PLC，2.5 米
SC-09（带 IC）	RS-232 接口的三菱 PLC 编程电缆，采用 RS-232/RS-422 接口，用于三菱 FX 系列和 A 系列 PLC，3 米（带 IC）
FX-USB-AW	USB 接口的三菱 FX_{3UC} 系列 PLC 编程电缆，采用 USB/RS-422 接口适配器，带通信指示灯，3 米
FX-232AWC-H	RS-232 接口的三菱 FX_{3UC} 系列 PLC 编程电缆，采用 RS-232/RS-422 接口适配器，带通信指示灯，3 米
USB-QC30R2	USB 接口的三菱 Q 系列 PLC 编程电缆，采用 USB/RS-232 接口，3 米
QC30R2	三菱 Q 系列 PLC 编程通信电缆，采用 RS-232/RS-232 接口，3 米
FX-20P-CAB0	三菱 FX 编程器到 FX_0/FX_{2N}/FX_{1N} 等系列 PLC 连接电缆，2.5 米
F2-232CAB-1	计算机到 FX-232AW/FX_{0N}-232ADP/50DU 连接电缆，3 米
USB-FX_{232}-CAB-1	USB 接口的三菱 F940/930/920 触摸屏编程电缆，带通信指示灯，3 米
FX-232-CAB-1	计算机到三菱 F940/930/920 触摸屏编程电缆，2 米
FX-50DU-CAB0	三菱 FX_0/FX_{2N} 系列 PLC 同人机界面 F940、F920 相连电缆，3/10 米
FX-40DU-CAB0	三菱 FX_2/A 系列 PLC 同人机界面 F940、F920 相连电缆，3 米
FX9GT-CAB0	FX_{0S}/FX_{0N}/FX_{2N} 到 A970GOT 人机界面连接电缆，3 米
AC30R4-25P	FX_2、AnS 系列 PLC 到 A970GOT 人机界面连接电缆，3 米
FX-422CAB0	FX-232AW 与 FX_{2N}/FX_{1N}/FX_{0N}/FX_{1S}/FX_0 等连接电缆，1.5 米
USB-AC30R2-9SS	USB 接口到三菱 A970/A985GOT 触摸屏编程电缆，带通信指示灯，3 米
AC30R2-9SS	计算机到三菱 A970/A985GOT 触摸屏编程电缆，2 米
FX_{2N}-485-BD	三菱 PLC FX_{2N} 专用 485 接口通信扩展板
FX_{2N}-232-BD	三菱 PLC FX_{2N} 专用 232 接口通信扩展板
FX_{2N}-422-BD	三菱 PLC FX_{2N} 专用 422 接口通信扩展板
FX_{1N}-485-BD	三菱 PLC FX_{1N} 专用 485 接口通信扩展板
FX_{1N}-232-BD	三菱 PLC FX_{1N} 专用 232 接口通信扩展板
FX_{1N}-422-BD	三菱 PLC FX_{1N} 专用 422 接口通信扩展板
FX_{2N}-CNV-BD	三菱 PLC FX_{2N} 通信转换板
FX_{2N}-CNV-BC	三菱 PLC FX_{2N} 通信转换板
FX_{1N}-CNV-BD	三菱 PLC FX_{1N} 通信转换板

（1）串行通信（RS-232C，RS-485）。

● 计算机连接——可以实现上位机与 PLC 之间的通信；

● N：N 网络——可以实现 8 台 PLC 之间的通信；

● 并联连接——可以实现两台同型号 PLC 之间的通信；

● 无协议通信——可以实现 PLC 与串口设备之间的通信。

可以利用 RS 指令和 RS2 指令实现 FX 系列 PLC 与串口设备（如串口打印机、串口仪表、条形码阅读器、变频器等）之间的通信。

（2）利用 MODEM 进行 PLC 的远程维护。

（3）CC-Link 通信。CC-Link 通信的最高速率可达 10Mbps，通信的最大距离可达 1200m。CC-Link 已成为中国国家标准（GB/Z 19760-2005）。

FX_{3U} 系列 PLC 多个通信端口连接实例如图 6.1 所示。

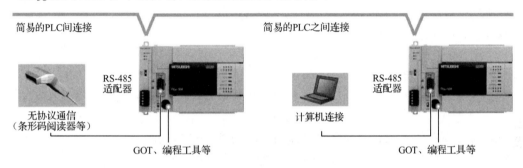

图 6.1　多个通信端口连接实例

6.1.2　特殊功能模块读写指令

基本单元通过 FROM/TO 指令与特殊功能模块实现数据交换。

1. FROM 指令

FROM 指令用于将特殊功能模块缓冲存储器（BFM）中的内容读入到 PLC 指定的地址中，是一个读取指令。指令实例如图 6.2 所示。

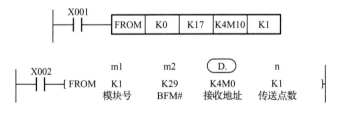

图 6.2　FROM 指令实例

X001：指令执行的条件，只有 X001 接通才能执行 FROM 指令。当 X001 接通时，指令将第一块特殊功能模块第 17 号缓冲区内的数据读出，并将读出的数据保存到 K4M10 指定的地址中。

FROM：指令代码，代表特殊功能模块缓冲存储器（BFM）的阅读指令。

K0：模块所在 PLC 的实际地址，确定指令所要执行的对象是 PLC 上的哪个模块。如在 FX 系列 PLC 中，从基本单元开始，依次向右的第 1、2、3…个特殊功能模块，对应的模块地址依次为 K0、K1、K2…。

K17：指定模块的缓冲存储器地址，K17 代表第 17 号缓冲存储器地址 BFM#17。

K4M10：FROM 指令读取缓冲区数据后，将数据存放的地址。

K1：需要读取的点数，若指定为 K1，表示只读取当前缓冲区的地址；若指定为 K2，表示要读取当前缓冲区及下一个缓冲区的地址；若指定为 K3，表示要读取当前缓冲区及下两个缓冲区的地址；以此类推。

2. TO 指令

TO 指令用于将 PLC 指定地址的数据写入特殊功能模块的缓冲存储器（BFM）中。TO 是一个写入指令，图 6.3 为指令实例。

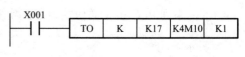

图 6.3　TO 指令实例

整个指令的意思是：将 K4M10 这个 PLC 内存数据写入第一块特殊功能模块的第 17 号缓冲区地址内。

X001：指令执行的启动条件。X001 接通，则指令执行；X001 断开，则指令不执行。

TO：指令代码，功能是向特殊功能模块缓冲存储器（BFM）写入数据指令。

K0：模块所在的 PLC 的地址。其功能与 FROM 指令中类似。

K17：该地址模块的缓冲存储器地址。其功能与 FROM 指令中的类似。

K4M10：要向缓冲区地址写入的实际数据。其功能与 FROM 指令中的类似。

K1：需要传送的点数。其功能与 FROM 指令中的类似。

6.2　PLC 模拟量输入与输出模块

6.2.1　A/D 输入扩展

1. FX₂ₙ-4AD 模拟量输入模块

FX₃ₛ·FX₃ɢ·FX₃ɢᴄ·FX₃ᵤ·FX₃ᵤᴄ 系列微型可编程控制器用户手册—模拟量控制篇

FX₂ₙ-4AD 为 4 通道 12 位 A/D 转换模块，根据外部连接方法及 PLC 指令，可选择电压输入或电流输入，其与基本单元的连接如图 6.4 所示。FX₂ₙ-4AD 是一种具有高精确度的输入模块，其技术指标见表 6.2。

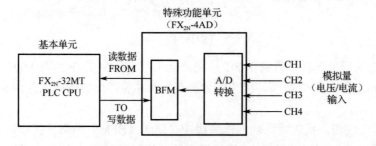

图 6.4　FX₂ₙ-4AD 与基本单元的连接

表 6.2　FX$_{2N}$-4AD 模块技术指标

项　目	电 压 输 入	电 流 输 入
	4 通道模拟量输入，通过输入端子变换可选择电压或电流输入	
模拟量 输入范围	DC -10～+10V（输入电阻 200kΩ） 绝对最大输入±15V	DC -20～+20mA（输入电阻 250Ω） 绝对最大输入±32mA
数字量 输出范围	带符号位的 16 位二进制数值范围-2048～+2047	
分辨率	5mV（10V×1/2000）	20μA（20mA×1/1000）
综合 精确度	±1%（在-10～+10V 范围）	±1%（在-20～+20mA 范围）
转换速度	每通道 15ms（高速转换方式时为每通道 6ms）	
隔离方式	模拟量与数字量之间用光电隔离 与基本单元之间采用 DC/DC 转换器隔离 各输入端子间不隔离	
模拟量 用电量	DC 24V±10%	50mA
I/O 占用点数	程序上为 8 点（作输入或输出点计算），有 PLC 供电的消耗功率为 5V，30mA	

　　FX$_{2N}$-4AD 模块有 4 个输入通道，通过输入端子变换，可以任意选择电压或电流输入状态。工作电源为 DC 24V，模拟量与数字量之间采用光电隔离技术，但各通道之间没有隔离。FX$_{2N}$-4AD 消耗 PLC 主单元或有源扩展单元 5V 电源槽 30mA 的电流。FX$_{2N}$-4AD 占用基本单元的 8 个映像表，即在软件上占 8 个 I/O 点数，在计算 PLC 的 I/O 时可以将这 8 个点作为 PLC 的输入点来计算。FX$_{2N}$-4AD 模块电路图和外部接线如图 6.5 和图 6.6 所示。

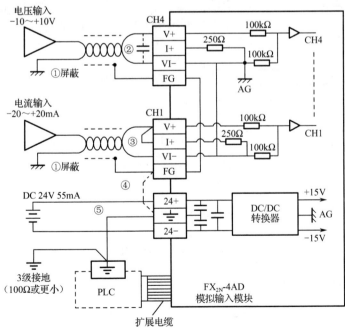

图文：FX$_{2N}$-4AD
用户指南

图 6.5　FX$_{2N}$-4AD 模块电路图

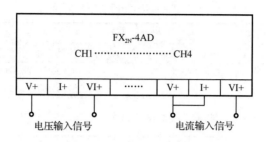

图文：接线

图 6.6　FX$_{2N}$-4AD 模块外部接线

注意事项：

①　FX$_{2N}$-4AD 通过双绞屏蔽电缆来连接，电缆应远离电源线或其他可能产生电气干扰的电线。

②　如果输入有电压波动，或在外部接线中有电气干扰，可以接一个平滑电容器（0.1μF～0.47μF/25V）。

③　如果使用电流输入，则须连接 V+和 I+端子。

④　如果存在过多的电气干扰，需将电缆屏蔽层与 FG 端连接，并连接到 FX$_{2N}$-4AD 的接地端。

⑤　FX$_{2N}$-4AD 的接地端与主单元接地端相连。可行的话，在主单元使用 3 级接地。

FX$_{2N}$-4AD 编程实例如图 6.7 所示。

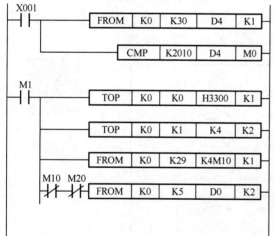

	在"0"位置的特殊模块的 ID 号从 BFM#30 中读出，并保存在主单元的 D4 中
	比较该值以检查模块是否是 FX$_{2N}$-4AD，如果是，则 M1 变为 ON。这两个程序步对完成模拟量的读入来说不是必需的，但它们确实是有用的检查，因此推荐使用
	将 H3300 写入 FX$_{2N}$-4AD 的 BFM#0，建立模拟输入通道（CH1，CH2）
	分别将 4 写入 BFM#1 和#2，将 CH1 和 CH2 的平均采样数设为 4
	FX$_{2N}$-4AD 的操作状态从 BFM#29 中读出，并作为 FX$_{2N}$PLC 主单元的位元件输出
	如果操作 FX$_{2N}$-4AD 没有错误，则将 BFM#5～#6 中的平均值读入 FX$_{2N}$PLC 主单元，并保存在 D0 到 D1 中。BFM#5～#6 中分别包含了 CH1 和 CH2 的平均值。此例中，无错：M10=OFF；数字输出值正常：M20=OFF

图 6.7　FX$_{2N}$-4AD 编程实例

通过在可编程控制器中创建的程序来调整 FX$_{2N}$-4AD 的偏移/增益量，如图 6.8 所示。

2．缓冲寄存器（BFM）的设置

FX$_{2N}$-4AD 模块 BFM 分配表见表 6.3。

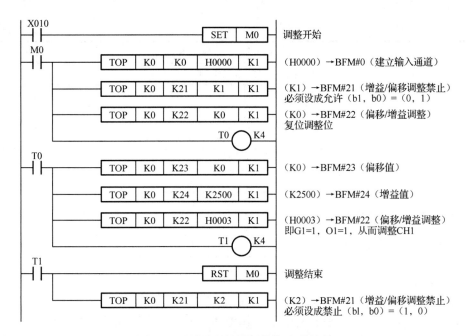

图 6.8 通过编程设置调整偏移/增益量

表 6.3 FX₂N-4AD 模块 BFM 分配表

BFM		内 容
*#0		通道初始化，默认设定值=H0000
*#1	CH1	平均值取样次数（取值范围 1～4096），默认值=8
*#2	CH2	
*#3	CH3	
*#4	CH4	
#5	CH1	分别存放 4 个通道的平均值
#6	CH2	
#7	CH3	
#8	CH4	
#9	CH1	分别存放 4 个通道的当前值
#10	CH2	
#11	CH3	
#12	CH4	
#13～#14 #16～#19		保留
#15	A/D 转换速度 的设置	当设置为 0 时，A/D 转换速度为 15ms/ch，为默认值
		当设置为 1 时，A/D 转换速度为 6ms/ch，为高速值
*#20		恢复到默认值或调整值，默认值=0

BFM	内　容							
*#21	禁止零点和增益调整，默认设定值=0、1（允许）							
*#22	零点（Offset）、增益（Gain）调整	b7	b6	b5	b4	b3	b2	b1	b0
		G4	O4	G3	O3	G2	O2	G1	O1
*#23	零点值，默认设定值=0							
*#24	增益值，默认设定值=5000							
#25～#28	保留							
#29	出错信息							
#30	识别码 K2010							
#3l	不能使用							

需要说明的是：

① 带*号的缓冲寄存器中的数据可由 PLC 通过 TO 指令改写。改写带*号的 BFM 的设定值就可以改变 FX_{2N}-4AD 模块的运行参数，调整其输入方式、输入增益和零点等。

② 从指定的模拟量输入模块读入数据前应先将设定值写入；否则按默认设定值执行。

③ PLC 用 FROM 指令可将不带*号的 BFM 内的数据读入。

下面对表 6.3 的内容进行详细说明。

（1）在 BFM #0 中写入十六进制 4 位数字 H0000 使各通道初始化，最低位数字控制通道 CH1，最高位数字控制通道 CH4。H0000 中每位数值表示的含义如下：

位（bit）=0：设定输入范围-10～+10V；

位（bit）=1：设定输入范围+4～+20mA；

位（bit）=2：设定输入范围-20～+20mA；

位（bit）=3：关闭该通道。

例如：BFM#0=H3310，则

CH1：设定输入范围-10～+10V；

CH2：设定输入范围+4～+20mA；

CH3、CH4：关闭该通道。

（2）输入的当前值送到 BFM#9～#12，输入的平均值送到 BFM#5～#8。

（3）各通道平均值取样次数分别由 BFM#1～#4 来指定。取样次数范围为 1～4096，若设定值超出该数值范围，则按默认设定值 8 处理。

（4）当 BFM#20 被置 1 时，整个 FX_{2N}-4AD 的设定值均恢复到默认设定值。这是快速擦除零点和增益的非默认设定值的方法。

（5）若 BFM#21 的 b1、b0 分别被置为 1、0，则禁止改动增益和零点的设定值。当要改动零点和增益的设定值时，必须令 b1、b0 的值分别为 0、1。默认设定值为 0、1。

零点：数字量输出为 0 时的输入值。

增益：数字量输出为+1000 时的输入值。

（6）在 BFM#23 和 BFM#24 内的增益和零点设定值会被送到指定的输入通道的增益和零点寄存器中。需要调整的输入通道由 BFM#22 的 G、O（增益—零点）位的状态来指定。例如，若 BFM#22 的 G1、O1 位置 1，则 BFM#23 和#24 的设定值即可送入通道 1 的增益和零点寄存器。各通道的增益和零点既可以统一调整，也可以独立调整。

（7）BFM#30 中存储的是特殊功能模块的识别码，PLC 可用 FROM 指令读入。FX$_{2N}$-4AD 的识别码为 K2010。用户在程序中可以方便地利用这一识别码在传送数据前先确认该特殊功能模块。

（8）BFM#29 中各位的状态是 FX$_{2N}$-4AD 运行正常与否的信息。BFM#29 中各位表示的含义见表 6.4。

表 6.4　BFM#29 中各位表示的含义

BFM #29 的位	ON	OFF
b0	当 b2～b4 任意一个为 ON 时，所有通道的 AD 转换停止	无错误
b1	表示零点和增益发生错误	零点和增益正常
b2	DC 24V 电源故障	电源正常
b3	A/D 模块或其他硬件故障	硬件正常
b4～b9	未定义	
b10	数值超出范围-2048～+2047	数值在规定范围
b11	平均值采用次数超出范围 1～4096	平均值采用次数正常
b12	零点和增益调整禁止	零点和增益调整允许
b13～b15	未定义	

3．FX$_{2N}$-4AD 编程实例

如图 6.9 所示，仅开通 CH1 和 CH2 两个通道作为电压量输入通道，计算 4 次取样的平均值，将结果存入 PLC 的数据寄存器 D0 和 D1 中。监视画面如图 6.10 所示。

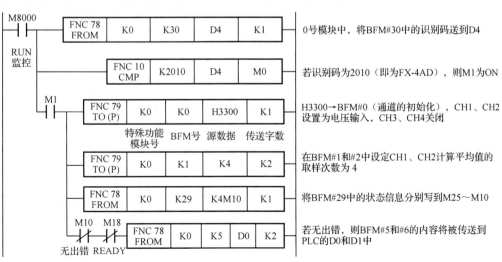

图 6.9　FX$_{2N}$-4AD 编程实例

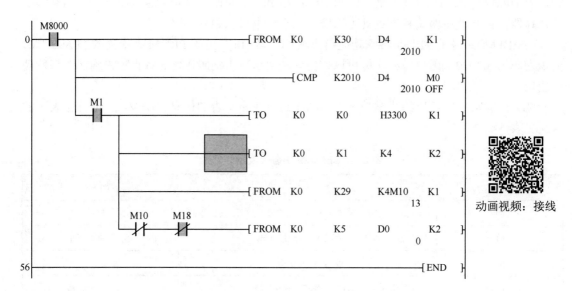

图 6.10　FX$_{2N}$-4AD 监视画面

4. FX$_{2N}$-4AD-TC 温度输入模块

FX$_{2N}$-4AD-TC 模块接线如图 6.11 所示，图 6.12 所示为编程实例。

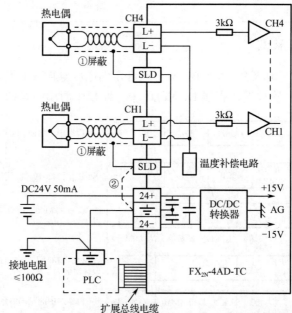

① 建议采用温度补偿电缆，不使用的通道应该在正负端子之间接线。
② 如果存在过大的噪声，将 SLD 端子接到接地端子上。

图 6.11　FX$_{2N}$-4AD-TC 模块接线

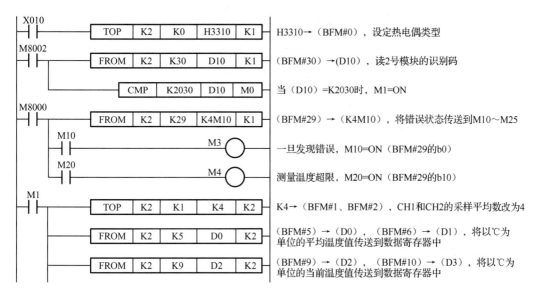

图 6.12　FX$_{2N}$-4AD-TC 温度输入模块编程实例

6.2.2　D/A 输出扩展

1. FX$_{2N}$-4DA 模拟量输出模块

图文：FX$_{2N}$-4DA 用户指南

　　FX$_{2N}$-4DA 模拟量输出模块是 FX 系列 PLC 专用的模拟量输出模块。该模块将 12 位的数字量转换成相应的模拟量输出。FX$_{2N}$-4DA 有 4 路输出通道，通过输出端子变换，可任意选择电压（-10～+10V）或电流（+4～+20mA）输出状态。其技术指标见表 6.5。

表 6.5　FX$_{2N}$-4DA 技术指标

项　目	电 压 输 出	电 流 输 出
	4 通道模拟量输出，通过输出端子变换，可任意选择电压或电流输出	
模拟量输出范围	DC -10～+10V（外部负载电阻 1kΩ～1MΩ）	DC 4～20mA（外部负载电阻在 500Ω 以下）
数字量输出范围	-2048～+2047	0～1024
分辨率	5mV（10V×1/2000）	20μA（20mA×1/1000）
综合精度	满量程 10V 的±1%	满量程 20mA 的±1%
转换速度	2.1ms（4 通道）	
隔离方式	模拟量与数字量之间有光电隔离。与基本单元之间采用 DC/DC 转换器隔离。通道之间没有隔离	
模拟量用电源	DC 24V±10%　130mA	
I/O 占有点数	程序上为 8 点（作输入或输出点计算），由 PLC 供电的消耗功率为 5V，30mA	

　　模拟输出信号采用双绞屏蔽电缆与外部执行机构连接，电缆应远离电源线或其他可能产生电气干扰的导线。当电压输出有波动或存在大量噪声干扰时，可以接一个 0.1μF～0.47μF（25V）的电容。对于电压输出，应将端子 I+ 和 VI- 连接。FX$_{2N}$-4DA 模块电路图如图 6.13 所

示，其接地端与 PLC 主单元接地端连接在一起。外部接线如图 6.14 所示。

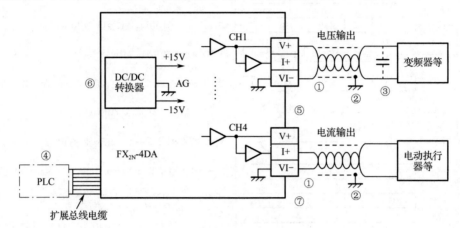

图 6.13　FX$_{2N}$-4DA 模块电路图

注意事项:

① FX$_{2N}$-4DA 通过双绞屏蔽电缆连接，电缆应远离电源线或其他可能产生电气干扰的电线。

② 在输出电缆的负载端使用单点接地（3 级接地：不大于 100Ω）。

③ 如果输出存在电气噪声或者电压波动，可以连接一个平滑电容器（0.1μF～0.47μF/25V）。

④ 将 FX$_{2N}$-4DA 的接地端和 PLC 主单元的接地端连接在一起。

⑤ 将电压输出端子短路或者连接电流输出负载到电压输出端子可能会损坏 FX$_{2N}$-4DA 模块。

⑥ 可以使用可编程控制器 24V DC 服务电源。

⑦ 不要将任何单元连接至未用端子。

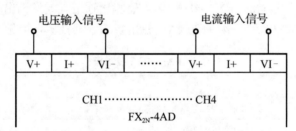

图 6.14　FX$_{2N}$-4DA 外部接线

2. 缓冲寄存器（BFM）的设置

FX$_{2N}$-4DA 模块 BFM 分配表见表 6.6。

表 6.6　FX$_{2N}$-4DA 模块 BFM 分配表

BFM	内　容
＃0（E）	模拟量输出模式选择，默认值=H0000
＃1	CH1 输出数据
＃2	CH2 输出数据
＃3	CH3 输出数据
＃4	CH4 输出数据
＃5（E）	输出保持或回零，默认值=H0000

BFM	内　容	
#8（E）	CH1、CH2 的偏移和增益设置命令，初值为 H0000	
#9（E）	CH3、CH4 的偏移和增益设置命令，初值为 H0000	
#10（E）	CH1*1 的增益值	
#11（E）	CH1*2 的增益值	
#12（E）	CH2*1 的增益值	
#13（E）	CH2*2 的增益值	单位：mV 或 mA
#14（E）	CH3*1 的增益值	【例】采用输出模式 3 时各通道的初值：零点值=0，
#15（E）	CH3*2 的增益值	增益值=5000
#16（E）	CH4*1 的增益值	
#17（E）	CH4*2 的增益值	
#18、#19	保留	
#20（E）	初始化　初值=0	
#21（E）	I/O 特性调整禁止，初值=1	
#22～#28	保留	
#29	出错信息	
#30	识别码 K3020	
#31	保留	

（1）BFM#0 中的 4 位十六进制数 H0000 分别用来控制 4 个通道的输出模式，由低位到高位分别控制 CH1、CH2、CH3 和 CH4。在 H0000 中：

位（bit）=0 时，电压输出（-10～+10V）；

位（bit）=1 时，电流输出（+4～+20mA）；

位（bit）=2 时，电流输出（0～+20mA）。

例如：H2110 表示 CH1 为电压输出（-10～+10V），CH2 和 CH3 为电流输出（+4～+20mA），CH4 为电流输出（0～+20mA）。

（2）输出数据写入 BFM#1～#4。其中：

BFM#1 为 CH1 输出数据（默认值= 0）；

BFM#2 为 CH2 输出数据（默认值= 0）；

BFM#3 为 CH3 输出数据（默认值= 0）；

BFM#4 为 CH4 输出数据（默认值= 0）。

（3）PLC 由 RUN 转为 STOP 状态后，FX$_{2N}$-4DA 模块的输出是保持最后的输出值还是回零点，取决于 BFM#5 中的 4 位十六进制数值，其中 0 表示保持输出值，1 表示恢复到 0。例如：

H1100——CH4=回零，CH3=回零，CH2=保持，CH1=保持；

H0101——CH4=保持，CH3=回零，CH2=保持，CH1=回零。

（4）BFM#0 设置。

H　O　O　O　O

O =0：电压输出模式（-10～+10V）；

O =1：电流输出模式（+4～20mA）；

O =2：电流输出模式（0～+20mA）。

（5）BFM#8 和#9 为零点和增益调整的设置命令，通过#8 和#9 中的 4 位十六进制数设定是否允许改变零点和增益值。其中：

BFM#8 中 4 位十六进制数（b3 b2 b1 b0）对应 CH1 和 CH2 的零点和增益调整的设置命令。如图 6.15（a）所示，b=0 表示不允许调整，b=1 表示允许调整。

BFM#9 中 4 位十六进制数（b3 b2 b1 b0）对应 CH3 和 CH4 的零点和增益调整的设置命令。如图 6.15（b）所示，b=0 表示不允许调整，b=1 表示允许调整。

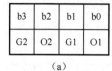

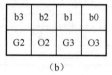

（a）　　　　　　　　　　　（b）

图 6.15　BFM#8 和#9 为零点和增益调整的设置对应值

（6）BFM#10～#17 为零点和增益数据。当 BFM 的#8 和#9 允许零点和增益调整时，可通过写入命令 TO 将要调整的数据写在 BFM#10～#17 中（单位为 mA 或 mV）。

（7）BFM#20 为复位命令。当将数据 1 写入到 BFM#10 时，缓冲寄存器 BFM 中的所有数据恢复到出厂时的初始设置。其优先权大于 BFM#21。

（8）BFM#21 为 I/O 状态禁止调整控制。当 BFM#21 不为 1 时，BFM#21 到 BFM#1 的 I/O 状态禁止调整，以防由于疏忽造成 I/O 状态改变。当 BFM#21=1（初始值）时允许调整。

（9）BFM#29 中各位的状态是 FX_{2N}-4DA 运行正常与否的信息。各位表示的含义与 FX_{2N}-4AD 相近，可参见表 6.6。

（10）FX_{2N}-4DA 的识别码为 K3020，存于 BFM#30 中。PLC 可用 FROM 指令读入，用户在程序中可以方便地利用这一识别码在传送数据前先确认该特殊功能模块。通道输出模式和参数设置程序实例如图 6.16 所示。

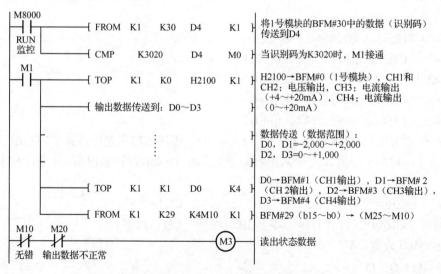

图 6.16　FX_{2N}-4DA 通道输出模式和参数设置程序实例

3. FX₂ₙ-4DA 模块编程实例

FX$_{2N}$-4DA 模拟量输出模块编号为 1 号。现要将 FX$_{2N}$-48MR 中数据寄存器 D10、D11、D12、D13 中的数据通过 FX$_{2N}$-4DA 的四个通道输出出去，并要求将 CH1、CH2 通道设定为电压输出（-10～+10V），将 CH3、CH4 通道设定为电流输出（0～+20mA），并且 FX$_{2N}$-48MR 从 RUN 转为 STOP 状态后，CH1、CH2 输出值保持不变，CH3、CH4 的输出值回零。编写实现这一要求的 PLC 程序，如图 6.17 所示。

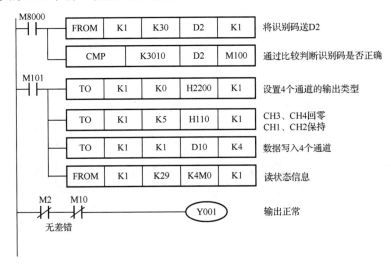

图 6.17　FX$_{2N}$-4DA 模块编程实例

为通道 CH1、CH2 传送数据的寄存器 D10、D11 的取值范围是-2000～+2000；为通道 CH3、CH4 传送数据的寄存器 D12、D13 的取值范围是 0～1000。

6.2.3　FX₃ᵤ 系列 PLC 输入/输出模块

FX$_{3U}$ 系列 PLC 有 4 种模拟量特殊适配器，在其与可编程控制器之间，A/D 转换值和 D/A 转换值可进行自动更新，无须专用指令便可方便地实现模拟量控制。

（1）模拟量输入（电压/电流输入）FX$_{3U}$-4AD-ADP 模块，如图 6.18 所示。

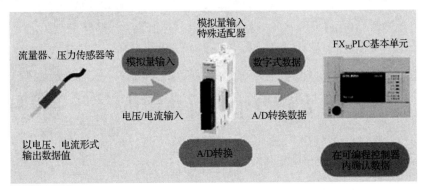

图 6.18　FX$_{3U}$-4AD-ADP 模块

（2）模拟量输出（电压/电流输出）FX₃U-4DA-ADP 模块，如图 6.19 所示。

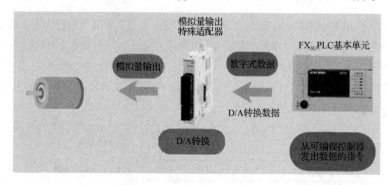

图 6.19　FX₃U-4DA-ADP 模块

（3）温度传感器输入（Pt100）FX₃U-4AD-PT-ADP 模块，如图 6.20 所示。

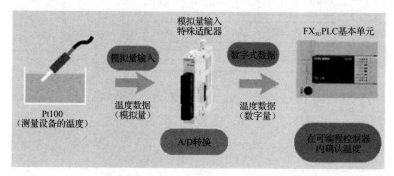

图 6.20　FX₃U-4AD-PT-ADP 模块

（4）温度传感器输入（热电偶）FX₃U-4AD-TC-ADP 模块，如图 6.21 所示。

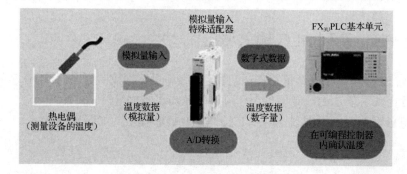

图 6.21　FX₃U-4AD-TC-ADP 模块

6.3　定位与计数模块

图文：FX₃S・FX₃G・FX₃GC・FX₃U・
FX₃UC 系列微型可编程控制器用户
手册—定位控制篇

6.3.1　位置控制

位置控制是对工位的控制，可由位置控制模块实现，PLC 系统可作为整个位置控制系统中的一个控制环节，配上伺服放大器或驱动放大器，就可以将位置控制功能和逻辑控制、顺序控制等一起解决。

　　晶体管输出型的 PLC 基本单元，均内置了高速脉冲输出功能，可以进行简单的定位控制，脉冲输出格式为：脉冲+方向。如 FX_{3U}、FX_{3UC} 系列 PLC，内置了 3 路高速脉冲输出（10Hz～100kHz）。

6.3.2　步进电机驱动器

　　本节以 H420/HA335 型步进电机驱动器为例展开介绍，步进电机及步进电机驱动器实物如图 6.22 所示。

（a）步进电机　　　　　　　　　　（b）步进电机驱动器

图 6.22　步进电机及步进电机驱动器实物

（1）H420/HA335 型步进电机驱动器的特点如下。

● 输出功率可达 160W，最大输出功率可达 230W；

● 输出电流可调，最小为 0.5A，最大可达 3.5A。

（2）应用范围：适合各种中小型自动化设备和仪器，如达标机、贴标机、绘图仪、雕刻机、数控机床等。

（3）主要性能参数见表 6.7。

表 6.7　步进电机驱动器参数

	H420	HA335
供电电压	12～40V DC	10～30V AC 或 12～46V DC
输出电流	0.3～2A（可调）	1.3～3.5 A（可调）
脉冲频率	可达 30kHz	可达 30kHz
外形尺寸	95mm×76mm×45mm	132mm×76mm×45mm

（4）步进电机驱动器引脚说明见表 6.8，其接线如图 6.23 所示。

表 6.8　步进电机驱动器引脚说明

P1（4 针）		P2（6 针）	
引脚序号	信号	引脚序号	信号
1	CLK（PULSE 脉冲）	1	GND（DC GROUND 电源地）
2	DIR（DIRECTION 方向）	2	V+（DC 电源+12～+46V）
3	OPT（OPTO 公共阳端）	3/4	A+/A-
4	ENA（ENABLE 使能）	5/6	B+/B-

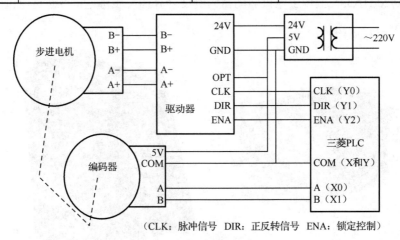

（CLK：脉冲信号　DIR：正反转信号　ENA：锁定控制）

图 6.23　步进电机驱动器接线

图文：步进电机接线

动画视频：脉冲输出控制步进电机

（5）脉冲输出。

步进电机的 PLC 控制可以采用 FX$_{2N}$-1PG 模块，对晶体管输出型的 PLC 可以采用脉冲输出来控制步进电机的旋转。

举例 1：[PLSV K1000 Y001 Y003]，1000Hz，Y001 为脉冲输出端，Y003 用于控制方向。

举例 2：[DRVI K3000 K700 Y000 Y003]，脉冲数为 3000，脉冲频率为 700Hz，Y000 为脉冲输出端，Y003 用于控制方向。

6.3.3　脉冲输出模块 FX$_{2N}$-1PG

FX$_{2N}$-1PG 是三菱 PLC 功能模块之一，可实现单轴控制，最大脉冲输出可达 100kbps，其与基本单元的连接如图 6.24 所示。该模块具有完善的控制参数设定，如定位目标跟踪、运行速度、爬行速度、加/减速时间等。这些参数都可通过 PLC 的 FROM/TO 指令设定。除高速响应输出外，还有常用的输入控制，如正反限位开关、STOP、DOG（回参考点开关信号）、PG0（参考点信号）等。FX$_{2N}$-1PG 模块面板及面板指示说明分别如图 6.25 和表 6.9 所示。此外，FX$_{2N}$-1PG 还内置了许多软控制位，如返回原点、向前、向后等。对于这些特定的功能，通过设置特定的缓冲单元已定义的位就可实现。

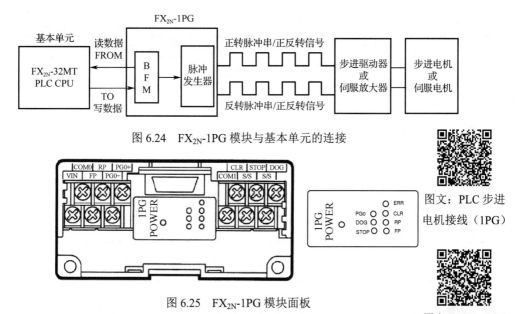

图 6.24　FX₂N-1PG 模块与基本单元的连接

图 6.25　FX₂N-1PG 模块面板

图文：PLC 步进
电机接线（1PG）

图文：FX₂N-1PG
资料

表 6.9　FX₂N-1PG 面板指示说明

端　子	功　　能	
POWER	显示供电状态，当由 PC 提供 5V 电压时亮	
STOP	当输入 STOP 命令时灯亮（或由地址 BFM#2561 参数确定）	
DOG	当有 DOG 输入时亮	
PG0	当输入回零信号时亮	
FP	当输出向前脉冲或脉冲时，闪烁	可以使用 BFM#3b8 调整输出格式
RP	当输出反向脉冲或方向时，闪烁	
CLR	当输出 CLR 信号时亮	
ERR	当发生错误时闪烁，当发生错误时不接受启始指令	

FX₂N-1PG 模块端子分配和 BFM 地址号说明分别见表 6.10 和表 6.11。

表 6.10　FX₂N-1PG 端子分配

端　子	功　　能
STOP	减速停止输入，在外部命令操作模式下可作为停止命令输入起作用
DOG	根据操作模式提供以下不同功能： ① 机器原位返回操作：近点挡块输入 ② 中断单速操作：中断输入 ③ 外部命令操作：减速停止输入
S/S	24V DC 电源端子，用于 STOP 输入和 DOG 输入 连接 PC 的传感器电源或外部电源
PG0+	0 点信号的电源端子 连接伺服放大器或外部电源（5～24V DC，20mA 或更小）
PG0-	从驱动单元或伺服放大器输入 0 点信号，响应脉冲宽度：4ns 或更大

续表

端　子	功　　能
VIN	脉冲输出的电源端子（由伺服放大器或外部单元供电） 5～24V DC，35mA 或更小
FP	输出单向脉冲的端子，100kHz，5～24V DC，20mA 或更小
COM0	用于脉冲输出的通用端子
RP	输出反向脉冲或方向的端子，100kHz，5～24V DC，20mA 或更小
COM1	CLR 输出的公共端
CLR	清除漂移计数器的输出，5～24V DC，20mA 或更小，输出脉冲宽度 20ms （在返回原位或 LIMIT SEITCH 输入被给时输出）
●	空闲端子，不可用作继电器端子

表 6.11　BFM 地址号说明

BFM 地址号		说　　明
高 16 位	低 16 位	
	#0	脉冲率
#2	#1	进给率
	#3	参数
#5	#4	最大速度
	#6	基底速度
#8	#7	点动速度
#10	#9	原点回归速度（高速）
	#11	原点回归速度（低速）
	#12	原点回归零点信号量
#14	#13	原点位置
	#15	加/减速时间
#18	#17	设定位置（I）
#20	#19	运行速度（I）
#22	#21	设定位置（II）
#24	#23	运行速度（II）
	#25	操作指令
#27	#26	当前位置
	#28	状态及出错信号
	#29	出错代码
	#30	模块代码

FX$_{2N}$-1PG 模块编程示例如图 6.26 所示。

图文：模块 FX$_{2N}$-
1PG 使用方法

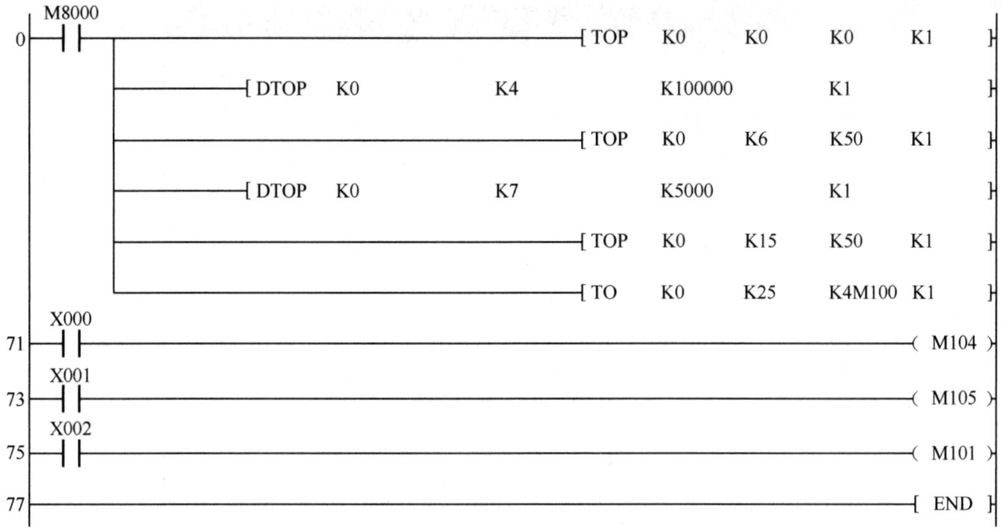

M8000
0
TOP K0 K0 K0 K1
DTOP K0 K4 K100000 K1
TOP K0 K6 K50 K1
DTOP K0 K7 K5000 K1
TOP K0 K15 K50 K1
TO K0 K25 K4M100 K1
X000
71
M104
X001
73
M105
X002
75
M101
77
END

图 6.26　FX_{2N}-1PG 模块编程示例

6.3.4　FX_{3U} PLC 表格设定定位操作步骤

（1）启动 GX Developer。

（2）选择“Project”→“New project…”菜单命令，设定“PLC series”和“PLC Type”。“PLC series”选择“FXCPU”，“PLC Type”选择“FX3U（C）”，如图 6.27 所示。

PLC series
FXCPU
PLC Type
FX3U(C)

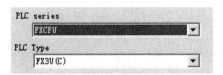

图 6.27　选择 PLC

（3）在“Project data list”中双击“PLC parameter”，如图 6.28 所示。（如果“Project data list”没有显示，可以勾选“View”→“Project data list”项。

(Unset project)
Program
Device comment
Parameter
PLC parameter
Device memory

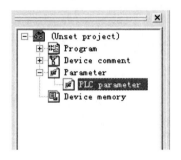

图 6.28　PLC 参数选择

（4）在弹出的“FX parameter”对话框中勾选“Positioning Instruction Settings（18 Blocks）”项，如图 6.29 所示。

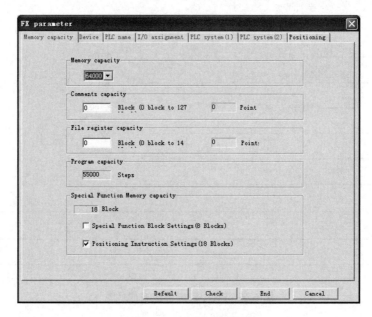

图 6.29　PLC 参数设置

（5）在 "FX parameter" 对话框中选择 "Positioning" 页，并单击 "Individual setting" 按钮，如图 6.30 所示。

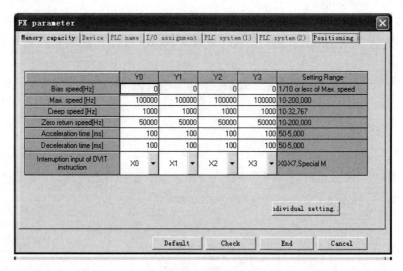

图 6.30　定位设置

（6）在 FX$_{3U}$ PLC 上使用 FX$_{3U}$-2HSY-ADP 时脉冲频率的设定范围是 10～200,000Hz，在弹出的 "Positioning instruction settings" 对话框中可以设定各脉冲输出端的定位表格，如图 6.31 所示。

（7）在定位表格中可以设定的定位指令有 DVIT、PLSV、DRVI 和 DRVA。Y3 仅适用于在 FX$_{3U}$ PLC 上连接两台 FX$_{3U}$-2HSY-ADP 时。

例如，使用第一轴（Y000）进行 3 种定位运行，其梯形图和运行参数设置分别如图 6.32 和图 6.33 所示。

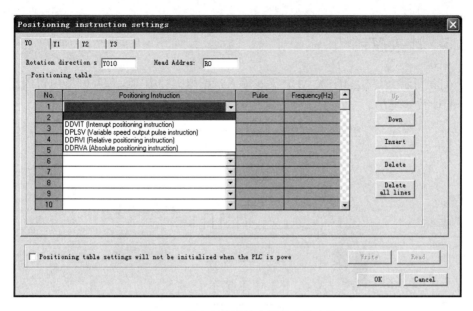

图 6.31　设定各脉冲输出端的定位表格

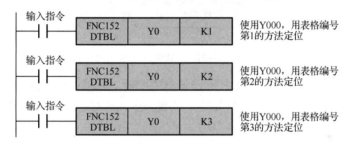

图 6.32　3 种定位运行梯形图

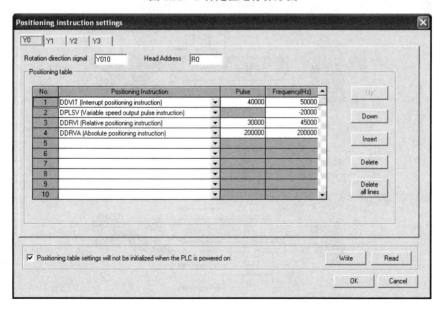

图 6.33　3 种定位运行参数设置

6.3.5　计数控制

如图 6.34 所示为 FX$_{3U}$-4HSX-ADP 高速输入适配器，它由可编程控制器内置的高速计数器号码分配计数号码。

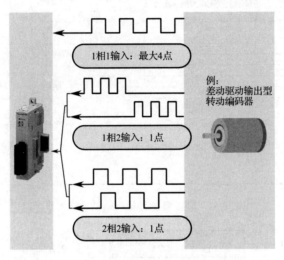

图 6.34　FX$_{3U}$-4HSX-ADP 高速输入适配器

如图 6.35 所示为 FX$_{3U}$-2HSY-ADP 高速输出适配器，可以使用表格设定定位（DTBL 指令）。通过使用 GX Developer 的"定位设定"参数命令，可对设定后的运行进行简单的操作，详见上一节操作步骤。

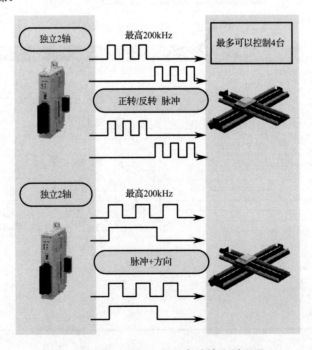

图 6.35　FX$_{3U}$-2HSY-ADP 高速输出适配器

FX_{2N}-1HC 计数模块，有 1 个高速计数器，可作单相/双相 50kHz 的高速计数，可通过 PLC 指令或外部输入进行计数器的复位和启动。只要将 FX_{2N}-1HC 的插头插入位于 PLC 基本单元或扩展单元的插座内，就完成了 FX_{2N}-1HC 与 PLC 的 CPU 之间的连接。该计数器的当前计数值与设定值的比较，以及比较结果的输出都由该模块直接进行，与 PLC 的扫描周期无关，具有较高的计数精度和分辨率。

FX_{2N}-1HC 的各种计数模式（1 相或 2 相，16 位或 32 位）可用 PLC 的 TO 指令进行选择。只有这些模式参数设定之后，FX_{2N}-1HC 单元才能运行。FX_{2N}-1HC 的输入信号源必须是 1 相或 2 相编码器，可使用 5V、12V 或 24V 电源。FX_{2N}-1HC 有两个输出。当计数值与设定值一致时，输出为 ON。输出晶体管被单独隔离，以允许漏型或源型负载连接。

FX_{2N}-1HC 与 PLC 之间的数据传输是通过缓冲存储器进行的。FX_{2N}-1HC 有 32 个缓冲存储器（每个为 16 位）。FX_{2N}-1HC 模块电路图如图 6.36 所示。

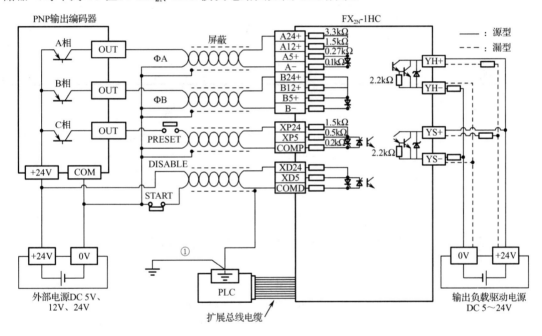

①按实际情况确定 PLC 是否接地。

图 6.36　FX_{2N}-1HC 模块电路图

1．FX_{2N}-1HC 的技术指标

FX_{2N}-1HC 的技术指标见表 6.12。

表 6.12　FX_{2N}-1HC 高速计数模块技术指标

项　目	描　述
信号等级	5V、12V 或 24V，依赖于连接端子。差动输出型连接到 5V 端子上
频率	单相单输入：不超过 50kHz
	单相双输入：每个不超过 50kHz
	双相双输入：不超过 50kHz（1 倍数）；不超过 25kHz（2 倍数）；不超过 12.5kHz（4 倍数）

续表

项　目	描　述
计数器范围	32 位二进制计数器：−2147483648～+2147483647 16 位二进制计数器：0～65535
计数方式	自动增减计数（单相双输入或双相双输入）；当工作在单相单输入方式时，由 PLC 或外部输入端子确定增或减计数
比较类型	YH：直接输出，通过硬件比较器处理 YS：通过软件比较器处理后输出，最大延迟时间为 300ms
输出类型	NPN，开路，输出 2 点，5～24V DC，每点 0.5A
辅助功能	可以通过 PLC 的参数来设置模式和比较结果 可以监测当前值、比较结果和误差状态
占用的 I/O 点数	占用 8 个输入或输出点（输入或输出均可）
基本单元提供的电源	5V、90mA 直流（主单元提供的内部电源或电源扩展单元）
适用的控制器	FX$_{1N}$/FX$_{2N}$/FX$_{2NC}$（需要 FX$_{2NC}$-CNV-IF）
尺寸（宽）×（厚）×（高）	55mm×87mm×90mm
质量	0.3kg

2. FX$_{2N}$-1HC 的输入/输出

高速计数模块 FX$_{2N}$-1HC 输入的计数脉冲信号可以是单相的，也可以是双相的。单相 1 输入和单相 2 输入时频率小于 50kHz，双相输入时可以设置 1 倍频、2 倍频和 4 倍频模式。脉冲信号的幅值可以是 5V、12V 或 24V，分别连接到不同的输入端。

计数器的输出有两种类型，共四种方式。

（1）由该模块内的硬件比较器输出比较的结果，一旦当前计数值等于设定值，立即将输出端置 "1"，其输出方式有两种：输出端 YHP 采用 PNP 型晶体管输出方式；输出端 YHN 采用 NPN 型晶体管输出方式。

（2）通过该模块内的软件输出比较的结果，由于软件进行数据处理需要一定的时间，因此当前计数值等于设定值时，要经过 200μs 的延迟才能将输出端置 "1"，其输出方式也有两种：输出端 YSP 采用 PNP 型晶体管输出方式；输出端 YSN 采用 NPN 型晶体管输出方式。

上述各输出端的电源可以是 12～24V 的直流电源，最大负载电流为 0.5A。

（3）当以 32 位计数器计数时，其最大计数限定值为+2147483647，最小计数限定值为−2147483648。在进行递加计数时，当计数值超过最大计数限定值（即溢出）时，计数值变为最小计数限定值；反之，在进行递减计数时，当计数值小于最小计数限定值时，计数值变为最大计数限定值。

（4）当以 16 位计数器计数时，其计数范围为 0～65535。BFM#2 和 BFM#3 内存放的数作为 16 位计数器的最大计数限定值，其取值范围为 2～65536。在进行递加计数时，当计数值超过最大计数限定值（即溢出）时，计数值变为 0；反之，在进行递减计数时，当计数值小于 0 时，计数值变为最大计数限定值。

3. FX$_{2N}$-1HC 内的数据缓冲存储区

高速计数模块 FX$_{2N}$-1HC 内的数据缓冲存储区共有 32 个数据缓冲寄存器，即 BFM#0～

BFM#31，其功能用途见表 6.13。

表 6.13　FX$_{2N}$-1HC 模块内的数据缓冲寄存器的功能用途

BMF	功 能 用 途	BMF	功 能 用 途
BFM#0	存放计数器方式字	BFM#16	未使用
BFM#1	存放单相单输入方式时软件控制的递加/递减命令	BFM#17	未使用
BFM#2	存放最大计数限定值的低 16 位	BFM#18	未使用
BFM#3	存放最大计数限定值的高 16 位	BFM#19	未使用
BFM#4	存放计数器控制字	BFM#20	存放计数器当前计数值的低 16 位
BFM#5	未使用	BFM#21	存放计数器当前计数值的高 16 位
BFM#6	未使用	BFM#22	存放计数器最大当前计数值的低 16 位
BFM#7	未使用	BFM#23	存放计数器最大当前计数值的高 16 位
BFM#8	未使用	BFM#24	存放计数器最小当前计数值的低 16 位
BFM#9	未使用	BFM#25	存放计数器最小当前计数值的高 16 位
BFM#10	存放计数器计数起始值的低 16 位	BFM#26	存放比较结果
BFM#11	存放计数器计数起始值的高 16 位	BFM#27	存放端口状态
BFM#12	存放硬件比较时，计数器设定值的低 16 位	BFM#28	未使用
BFM#13	存放硬件比较时，计数器设定值的高 16 位	BFM#29	存放故障代码
BFM#14	存放软件比较时，计数器设定值的低 16 位	BFM#30	存放模块识别代码
BFM#15	存放软件比较时，计数器设定值的高 16 位	BFM#31	未使用

4．FX$_{2N}$-1HC 模块的计数方式

高速计数模块 FX$_{2N}$-1HC 内计数器的计数方式由 BFM#0 内的数据决定，该数据的取值范围为 K0～K11，由 PLC 通过 TO 指令写入 BFM#0 中。为了避免反复将数据写入该寄存器内，TO 指令必须采用脉冲控制方式。计数器的计数方式与 BFM#0 内数据的对应关系见表 6.14。

表 6.14　计数器计数方式与 BFM#0 内数据的对应关系

BFM#0 内的数据　计数器类型 计数方式		计 数 器	
		32 位	16 位
A-B 相输入	1 边沿计数	K0	K1
	2 边沿计数	K2	K3
	4 边沿计数	K4	K5
单相双输入	由脉冲控制递加/递减	K6	K7
单相单输入	由硬件控制递加/递减	K8	K9
	由软件控制递加/递减	K10	K11

当采用单相单输入、单相双输入或 A-B 相输入中 1 边沿计数的计数方式时，允许的最高计数频率为 50kHz；当采用 A-B 相输入中 2 边沿计数的计数方式时，允许的最高计数频率为

25kHz；当采用 A-B 相输入中 4 边沿计数的计数方式时，允许的最高计数频率为 12.5kHz。

（1）由软件控制递加/递减的计数方式。

当 BFM#0 内的数为 K10 或 K11 时，计数器的计数方式由 BFM#1 内的数决定。如果 BFM#1 内的数为 0，则计数器以递加方式计数；如果 BFM#1 内的数为 1，则计数器以递减方式计数。计数脉冲都经 B 相输入端输入。该计数方式的时序图如图 6.37 所示。

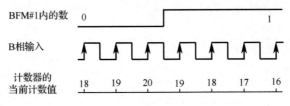

图 6.37　由软件控制递加/递减的计数方式的时序图

（2）由硬件（A 相输入信号）控制递加/递减的计数方式。

当 BFM#0 内的数为 K8 或 K9 时，计数器的计数方式由 A 相输入端输入的信号决定。如果 A 相输入端的输入信号为 0，则计数器以递加方式计数；如果 A 相输入端的输入信号为 1，则计数器以递减方式计数。计数脉冲经 B 相输入端输入。该计数方式的时序图如图 6.38 所示。

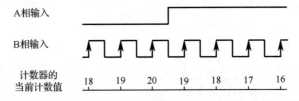

图 6.38　由 A 相输入信号控制递加/递减的计数方式的时序图

（3）由 A 相和 B 相分别控制递加/递减的计数方式。

当 BFM#0 内的数为 K6 或 K7 时，由 A 相输入端输入的脉冲上升沿使计数器的当前计数值加 1，由 B 相输入端输入的脉冲上升沿使计数器的当前计数值减 1，当 A 相和 B 相输入端输入的脉冲上升沿同时出现时，计数器的当前计数值保持不变。该计数方式的时序图如图 6.39 所示。

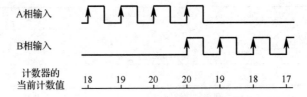

图 6.39　由 A 相和 B 相分别控制递加/递减的计数方式的时序图

（4）A-B 相 1 边沿的计数方式。

当 BFM#0 内的数为 K0 或 K1 时，若 B 相脉冲的上升沿出现在 A 相输入端的输入信号为"1"状态时，则计数器的当前计数值加 1；若 B 相脉冲的下降沿出现在 A 相输入端的输入信号为"1"状态时，则计数器的当前计数值减 1。该计数方式的时序图如图 6.40 所示。当采用光电编码器 A-B 相脉冲检测转速或位置时，设电动机正转时，编码器产生的 A-B 相脉冲波形如图 6.40（a）所示；则电动机反转时，编码器产生的 A-B 相脉冲波形如图 6.40（b）所示。

因此，当采用 A-B 相脉冲输入时，根据电动机的转向，计数器可以自动进行递加或递减计数。

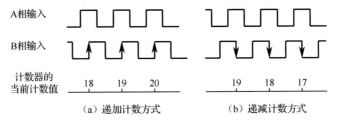

图 6.40　A-B 相 1 边沿计数方式时的时序图

（5）A-B 相 2 边沿的计数方式。

当 BFM#0 内的数为 K2 或 K3 时，若 B 相脉冲的上升沿出现在 A 相输入端的输入信号为"1"状态时，或者 B 相脉冲的下降沿出现在 A 相输入端的输入信号为"0"状态时，则计数器的当前计数值加 1；若 B 相脉冲的下降沿出现在 A 相输入端的输入信号为"1"状态时，或者 B 相脉冲的上升沿出现在 A 相输入端的输入信号为"0"状态时，则计数器的当前计数值减 1。该计数方式的时序图如图 6.41 所示。在采用相同编码器的情况下，采用 A-B 相 2 边沿计数方式比采用 A-B 相 1 边沿计数方式，其计数精度提高一倍。也就是说，在计数精度相同的情况下，采用 A-B 相 2 边沿计数方式比采用 A-B 相 1 边沿计数方式，对编码器分辨率的要求降低了 50%，而编码器的价格与其分辨率成正比，分辨率愈高，价格愈贵。

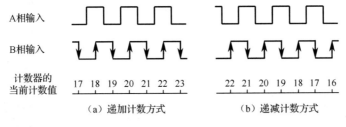

图 6.41　A-B 相 2 边沿计数方式时的时序图

（6）A-B 相 4 边沿的计数方式。

当 BFM#0 内的数为 K4 或 K5 时，若 A 相脉冲的上升沿出现在 B 相输入端的输入信号为"0"状态时，或者 A 相脉冲的下降沿出现在 B 相输入端的输入信号为"1"状态时，或者 B 相脉冲的上升沿出现在 A 相输入端的输入信号为"1"状态时，或者 B 相脉冲的下降沿出现在 A 相输入端的输入信号为"0"状态时，则计数器的当前计数值加 1；若 A 相脉冲的上升沿出现在 B 相输入端的输入信号为"1"状态时，或者 A 相脉冲的下降沿出现在 B 相输入端的输入信号为"0"状态时，或者 B 相脉冲的上升沿出现在 A 相输入端的输入信号为"0"状态时，或者 B 相脉冲的下降沿出现在 A 相输入端的输入信号为"1"状态时，则计数器的当前计数值减 1。该计数方式的时序图如图 6.42 所示。在采用相同编码器的情况下，采用 A-B 相 4 边沿计数方式比采用 A-B 相 2 边沿的计数方式，其分辨率提高一倍；采用 A-B 相 4 边沿的计数方式比采用 A-B 相 1 边沿的计数方式，其分辨率提高 4 倍。也就是说，在控制对象对分辨率要求相同的情况下，采用 A-B 相 4 边沿计数方式比采用 A-B 相 1 边沿计数方式，对编码器分辨率的要求降低为原来的四分之一。

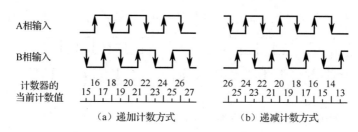

图 6.42　A-B 相 4 边沿计数方式时的时序图

5. FX$_{2N}$-1HC 模块输入/输出的控制字

BFM#4 内存放控制字，各位的功能见表 6.15。

表 6.15　BFM#4 各位的功能

位　序	0	1
b0	禁止计数	允许计数
b1	禁止硬件比较	允许硬件比较
b2	禁止软件比较	允许软件比较
b3	硬件输出端和软件输出端单独工作	硬件输出端和软件输出端互为复位
b4	输入 PRESET 无效	输入 PRESET 有效
b5～b7	没有定义	
b8	不起作用	出错标志复位
b9	不起作用	硬件比较输出复位
b10	不起作用	软件比较输出复位
B11	不起作用	选用硬件比较
b12	不起作用	选用软件比较
b13～b15	没有定义	

6.3.6　应用举例

某 FX$_{2N}$ 系列 PLC 控制系统的各模块连接如图 6.43 所示。其中，高速计数模块 FX$_{2N}$-1HC 的序号为 2。将该模块内的计数器设置为由软件控制递加/递减的单相单输入的 16 位计数器，并将其最大计数限定值设定为 K4444，采用硬件比较的方法，其设定值为 K4000，其用户程序编制如图 6.44 所示。

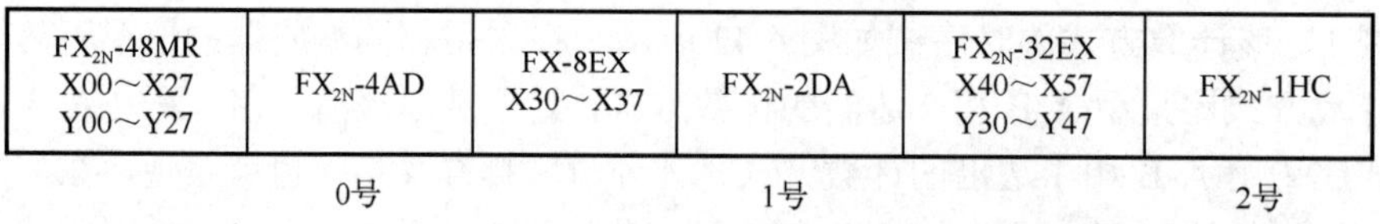

FX$_{2N}$-48MR X00～X27 Y00～Y27	FX$_{2N}$-4AD	FX-8EX X30～X37	FX$_{2N}$-2DA	FX$_{2N}$-32EX X40～X57 Y30～Y47	FX$_{2N}$-1HC
0号		1号			2号

图 6.43　某 FX$_{2N}$ 系列 PLC 控制系统的各模块连接

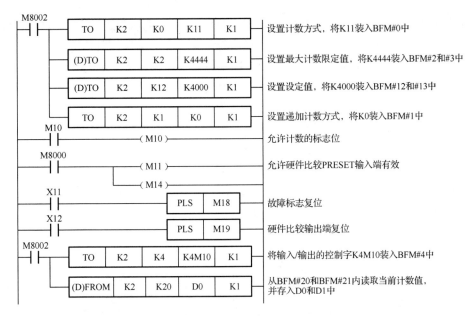

图 6.44　使用高速计数模块的梯形图程序

6.4　变频控制模块

变频器是应用变频技术与微电子技术，通过改变电动机工作电源频率方式来控制交流电动机的电力控制设备。变频器主要由整流（交流变直流）、滤波、逆变（直流变交流）、制动单元、驱动单元、检测单元、微处理单元等组成。变频器靠内部 IGBT（Insulated Gate Bipolar Transistor，绝缘栅双极型晶体管）的通断来调整输出电源的电压和频率，根据电动机的实际需要来提供其所需要的电源电压，进而达到节能、调速的目的。另外，变频器还有很多的保护功能，如过流、过压、过载保护等。随着工业自动化程度的不断提高，变频器也得到了非常广泛的应用。图 6.45 所示为变频器操作面板示意图。

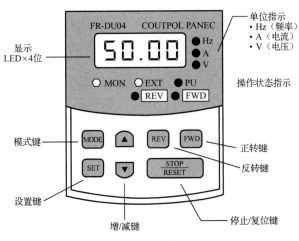

图 6.45　变频器操作面板示意图

变频器的功能是将频率、电压都固定的交流电变成频率、电压都连续可调的三相交流电。按照变换环节有无直流环节可以分为交—交变频器和交—直—交变频器。

变频器按用途不同可分为通用变频器和专用变频器。通用变频器的特点是具有通用性。随着变频技术的发展和市场需要的不断扩大，通用变频器也在朝着两个方向发展：一是低成本的简易通用变频器；二是高性能的多功能通用变频器。专用变频器包括用在超精密机械加工中用于驱动高速电动机的高频变频器，以及大容量、高电压的高压变频器。

根据控制功能可将通用变频器分为 3 种类型：普通功能型 U/f 控制变频器、具有转矩控制功能的高功能型 U/f 控制变频器和矢量控制高性能型变频器。对于变频器的类型，要根据负载的要求来进行选择。变频器主接线方法如图 6.46 所示。变频器主回路端子说明详见表 6.16。变频器控制回路端子说明详见表 6.17。

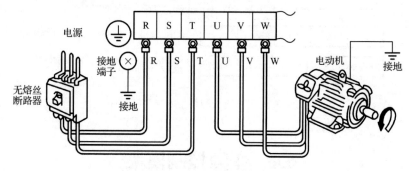

图 6.46　变频器主接线方法

表 6.16　变频器主回路端子说明

端 子 记 号	端 子 名 称	说　　明
L1，L2，L3	电源输入	连接工频电源。当使用高功率因数整流器时，不要接任何东西。单相电源接入时，变成 L1，N 端
U，V，W	变频器输出	接三相笼型电动机
+，PR	连接制动电阻器	在端子+和 PR 之间连接选件制动电阻器
+，－	连接制动单元	连接选件制动单元或高功率因数整流器
+，P1	连接改善功率因数直流电抗器	拆开端子+和 P1 间的短路片，连接选件改善功率因数用直流电抗器
⏚	接地	变频器外壳接地用，必须接大地

表 6.17　变频器控制回路端子说明

类　型		端子记号	端子名称	说　　明	
输入信号	接点输入	STF	正转启动	STF 信号 ON 时正转，OFF 时停止	STF 和 STR 信号同时为 ON 时停止
		STR	反转启动	STR 信号 ON 时反转，OFF 时停止	
		RH，RM，RL	多段速度选择	可根据端子 RH，RM，RL 信号的短路组合进行多段速度的选择	根据输入端子功能选择（Pr.180，Pr.183）可改变端子的功能
		AU	电流输入选择	端子 AU 接通时 DC 4～20mA 作为频率设定信号，此时电压输入（端子 2-5 之间）无效	

类　　型		端子记号	端子名称	说　　明	
输入信号	接点输入	MRS	输出停止	MRS 信号为 ON 时（20ms 以上），变频器输出停止。用电磁制动停止电动机时，用于断开变频器的输出	
		RES	复位	用于解除保护回路动作的保持状态，使端子 RES 信号处于 ON 在 0.1s 以上，然后断开	
		SD	公共输入端（漏型）	接点输入公共端。直流 24V，0.1A（PC 端子）电源的输出公共端	
		PC	外部晶体管公共端；DC 24V 电源或接点输入公共端（源型）	当连接 PLC 之类的晶体管输出集电极开路输出时，把晶体管输出用的外部电源接头连接到这个端子，可防止因回流电流引起的误动作。PC-SD 间的端子可作为 DC 24V，0.1A 的电源使用。选择源型逻辑时，此端子为接点输入信号的公共端子	
	频率设定	10	频率设定用电源	DC 5V，允许负荷电流 10mA	
		2	频率设定（电压信号）	输入 DC 0～5V（0～10V）时，输出成比例。输入 5V（10V）时输出为最高频率。5V/10V 切换用 Pr.73"0～5V，0～10V 选择"进行。输入阻抗为 10kΩ，最大允许输入电压为 20V	
		4	频率设定（电流信号）	输入 DC 4～20mA，出厂时调整为 4mA 对应 0Hz，20mA 对应 50Hz。最大允许输入电流为 30mA，输入阻抗约 250Ω。电流输入时，信号 AU 设定为 ON。如果接通 AU 信号，电压输入将无效。AU 信号用 Pr.60～Pr.63（输入端子功能选择）设定	
		5	频率设定公共输入端	此端子为频率设定信号（端子 2，4）及模拟输出端子"AM"的公共端。不能接大地	
输出信号	接点	A，B，C	报警输出	指示变频器因保护功能动作而输出停止的转换接点。AC 230V，0.3A；DC 30V，0.3A。报警时 B-C 之间不导通（A-C 之间导通）；正常时 B-C 之间导通（A-C 之间不导通）	根据输出端子功能选择（Pr.190～Pr.192）可以改变端子的功能
	集电极开路	RUN	变频器运行中	变频器输出频率高于启动频率时（出厂为 0.5Hz）可变更为低电平（ON 输出用晶体管导通），停止及直流制动时为高电平（OFF 输出用晶体管不导通），允许负荷为 DC 24V，0.1A	
		FU	频率检测	输出频率为任意设定的检测频率以上时为低电平，未达到时为高电平。允许负荷为 DC 24V，0.1A	
		SE	集电极开路公共端	变频器运行时端子 RUN，FU 的公共端子	
	模拟	AM	模拟信号输出	从输出频率、电动机电流或输出电压中选择一种作为输出（变频器复位中不能输出），输出信号与各监视项目的大小成比例	出厂设定的输出项目频率允许负荷电流为 1mA，输出信号为 DC 0～10V
通信	RS-485		PU 接口	通过操作面板的进口，RS-485 进行多任务通信。EIA RS-485 标准；最大通信频率为 19200bps；最长距离为 500m	

如图 6.47 所示为电动机正反转变频控制的接线图，如图 6.48 所示为梯形图实例。

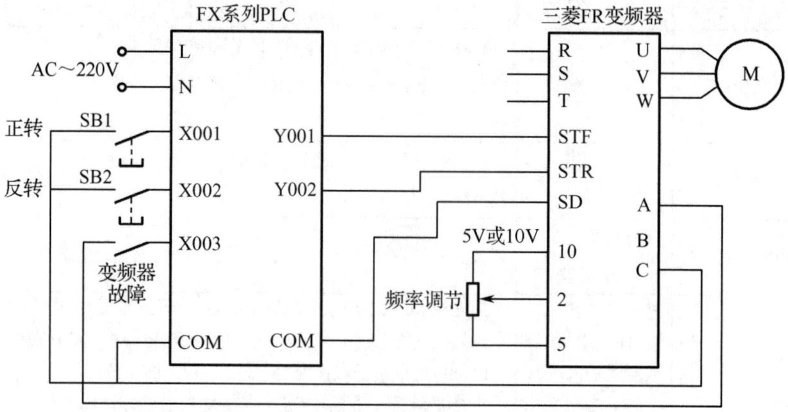

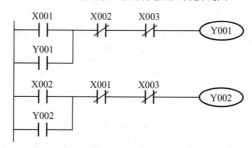

图 6.47　电动机正反转变频控制接线图

图 6.48　电动机正反转变频控制梯形图

6.5　通信功能扩展

1．FX₂ₙ-485 通信功能扩展板

FX₂ₙ-485-BD 通信功能扩展板的外形和端子图如图 6.49 所示，可安装于 FX₂ₙ 系列 PLC 的基本单元中，用于进行 RS-485 通信（普通通信协议）。FX₀ₙ-485ADP/FX₂ₙc-485ADP 通信模块端子图如图 6.50 所示，可用于普通通信协议或 MODBUS 协议。其主要特点如下。

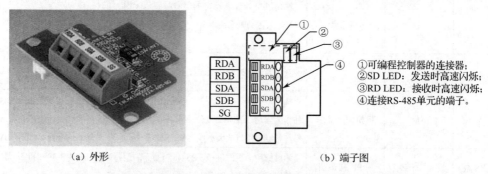

①可编程控制器的连接器；
②SD LED：发送时高速闪烁；
③RD LED：接收时高速闪烁；
④连接 RS-485 单元的端子。

（a）外形　　　　　　　（b）端子图

图 6.49　FX₂ₙ-485-BD 通信功能扩展板的外形和端子图

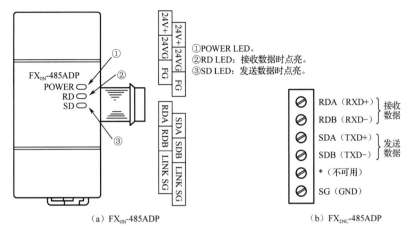

（a）FX_{0N}-485ADP　　　　　　　　（b）FX_{2NC}-485ADP

图 6.50　FX_{0N}-485ADP/FX_{2NC}-485ADP 通信模块端子图

（1）使用 $N:N$ 网络进行数据传输。通过 FX_{2N} 系列 PLC，可在 $N:N$ 基础上进行数据传输。

（2）使用并行连接进行数据传输。通过 FX_{2N} 系列 PLC，可在 $1:1$ 基础上对 100 个辅助继电器和 10 个数据寄存器进行数据传输。

（3）使用专用协议进行数据传输。使用专用协议，可在 $1:N$ 基础上通过 RS-485（422）进行数据传输。

（4）使用无协议进行数据传输。使用无协议，通过 RS-485（422）转换器可在各种带有 RS-232C 单元的设备之间进行数据通信，如个人计算机、条形码阅读机和打印机等。在这种应用中，数据的发送和接收是通过由 RS 指令指定的数据寄存器来进行的。

2. FX_{2N}-16CCL-M 型 CC-Link 系统主站模块

FX_{2N}-16CCL-M 型 CC-Link 系统主站模块是特殊功能模块，它将 FX 系列 PLC 分配为 CC-Link 中的主站，并通过 PLC 的 CPU 来控制该模块，使用 FROM/TO 指令与 FX_{2N}-16CCL-M 的缓存区进行数据交换。占用 PLC 的 I/O 点数为 8 点。其主要特点如下。

（1）将 FX 系列 PLC 作为 CC-Link 主站。

（2）在主站上最多可连接 8 个远程设备站和 7 个远程 I/O 站。

（3）使用 FX_{2N}-32CCL 型 CC-Link 接口模块，可以将 FX 系列 PLC 作为 CC-Link 远程设备站来连接。

（4）通过连接各种 CC-Link I/O 设备，可用于各种用途的系统，适用于生产线等设备的控制。

3. CC-Link 网络

CC-Link 网络以 FX 系列 PLC 为主站，通过总线电缆将分散的 I/O 模块、特殊功能模块等连接起来，并且通过 PLC 的 CPU 来控制这些相应的模块，如图 6.51 所示。网络总距离可达 1200m，可连接远程 I/O 站 7 台，远程设备站 8 台。该网络用于生产线的分散控制和集中管理，与上位网络之间的数据交换等。其主要特点如下：

（1）将每个模块分散到生产线和机械等设备中，能够实现整个系统的省配线。

（2）使用处理远程 I/O 位数据 ON/OFF，或者字数据的模块，能够实现简单的高速通信。

（3）可以和其他厂商的各种不同的设备进行连接，使系统更具灵活性。

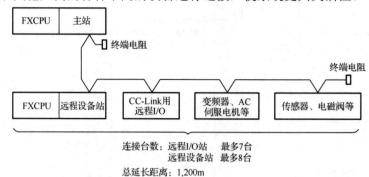

连接台数：远程I/O站　最多7台
　　　　　远程设备站　最多8台
总延长距离：1,200m

图 6.51　以 FX 系列 PLC 为主站的 CC-Link 网络结构

4．*N*∶*N* 网络

N∶*N* 网络是通过 RS-485 通信设备，最多可连接 8 台 FX 系列 PLC，在这些 PLC 之间自动执行数据交换的网络。在这个网络中，不仅可以通过由刷新范围决定的软元件在各个 PLC 之间执行数据通信，并且可以在所有的 PLC 中监控这些软元件。该网络可以实现小规模系统的数据链接及机械之间的信息交换，即实现生产线的分散控制和集中管理等。*N*∶*N* 网络的主要特点如下。

（1）根据要连接软元件点数，有 3 种模式可以选择（FX$_{1S}$、FX$_{0N}$ 除外）。

（2）数据的链接在各 PLC 之间自动更新。

（3）总延长距离最大可达 500m（全部使用 485ADP 时）。

N∶*N* 网络结构如图 6.52 所示。

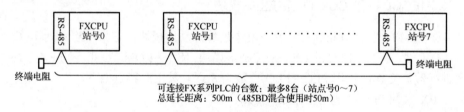

可连接FX系列PLC的台数：最多8台（站点号0～7）
总延长距离：500m（485BD混合使用时50m）

图 6.52　*N*∶*N* 网络结构

思 考 题

图文：参考答案

6.1　FX$_{2N}$ 系列 PLC 有哪些特殊功能单元？各有什么用途？

6.2　定位控制模块有哪些？

6.3　FX$_{2N}$-4AD 模拟量输入模块与 FX$_{2N}$-48MR-001 连接，仅开通 CH1、CH2 两个通道，作为电压输入，计算 4 次取样的平均值，将结果存入 PLC 的 D1、D2 中，试编写程序。

6.4　量程为 0～3.5MPa 的压力传感器的输出信号为 4～20mA，设置 FX$_{2N}$-4AD 的量程为 4～20mA，转换后的数字量为 0～1000，设转换后得到的数字为 N，求以 kPa 为单位的压力值。

6.5　要求 X0 为 ON 时变频器停机，X1 和 X2 为 ON 时变频器分别正转和反转。用 D10 来设置变频器的速度，变频器的站号为 0。试画出实现上述控制要求的梯形图。

第7章

机电控制系统设计及应用

教学目的及要求

1. 了解 PLC 控制系统设计的基本原则、基本内容及一般步骤；

2. 掌握 PLC 机型选择的方法；

3. 掌握 PLC 控制系统的安装与调试方法及注意事项；

4. 重点和难点：PLC 在控制柜中安装时的注意事项；PLC 的布线与接线；机电控制系统调试方法。

7.1 PLC 的选型

在实际工程设计中进行了选型和估算时，应详细分析工艺过程的特点和控制要求，明确控制任务和范围，确定所需的操作和动作，然后根据控制要求，估算输入/输出点数、所需存储器容量，确定 PLC 的功能、外部设备特性等，最后选择有较高性价比的 PLC 并设计相应的控制系统。

1. 输入/输出（I/O）点数的估算

在自动控制系统设计之初，就应该对控制点数有一个准确的统计，这往往是选择 PLC 的首要条件，在满足控制要求的前提下力争所选的 I/O 点数最少。

考虑到以下几方面的因素，PLC 的 I/O 点数还应留有一定的备用量（10%～15%）。

（1）可以弥补设计过程中遗漏的点。

（2）能够保证在运行过程中，个别点有故障时可以有替代点。

（3）将来升级时可以扩展 I/O 点数。

2. 存储器容量的估算

存储器容量是指 PLC 本身能提供的硬件存储单元大小，存储器内存容量的估算没有固定的公式，许多文献资料中给出了不同公式，大体上都是按数字量 I/O 点数的 10～15 倍，加上模拟量 I/O 点数的 100 倍，以此数作为内存的总字数（16 位为一个字），另外再按此数的 25%

考虑余量。

3. 功能的选择

该选择包括运算功能、控制功能、通信功能、编程功能、诊断功能和处理速度等特性的选择。

4. 编程功能

有 5 种标准化编程语言，包括 3 种图形化语言和 2 种文本语言。图形化语言包括顺序功能图（SFC）、梯形图（LD）、功能模块图（FBD），两种文本语言包括语句表（IL）、结构文本（ST）。选用的编程语言应遵守 IEC6113123 标准，同时，还应支持多种语言编程形式，如 C、C++、VB 等，以满足特殊控制场合的控制要求。

5. 诊断功能

硬件诊断通过硬件的逻辑判断确定硬件的故障位置；软件诊断分内诊断和外诊断。PLC 诊断功能的强弱，直接影响对操作人员和维护人员技术能力的要求，并影响平均维修时间。

6. 处理速度

PLC 采用扫描方式工作。从实时性要求来看，处理速度应越快越好，如果信号持续时间小于扫描时间，则 PLC 将扫描不到该信号，造成信号数据的丢失。

7. 输入/输出模块的选择

对于输入模块，应考虑信号电平、信号传输距离、信号隔离、信号供电方式等应用要求。对于输出模块，应考虑选用的输出模块类型，通常继电器输出模块具有价格低、使用电压范围广、寿命短、响应时间较长等特点；可控硅输出模块适用于开关频繁、电感性低功率因数负荷场合，但价格较贵，过载能力较差。输出模块还有直流输出、交流输出和模拟量输出等类型，与应用要求应一致。

8. 电源的选择

PLC 的供电电源，应根据 PLC 说明书要求设计和选用。一般说来，PLC 的供电电源应选用 220V AC 电源，与国内电网电压一致。对于重要的应用场合，应采用不间断电源或稳压电源供电。

7.2 控制柜及布线设计

动画视频：成型砖
堆放机电气控制柜

近年来，电气控制柜（如图 7.1 所示）发展很快，新产品日新月异，层出不穷。产品在性能、结构、外形等各方面有了巨大的进步，正在向着家具化、装饰化的方向发展。

二次回路是任何电气设备必不可少的重要组成部分，二次回路的电气性能好坏直接影响整台电气控制柜的性能、可靠性和安全性。同时，其二次元件的装配、标号，导线的选择、铺设及排列组合等项目，构成二次回路布线工艺的重要内容。电气控制柜布线工艺水平的高低将对产品质量产生直接的影响。过去，企业只注重产品的结构性设计及电气性能的改进，而忽视了二次布线工作，造成了二次回路布线工艺落后，方法陈旧。在新的形势下，原来的二次布线工艺已远不能适应新产品开发和市场发展的需要。因此，采用了新工艺、新技术，使用合适的新型电气附件，来保证产品的质量。

图文：电气控制柜

图 7.1　电气控制柜

1. 电气控制柜一次回路布线规范

（1）一次配线应尽量选用矩形铜母线，当用矩形铜母线难以加工时或电流小于等于 100A 时可选用绝缘导线。接地母排的截面面积=进线母排单相截面面积/2。

接地母排如图 7.2 所示，接地端子如图 7.3 所示。

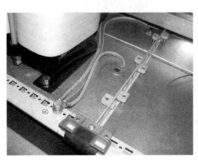

图 7.2　接地母排　　　　　　　　　图 7.3　接地端子

（2）汇流母线应按设计要求选取，主进线柜和联络柜母线按汇流选取，分支母线的选择应以自动空气开关的脱扣器额定工作电流值为准，如自动空气开关不带脱扣器，则以其开关的额定电流值为准。对于自动空气开关以下有数个分支回路的情况，如分支回路也装有自动空气开关，则仍按上述原则选择分支母线截面。如果没有自动空气开关，只有刀开关、熔断器、低压电流互感器等，则以低压电流互感器的一侧额定电流值选取分支母线截面。如果上述这些都没有，还可按接触器额定电流值选取，如接触器也没有，最后才按熔断器熔芯额定电流值选取。

主回路的布线如图 7.4 所示。

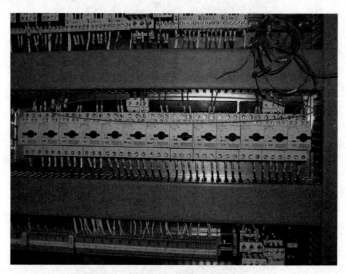

图 7.4　主回路布线

（3）铜母线载流量选择需查询有关文档，当聚氯乙烯绝缘导线在线槽中，或导线成束状走行，或防护等级较高时，应适当考虑裕量。

（4）母线应避开飞弧区域。

（5）当交流主电路穿越形成闭合磁路的金属框架时，三相母线应在同一框孔中穿过。接线时，必须把进入线槽的大电缆外层都剥开，把所有导线压进线槽。

（6）电缆与柜体金属有摩擦时，需加橡胶垫圈以保护电缆，如图 7.5 所示。

图 7.5　电缆保护

（7）电缆连接在面板和门板上时，需要加塑料管并安装线槽。柜体出线部分为防止锋利的边缘割伤绝缘层，必须加塑料护套，如图 7.6 所示。

图 7.6 塑料管和线槽保护

柜体与柜门之间的走线，必须加护套，否则容易损坏绝缘层。柜门走线必须加线槽。

（8）柜体内任意两个金属零部件通过螺钉连接时，如有绝缘层，均应采用相应规格的接地垫圈，并注意将接地垫圈齿面接触零件表面，以保证保护电路的连续性。

（9）当需要外部接线时，其接线端子及元件接点距结构的底部距离不得小于 200mm，且应为连接电缆提供必要的空间。

（10）提高柜体屏蔽功能，如需要进行外部接线，出线时，需加电磁屏蔽衬垫，柜体孔缝要求为：缝长或孔径小于波长 λ（10～100）。如果需要在柜内开通风窗口，交错排列的孔或高频率分布的网格比狭缝好，因为狭缝会在柜中传导高频信号。

（11）螺栓紧固标识，如图 7.7 所示。

① 生产中紧固的螺栓应标识兰色；

② 检测后紧固的螺栓应标识红色。

图 7.7 螺栓紧固标识

（12）注意装配铜排时应戴手套。

2．电气控制柜二次回路布线规范

（1）按图施工，连线正确。

（2）二次线的连接（包括螺栓连接、插接、焊接等）均应牢固可靠，线束应横平竖直，层次分明，整齐美观，如图 7.8 所示。同一批次的相同元件走线方式应一致。

图 7.8　二次回路布线

（3）采用线束布线时，固定线束应横平竖直布置，并应捆扎和固定，捆扎间距不宜大于100mm，水平线束固定间距不宜大于 300mm，垂直线束固定间距不宜大于 400mm。

（4）同一列器件的线号读向尽量保持一致。惯例为从左到右，从下到上，从内到外。

（5）二次线截面积：

单股导线：不小于 $1.5mm^2$；

多股导线：不小于 $1.0mm^2$；

弱电回路：不小于 $0.5mm^2$；

电流回路：不小于 $2.5mm^2$；

保护接地线：不小于 $2.5mm^2$。

（6）所有连接导线中间不应有接头，连接头只能位于器件的接线端子或接线端子排上。

（7）每个电气元件的接点最多允许接两根线。每个端子的接线点一般不宜接两根导线，特殊情况时如果必须接两根导线，则连接必须可靠。

（8）二次线应远离飞弧元件（飞弧现象是指高低电压两电极之间产生的非正常直接放电现象），并不得防碍电器的操作。

（9）电流表与分流器的连线之间不得经过端子，其线长不得超过 3m，电流表与电流互感器之间的连线必须经过试验端子，电流回路宜经过试验端子接至测量仪表。

（10）二次线不得从母线相间穿过。

（11）多股导线端部应加冷压端头接线。弱电回路中截面积小于 $1mm^2$ 的单股导线应采用锡焊或其他合适的方式接线。

（12）回拉式弹簧端子的连接：

① 硬导线的剥线长度为 10mm 左右；

② 软导线应套上线鼻子压紧后再插到端子上，注意铜线芯不要露出线鼻子且要压实；

③ 导线插入端子口中，直到感觉到导线已插到底部，上部不能露铜。

（13）屏蔽电缆的连接：

① 拧紧屏蔽线至约 15mm 长为止；

② 用线鼻子把导线与屏蔽线压在一起；

③ 压过的线回折在绝缘导线外层上；

④ 屏蔽线采用单端接地。

（14）用热缩管固定导线连接的部分。

7.3　机电控制系统设计及调试

7.3.1　机电系统的稳定运行

1．机电系统稳定运行的含义

系统应能按一定速度匀速运行；系统受某种外部干扰（如电压波动、负载转矩波动等）使运行速度发生变化时，应保证在干扰消除后系统能恢复到原来的运行速度。

2．机电系统稳定运行的条件

必要条件：电动机的输出转矩 T_M 和负载转矩 T_L 大小相等，方向相反，相互平衡。

充分条件：系统受到干扰后，要具有恢复到原平衡状态的能力，即当干扰使速度上升时，有 $T_M < T_L$；否则，当干扰使速度下降时，有 $T_M > T_L$。

符合稳定运行条件的平衡点称为稳定平衡点。

保证系统匀速运行的必要条件是电动机轴上的拖动转矩 T_M 与折算到电动机轴上的负载转矩 T_L 大小相等，方向相反，相互平衡。这意味着电动机的机械特性曲线 $n=f(T_M)$ 和生产机械的负载特性曲线 $n=f(T_L)$ 必须有交点，如图 7.9 所示。曲线 1 表示异步电动机的机械特性，曲线 2 表示电动机拖动的生产机械的负载特性（恒转矩型），两特性曲线有交点 a 和 b。交点常称为拖动系统的平衡点。

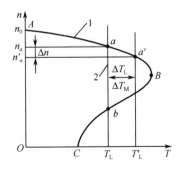

图 7.9　稳定工作点的判别

7.3.2 机电系统设计内容

1. 原理设计

（1）拟定设计任务书。

（2）确定电动机拖动方案和控制方式。

（3）选择电动机，包括电动机类型、电压等级、容量及转速，确定具体型号。

（4）设计电气原理框图，包括主电路、控制电路和辅助控制电路，确定各部分关系，拟定各部分技术要求。

（5）设计电气原理图、主要技术参数。

（6）选择元器件，列出目录清单。

（7）编写设计说明书。

2. 工艺设计

（1）根据电气原理图及选定器件，设计电气设备总体配置，绘制总装配图和总接线图。

（2）绘制组件原理电路图，列出元件目录表及组件进出线号。

（3）设计组件电气装配图（元件布置与安装图）、接线图。

（4）绘制电气安装板和非标电气安装零件图样。

（5）设计电气箱，确定电气柜结构和外形尺寸。

（6）汇总资料（总原理图、总装配图、各组件原理图）。

（7）编写使用维护说明书。

3. PLC 控制系统设计及调试

（1）绘制各种电路图。

图文：调试现场

绘制电路图的目的是把系统的 I/O 所涉及的地址和名称联系起来。绘制时主要考虑以下几点。

① 在绘制 PLC 的输入电路时，不仅要考虑输入信号的连接点是否与命名一致，还要考虑输入端的电压和电流是否合适，是否会把高电压引入到 PLC 的输入端。

② 在绘制 PLC 的输出电路时，不仅要考虑输出信号的连接点是否与命名一致，还要考虑 PLC 输出模块的带负载能力和耐电压能力。

③ 要考虑电源的输出功率和极性问题。

（2）梯形图程序设计。

根据系统的控制要求，采用合适的设计方法来设计 PLC 程序。程序要以满足系统控制要求为主线，逐一编写实现各控制功能或各子任务的程序，逐步完善系统指定的功能。除此之外，程序通常还应包括以下内容。

- 初始化程序。在 PLC 上电后，一般都要做一些初始化的操作，为启动做必要的准备，避免系统发生误动作。初始化程序的主要内容有：对某些数据区、计数器等进行清零；对某些数据区所需数据进行恢复；对某些继电器进行置位或复位；对某些初始状态进行显示等。

● 检测、故障诊断和显示等程序。这些程序相对独立，一般在程序设计基本完成时再添加。

● 保护和联锁程序。保护和联锁是程序中不可缺少的部分，必须加以考虑。它可以避免由于非法操作而引起的控制逻辑混乱。

（3）编制 PLC 程序并进行模拟调试。

编制 PLC 程序时要注意以下问题。

① 以输出线圈为核心设计梯形图，并画出该线圈的得电条件、失电条件和自锁条件。在画图过程中，注意程序的启动、停止、连续运行、选择分支和并行分支。

② 如果不能直接使用输入条件逻辑组合成输出线圈的得电和失电条件，则需要使用中间继电器建立输出线圈的得电和失电条件。

③ 如果输出线圈的得电和失电条件中需要定时或计数条件，则要注意定时器或计数器得电和失电条件。注意，一般定时器和计数器的地址范围是相同的，即某一地址如果作为定时器使用，那么在同一个控制程序中就不能作为计数器使用。

④ 如果输出线圈的得电和失电条件中需要功能指令的执行结果作为条件，则使用功能指令梯级建立输出线圈的得电和失电条件。

⑤ 画出各个输出线圈之间的互锁条件。互锁条件可以避免同时发生互相冲突的动作，保证系统工作的可靠性。

⑥ 画保护条件。保护条件可以在系统出现异常时，使输出线圈动作，保护控制系统和生产过程。在设计梯形图程序时，要注意先画基本梯形图程序，当基本梯形图程序的功能能够满足工艺要求时，再根据系统中可能出现的故障及情况，增加相应的保护环节，以保证系统工作的安全。

根据以上要求绘制好梯形图后，将程序下载到 PLC 中，通过观察其输出端发光二极管的变化进行模拟调试，并根据要求进行修改，直到满足系统要求为止。

（4）制作控制台和控制柜。

在制作控制台与控制柜时，要注意开关、按钮和继电器等器件规格和质量的选择。设备的安装要注意屏蔽、接地和高压隔离等问题的处理。

PLC 布线时应注意以下几点。

① PLC 应远离电源线和高压设备，不能与变压器安装在同一个控制柜内。

② 动力线、控制线及 PLC 的电源线应和 I/O 线分开布线，并保持一定距离。隔离变压器与 PLC 和 I/O 之间应采用双绞线连接。

③ PLC 的输入与输出最好分开走线，开关量与模拟量也要分开敷设。模拟量信号的传送应采用屏蔽线，屏蔽层应一端接地，接地电阻应小于屏蔽层电阻的 1/10。

④ PLC 基本单元与扩展单元，以及功能模块的连接线应单独敷设，以防止外界信号的干扰。

⑤ 交流输出线和直流输出线不要用同一根电缆，输出线应尽量远离高压线和动力线，避免并行敷设。

（5）现场调试。

现场调试是整个控制系统设计的重要环节。只有通过现场调试，才能发现控制电路和控制程序之间是否存在问题，以便及时调整控制电路和控制程序，适应控制系统的要求。

（6）编写技术文件并现场试运行。

经过现场调试后，控制电路和控制程序就基本确定了，即整个系统的硬件和软件就确定了。这时就要全面整理技术文件，技术文件包括设计说明书、硬件原理图、安装接线图、电气元件明细表、PLC 程序及使用说明书等。至此，整个系统的设计就完成了。

7.4 机电控制系统设计实例

7.4.1 旋转编码器与 PLC 连接及其应用

如图 7.10 所示为 PLC 和旋转编码器实物。

图 7.10 PLC 和旋转编码器实物

旋转编码器是一种光电式旋转测量装置，它将被测的角位移直接转换成数字信号（高速脉冲信号）。因此，可将旋转编码器的输出脉冲信号直接输入给 PLC，利用 PLC 的高速计数器对其脉冲信号进行计数，以获得测量结果。不同型号的旋转编码器，其输出脉冲的相数也不同，有的旋转编码器输出 A、B、Z 三相脉冲，有的只有 A、B 两相脉冲，最简单的只有 A 相脉冲。

如图 7.11 所示是输出两相脉冲的旋转编码器与 PLC 的连接示意图。编码器有 4 条引线，其中两条是脉冲输出线，一条是 COM 端线，一条是电源线。编码器的电源可以是外接电源，也可直接使用 PLC 的 DC 24V 电源。电源"–"端要与编码器的 COM 端连接，"+"端与编码器的电源端连接。编码器的 COM 端与 PLC 输入 COM 端连接，A、B 两相脉冲输出线直接与 PLC 的输入端连接，连接时要注意 PLC 输入的响应时间。有的旋转编码器还有一条屏蔽线，使用时要将屏蔽线接地。梯形图程序运行界面如图 7.12 所示。

动画视频：PLC 计数

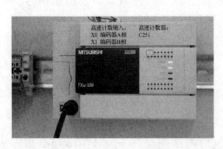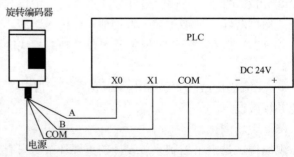

图 7.11 旋转编码器与 PLC 连接示意图

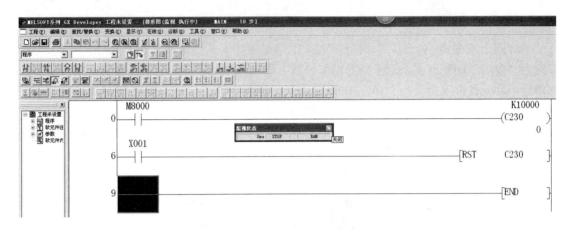

图 7.12　PLC 计数程序运行界面

7.4.2　基于 PLC 和触摸屏的抢答器控制系统

设计一个知识竞赛抢答器控制系统，要求用 PLC 和触摸屏进行控制和显示，I/O 信号表见表 7.1。具体要求如下。

（1）儿童 2 人、学生 1 人、教师 2 人共 3 组抢答，竞赛者若要回答主持人提出的问题，需抢先按下桌上的按钮。

（2）为了给参赛儿童组一些优待，儿童 2 人（X1 和 X2）中任意一人按下按钮均可抢答，灯 Y0 点亮。为了对教师组做一定限制，只有在教师 2 人（X4 和 X5）按钮同时被按下时才可抢答，灯 Y2 点亮。

（3）若在主持人按下开始按钮后 10s 内有人抢答，则幸运彩灯点亮表示庆贺；否则，10s 后显示"无人抢答"，再过 3s 后返回原显示主界面。

（4）触摸屏可完成开始抢答、介绍题目、清零和加分等功能，并可显示各组的总得分。

表 7.1　I/O 信号表

输　　入		输　　出		其他软元件	
输入继电器	作用	输出继电器	控制对象	名称	作用
X1	儿童组抢答按钮 1	Y0	儿童组抢答指示	M21	开始抢答
X2	儿童组抢答按钮 2	Y1	学生组抢答指示	M22	介绍题目
X3	学生组抢答按钮	Y2	教师组抢答指示	M23	加分
X4	教师组抢答按钮 1			M24	清零
X5	教师组抢答按钮 2			M10	有人抢答
				D10	儿童总分
				D11	学生总分
				D12	教师总分

1. 抢答画面

三个指示灯为触摸屏设计软件中的"指示灯显示（位）"，分别用于显示哪组抢答成功

（Y0～Y2）。

下方四个按键为"位开关"（M21～M24），用于主持人通过触摸屏输入相应信息。"总分"按键为"多用"动作开关，用于查看当前分数。用三个"数值显示"来反映三个抢答组的当前得分。软元件分别定义为 D10、D11、D12。

先使用 GT Designer 软件编辑触摸屏的四个画面，每个画面都有画面切换开关，再具体编辑每个画面。完成后，把触摸屏连上电源并连接到计算机的 USB 接口上，在 GT Designer 软件上测试连接状态，然后写入到触摸屏中。

画面 1（如图 7.13 所示）：起始画面，按"下一页"按钮进入画面 2。

图 7.13　画面 1

画面 2（如图 7.14 所示）：可以抢答的画面，抢答按钮是 X1，X2，X3，X4，X5，抢答成功后可以加分，相应的指示灯亮起来。

图 7.14　画面 2

画面 3（如图 7.15 所示）：显示各组得分情况。

画面 4（如图 7.16 所示）：当在规定时间内无人抢答时，则显示无人抢答。可以通过返回键返回画面 1。

PLC 程序如图 7.17 和图 7.18 所示。

图 7.15 画面 3

图 7.16 画面 4

图 7.17 PLC 程序（一）

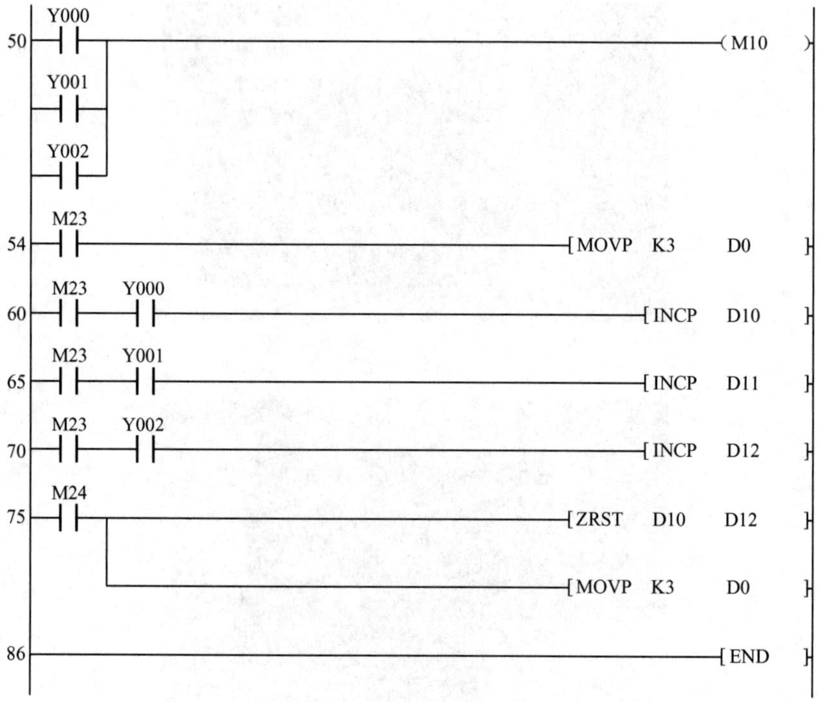

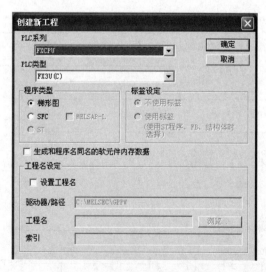

图 7.18　PLC 程序（二）

2．编写、导入程序

（1）打开软件 GX Developer，单击菜单栏中的"工程"→"创建新工程"菜单命令，弹出"创建新工程"对话框，如图 7.19 所示，依次选择"PLC 系列"中的"FXCPU"、"PLC 类型"中的"FX3U（C）"、"程序类型"中的"梯形图"，最后单击"确定"按钮。

图 7.19　"创建新工程"对话框

（2）输入 PLC 程序，如图 7.20 所示。

图 7.20 输入 PLC 程序

（3）单击菜单栏中的"变换"→"变换"命令，变换程序，如图 7.21 所示。

图 7.21 变换程序

（4）导入程序至 PLC。

确认已经正确连接 PLC 和 PC。右击桌面上的"计算机"图标，选择"管理"命令，弹出"计算机管理"窗口，查看 COM 端口，如图 7.22 所示。

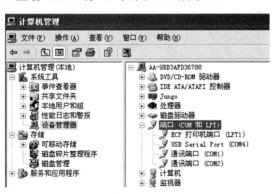

图 7.22 查看 COM 端口

单击菜单栏中的"在线"→"传输设置"命令，弹出"传输设置"窗口。

双击"串行 USB"，在弹出的"PC I/F 串口详细设置"对话框中，选择正确的 COM 端口，单击"确认"按钮，如图 7.23 所示。

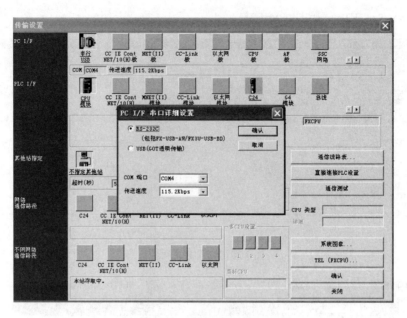

图 7.23　选择 COM 端口

单击菜单栏中的"在线"→"PLC 写入"命令，在"PLC 写入"窗口选择"参数+程序"，单击"执行"按钮，如图 7.24 所示。

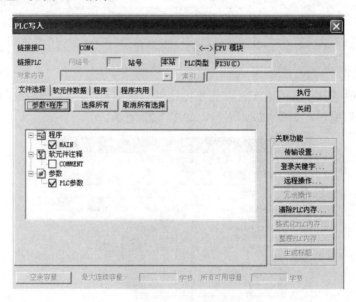

图 7.24　下载程序

3．监视模式应用

成功将程序导入 PLC 后，单击菜单栏中的"在线"→"监视"→"监视开始（全画面）"命令，打开监视画面，当手动拨动旋转编码器时，程序会有相应动作，如图 7.25 所示。

图 7.25　监视画面

测试结束，停止监视。

7.4.3　工业应用实例

1. 自动生产线

自动生产线模型如图 7.26 所示，各个单元的基本功能如下。

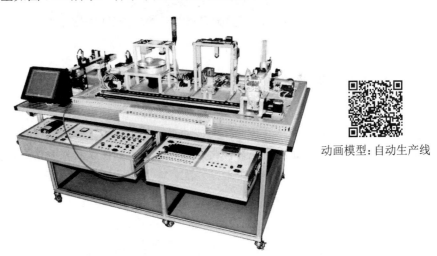

动画模型：自动生产线

图 7.26　自动生产线模型

（1）供料单元的基本功能：按照需要将放置在料仓中待加工的工件自动送出到物料台上，以便输送单元的抓取机械手装置将工件抓取送往其他工作单元。

（2）加工单元的基本功能：把该单元物料台上的工件（工件由输送单元的抓取机械手装置送来）送到冲压机构下面，完成一次冲压加工动作，然后送回到物料台上，待输送单元的抓取机械手装置取出。

（3）装配单元的基本功能：完成将该单元料仓内的黑色或白色小圆柱工件嵌入到已加工的工件中的装配过程。

（4）分拣单元的基本功能：完成将上一单元送来的已加工、装配的工件进行分拣，使不同颜色的工件从不同的料槽分流的功能。

（5）输送单元的基本功能：该单元完成到指定单元的物料台精确定位，并在该物料台上抓取工件，把抓取到的工件输送到指定地点并放下的功能。

2. 自动仓储系统模型

自动仓储系统模型如图 7.27 所示，使用 PLC 进行控制，设有 12 个货位，在 X、Y、Z 轴三个方向上准确地驱动感应电动机进行自动储存或取出储存的成品。另外，增加了供料机构。完善的执行机构可实现现代物流系统中自动存储系统全部动作过程。

动画视频：自动仓储系统

图 7.27　自动仓储系统模型

2. 轴用挡圈装配机模型

企业在生产变速器时，虽然绝大部分工序已经利用机械手之类的自动化装置实现了机器换人，替代了一部分人工，可是，在安装轴用挡圈（又称卡簧）这一工序上却还未实现用机器来替代人工，工人们还需要花费很大的力气把轴用挡圈敲打进轴中。因此，企业需要在这方面投入很大的劳动力成本。轴用挡圈装配机模型用于解决上述问题，实现安装轴用挡圈自动化，如图 7.28 所示。

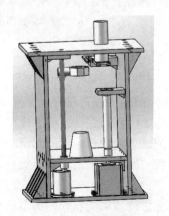

动画视频：轴用挡圈装配机

图 7.28　轴用挡圈装配机模型

思　考　题

图文：参考答案

7.1　PLC 系统设计一般分为哪几个步骤？

7.2　PLC 的选型要考虑哪些因素？

7.3　PLC 控制系统安装布线时应注意哪些问题？

7.4　如何提高 PLC 控制系统的可靠性？

7.5　要求三台电动机 M_1、M_2、M_3 按一定顺序启动，即 M_1 启动后，M_2 才能启动；M_2 启动后，M_3 才能启动；停车时则同时停。试设计此控制电路。

7.6　试设计一台电动机的控制电路，要求能正反转并能实现能耗制动。

7.7　冲压机床的冲头，有时用按钮控制，有时用脚踏开关控制，试设计用转换开关选择工作方式的控制电路。

7.8　现有一自动饮料售货机（如图 7.29 所示），出售咖啡和可乐两种饮料。请设计 I/O 元件分配表，并画出工作流程。

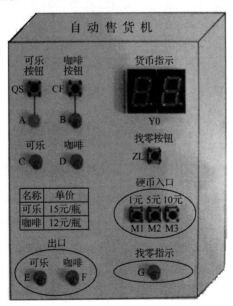

图 7.29　自动饮料售货机

FX 系列 PLC 指令表

图文：FX$_{2N}$ PLC 使用手册

表 A-1　FX$_{2N}$ PLC 功能指令表

分　类	FNC 编号	指 令 符 号	功　　能
1. 程序流程	00	CJ	条件跳转
	01	CALL	调用子程序
	02	SRET	子程序返回
	03	IRET	中断返回
	04	EI	允许中断
	05	DI	禁止中断
	06	FEID	主程序结束
	07	WDT	监视定时器刷新
	08	FOR	循环范围起点
	09	NEXT	循环范围终点
2. 传送比较	10	CMP	比较（S1）（S2）→（D）
	11	ZCP	区间比较（S1）～（S2）（S）→（D）
	12	MOV	传送（S）→（D）
	13	SMOV	移位传送
	14	CML	反向传送（S）→（D）
	15	BMOV	成批传送（n 点→n 点）
	16	FMOV	多点传送（1 点→n 点）
	17	XCH	数据交换（D1）←→（D2）
	18	BCD	BCD 变换 BIN（S）→BCD（D）
	19	BIN	BIN 变换 BCD（S）→BIN（D）
3. 循环移位与移位	30	ROR	向右循环（n 位）
	31	ROL	向左循环（n 位）
	32	RCR	带进位右循环（n 位）
	33	RCL	带进位左循环（n 位）
	34	SFTR	位右移位

分　类	FNC 编号	指 令 符 号	功　能
	35	SFTL	位左移位
3. 循环移位与移位	36	WSFR	字右移位
	37	WSFL	字左移位
	38	SFWR	"先进先出"（FIFO）写入
	39	SFRD	"先进先出"（FIFO）读出
	40	ZRST	成批复位
	41	DECO	解码
	42	ENCO	编码
	43	SUM	置 1 位数总和
	44	BOM	置 1 位数判别
4. 数据处理	45	MEAN	平均值计算
	46	ANS	信号报警器置位
	47	ANR	信号报警器复位
	48	SQR	BIN 开方运算
	49	FLT	浮点数与十进制数之间转换
	60	IST	状态初始化
	61	SER	数据搜索
	62	ABSD	绝对值凸轮顺控（绝对方式）
	63	INCD	增量值凸轮顺控（相对方式）
5. 方便指令	64	TTMR	示数定时器
	65	STMR	特殊定时器
	66	ALT	交替输出
	67	RAMP	斜坡信号
	68	ROTC	旋转台控制
	69	SORT	数据整理排列
	20	ADD	BIN 加，$(S1)+(S2) \rightarrow (D)$
	21	SUB	BIN 减，$(S1)-(S2) \rightarrow (D)$
	22	MUL	BIN 乘，$(S1) \times (S2) \rightarrow (D)$
	23	DIV	BIN 除，$(S1) \div (S2) \rightarrow (D)$
	24	INC	BIN 加 1，$(D)+1 \rightarrow (D)$
6. 四则运算和逻辑运算	25	DEC	BIN 减 1，$(D)-1 \rightarrow (D)$
	26	WAND	逻辑字"与"，$(S1) \wedge (S2) \rightarrow (D)$
	27	WOR	逻辑字"或"，$(S1) \vee (S2) \rightarrow (D)$
	28	WXOR	逻辑字异或 $(S1) \forall (S2) \rightarrow (D)$
	29	NEG	2 的补码，$(\overline{D})+1 \rightarrow (D)$

分　类	FNC 编号	指令符号	功　能
7. 高速处理	50	REF	输入输出刷新
	51	REFF	刷新和滤波调整
	52	MTR	矩阵输入
	53	HSCS	比较置位（高速计数器）
	54	HSCR	比较复位（高速计数器）
	55	HSZ	区间比较（高速计数器）
	56	SPD	速度检测
	57	PLSY	脉冲输出
	58	PWN	脉冲宽度调制
	59	PLSR	加减速的脉冲输出
8. 外部 I/O 设备	70	IKV	0～9 数字键输入
	71	NKV	16 键输入
	72	DSW	数字开关
	73	SEGD	七段解码器
	74	SEGL	带锁存的七段显示
	75	ARWS	矢量开关
	76	ASC	ASCII 转换
	77	PR	ASCII 代码打印输出
	78	FROM	特殊功能模块读出
	79	TO	特殊功能模块写入

表 A-2　FX₃ᵤ PLC 功能指令表

分　类	FNC 编号	指令符号	功　能
1. 程序流程控制指令	FNC 00	CJ	条件跳跃
	FNC 01	CALL	子程序调用
	FNC 02	SRET	子程序返回
	FNC 03	IRET	中断返回
	FNC 04	EI	允许中断
	FNC 05	DI	禁止中断
	FNC 06	FEND	主程序结束
	FNC 08	FOR	循环范围的开始
	FNC 09	NEXT	循环范围的结束
2. 数据传送指令	FNC 12	MOV	传送
	FNC 13	SMOV	位移动
	FNC 14	CML	反向传送
	FNC 15	BMOV	成批传送

续表

分　类	FNC 编号	指 令 符 号	功　能
2. 数据传送指令	FNC 16	FMOV	多点传送
	FNC 17	XCH	数据交换
	FNC 81	PRUN	八进制位传送
	FNC 112	EMOV	二进制浮点数据传送
	FNC 147	SWAP	上下字节的交换
	FNC 189	HCMOV	高速计数器传送
3. 数据转换指令	FNC 18	BCD	BCD 转换
	FNC 19	BIN	BIN 转换
	FNC 49	FLT	BIN 整数、二进制浮点数的转换
	FNC 118	EBCD	二进制浮点数、十进制浮点数的转换
	FNC 119	EBIN	十进制浮点数、二进制浮点数的转换
	FNC 129	INT	二进制浮点数、BIN 整数的转换
	FNC 136	RAD	二进制浮点数角度、弧度的转换
	FNC 137	DEG	二进制浮点数弧度、角度的转换
	FNC 170	GRY	格雷码转换
	FNC 171	GBIN	格雷码逆转换
4. 比较指令	FNC 10	CMP	比较
	FNC 11	ZCP	区间比较
	FNC 53	HSCS	比较置位（高速计数器用）
	FNC 54	HSCR	比较复位（高速计数器用）
	FNC 55	HSZ	区间比较（高速计数器用）
	FNC 110	ECMP	二进制浮点数比较
	FNC 111	EZCP	二进制浮点数区间比较
	FNC 224	LD=	触点比较 LD (S1) ＝ (S2)
	FNC 225	LD>	触点比较 LD (S1) ＞ (S2)
	FNC 226	LD<	触点比较 LD (S1) ＜ (S2)
	FNC 228	LD<>	触点比较 LD (S1) ≠ (S2)
	FNC 229	LD<=	触点比较 LD (S1) ≤ (S2)
	FNC 230	LD>=	触点比较 LD (S1) ≥ (S2)
	FNC 232	AND=	触点比较 AND (S1) ＝ (S2)
	FNC 233	AND>	触点比较 AND (S1) ＞ (S2)
	FNC 234	AND<	触点比较 AND (S1) ＜ (S2)
	FNC 236	AND<>	触点比较 AND (S1) ≠ (S2)
	FNC 237	AND<=	触点比较 AND (S1) ≤ (S2)
	FNC 238	AND>=	触点比较 AND (S1) ≥ (S2)

续表

分　类	FNC 编号	指　令　符　号	功　　能
	FNC 240	OR=	触点比较 OR（S1）=（S2）
	FNC 241	OR>	触点比较 OR（S1）>（S2）
	FNC 242	OR<	触点比较 OR（S1）<（S2）
4. 比较指令	FNC 244	OR<>	触点比较 OR（S1）≠（S2）
	FNC 245	OR<=	触点比较 OR（S1）≤（S2）
	FNC 246	OR>=	触点比较 OR（S1）≥（S2）
	FNC 280	HSCT	高速计数器的表格比较
	FNC 20	ADD	BIN 加法运算
	FNC 21	SUB	BIN 减法运算
	FNC 22	MUL	BIN 乘法运算
	FNC 23	DIV	BIN 除法运算
	FNC 24	INC	BIN 加 1
5. 四则运算指令	FNC 25	DEC	BIN 减 1
	FNC 120	EADD	二进制浮点数加法运算
	FNC 121	ESUB	二进制浮点数减法运算
	FNC 122	EMUL	二进制浮点数乘法运算
	FNC 123	EDIV	二进制浮点数除法运算
	FNC 192	BK+	数据块加法运算
	FNC 193	BK−	数据块减法运算
	FNC 26	WAND	逻辑与
6. 逻辑运算指令	FNC 27	W0R	逻辑或
	FNC 28	WXOR	逻辑异或
	FNC 48	SQR	BIN 开方运算
	FNC 124	EXP	二进制浮点数指数运算
	FNC 125	LOGE	二进制浮点数自然对数运算
	FNC 126	LOG10	二进制浮点数常用对数运算
	FNC 127	ESQR	二进制浮点数开方运算
	FNC 130	SIN	二进制浮点数 SIN 运算
7. 特殊函数指令	FNC 131	COS	二进制浮点数 COS 运算
	FNC 132	TAN	二进制浮点数 TAN 运算
	FNC133	ASIN	二进制浮点数 SIN-1 运算
	FNC134	ACOS	二进制浮点数 COS-1 运算
	FNC135	ATAN	二进制浮点数 TAN-1 运算
	FNC 184	RND	产生随机数
8. 旋转指令	FNC 30	ROR	右转

分　类	FNC 编号	指　令　符　号	功　　能
8. 旋转指令	FNC 31	ROL	左转
	FNC 32	RCR	带进位右转
	FNC 33	RCL	带进位左转
9. 移位指令	FNC 34	SFTR	位右移
	FNC 35	SFTL	位左移
	FNC 36	WSFR	字右移
	FNC 37	WSFL	字左移
	FNC 38	SFWR	移位写入[先入先出/先入后出控制用]
	FNC 39	SFRD	移位读出[先入先出控制用]
	FNC 212	POP	读取后入的数据[先入后出控制用]
	FNC 213	SFR	16 位数据的 n 位右移（带进位）
	FNC 214	SFL	16 位数据的 n 位左移（带进位）
10. 数据处理指令	FNC 61	SER	数据检索
	FNC 69	SORT	数据排列
	FNC 149	SORT2	数据排列 2
	FNC 210	FDEL	数据表的数据删除
	FNC 211	FINS	数据表的数据插入
	FNC 269	SCL2	定坐标 2（X/Y 坐标数据）
11. 字符串处理指令	FNC 82	ASCI	HEX→ASCII 的转换
	FNC 83	HEX	ASCII→HEX 的转换
	FNC 116	ESTR	二进制浮点数→字符串的转换
	FNC 117	EVAL	字符串→二进制浮点数的转换
	FNC 182	COMRD	读出软元件的注释数据
	FNC 200	STR	BIN→字符串的转换
	FNC 201	VAL	字符串→BIN 的转换
	FNC 202	$+	字符串的结合
	FNC 203	LEN	检测出字符串长度
	FNC 204	RIGH	从字符串的右侧开始取出
	FNC 205	LEFT	从字符串的左侧开始取出
	FNC 206	MIDR	字符串中的任意取出
	FNC 207	MIDW	字符串中的任意替换
	FNC 208	INSTR	字符串的检索
	FNC 209	$MOV	字符串的传送
	FNC 260	DABIN	十进制 ASCII→BIN 的转换
	FNC 261	BINDA	BIN→十进制 ASCII 的转换

续表

分　类	FNC 编号	指 令 符 号	功　能
12. I/O 刷新指令	FNC 50	REF	输入输出刷新
	FNC 51	REFF	输入刷新（带滤波器设定）
13. 时钟控制指令	FNC 160	TCMP	时钟数据的比较
	FNC 161	TZCP	时钟数据的区间比较
	FNC 162	TADD	时钟数据的加法运算
	FNC 163	TSUB	时钟数据的减法运算
	FNC 164	HTOS	时、分、秒数据的秒转换
	FNC 165	STOH	秒数据的［时、分、秒］转换
	FNC 166	TRD	读出时钟数据
	FNC 167	TWR	写入时钟数据
14. 脉冲输出定位指令	FNC 57	PLSY	脉冲输出
	FNC 59	PLSR	带加减速的脉冲输出
	FNC 150	DSZR	带 DOG 搜索的原点回归
	FNC 151	DVIT	中断定位
	FNC 152	TBL	表格设定定位
	FNC 155	ABS	读出 ABS 当前值
	FNC 156	ZRN	原点回归
	FNC 157	PLSV	可变速脉冲输出
	FNC 158	DRVI	相对定位
	FNC 159	DRVA	绝对定位
15. 串行通信指令	FNC 80	RS	串行数据的传送
	FNC 87	RS2	串行数据的传送 2
	FNC 270	IVCK	变频器的运行监控
	FNC 271	IVDR	变频器的运行控制
	FNC 272	IVRD	读出变频器的参数
	FNC 273	IVWR	写入变频器的参数
	FNC 274	IVBWR	成批写入变频器的参数
16. 特殊功能模块/单元控制指令	FNC 78	FROM	BFM 的读出
	FNC 79	TO	BFM 的写入
	FNC 176	RD3A	模拟量模块的读出
	FNC 177	WR3A	模拟量模块的写入
	FNC 278	RBFM	BFM 分割读出
	FNC 279	WBFM	BFM 分割写入
17. 文件寄存器/扩展文件寄存器控制指令	FNC 290	LOADR	扩展文件寄存器的读出
	FNC 291	SAVER	扩展文件寄存器的成批写入
	FNC 292	INITR	文件寄存器的初始化
	FNC 293	LOGR	文件寄存器的登录
	FNC 294	RWER	扩展文件寄存器的重新写入
	FNC 295	INITER	扩展文件寄存器的初始化

续表

分　　类	FNC 编号	指 令 符 号	功　　能
	FNC 07	WDT	看门狗定时器
	FNC 66	ALT	交替输出
	FNC 46	ANS	信号报警器置位
	FNC 47	ANR	信号报警器复位
	FNC 169	HOUR	计时表
	FNC 67	RAMP	斜坡信号
	FNC 56	SPD	脉冲密度
	FNC 58	PWM	脉宽调制
	FNC 186	DUTY	发出定时脉冲
	FNC 88	PID	PID 运算
	FNC 102	ZPUSH	变址寄存器的成批避让保存
	FNC 103	ZPOP	变址寄存器的恢复
18. 其他的方便指令	FNC 64	TTMR	示教定时器
	FNC 65	STMR	特殊定时器
	FNC 62	ABSD	凸轮顺控绝对方式
	FNC 63	INCD	凸轮顺控相对方式
	FNC 68	ROTC	旋转工作台控制
	FNC 60	IST	初始化状态
	FNC 52	MTR	矩阵输入
	FNC 70	TKY	数字键输入
	FNC 71	HKY	16 键输入
	FNC 72	DSW	数字开关
	FNC 73	SEGD	数字开关
	FNC 74	SEGL	带锁存的七段显示
	FNC 75	ARWS	箭头开关
	FNC 76	ASC	ASCII 数据输入
	FNC 77	PR	ASCII 码打印

图文：FX₃S・FX₃G・FX₃GC・FX₃U・
FX₃UC 系列微型可编程控制器编程
手册（基本・应用指令说明书）

图文：FX₅U PLC
用户手册
（入门篇）

图文：FX₅U PLC
用户手册
（硬件篇）

图文：MELSEC iQ-F
FX₅ 编程手册
（程序设计篇）

参 考 文 献

[1] 冯清秀，邓星钟，等. 机电传动控制（第 5 版）[M]. 武汉：华中科技大学出版社，2011.

[2] 宋德玉，袁斌，吴瑞明. 可编程序控制器原理及应用系统设计技术（第 3 版）[M]. 北京：冶金工业出版社，2014.

[3] 邵世凡. 电动机与拖动（第 2 版）[M]. 杭州：浙江大学出版社，2016.

[4] 吴瑞明. 数控技术[M]. 北京：北京大学出版社，2012.

[5] 廖常初. FX 系列 PLC 编程及应用（第 3 版）[M]. 北京：机械工业出版社，2020.

[6] 黄永红. 机电控制与 PLC 应用技术（第 2 版）[M]. 北京：机械工业出版社，2018.

[7] 华满香. 电气控制及 PLC 应用（三菱系列）[M]. 北京：北京大学出版社，2009.

[8] 蔡杏山. 图解 PLC、变频器与触摸屏技术完全自学手册[M]. 北京：化学工业出版社，2015.

[9] 陈立定，吴玉香，苏开才. 电气控制与可编程控制器[M]. 广州：华南理工大学出版社，2001.

[10] 王天曦，李鸿儒. 电子技术工艺基础（第 2 版）[M]. 北京：清华大学出版社，2009.